精密量具及機件檢驗

張笑航　編著

全華圖書股份有限公司

序言

　　機械產品為了達到大量生產、標準化與互換性的要求，必須使用精密量具作機件檢驗，以達到品質管制的目的。精密量具隨著科技的進步，測量的準確度與精密度均增高，並且走向電子化與自動化的階段。因此精密測量者除了要具備正確的測量概念外，尚需要具備正確的量具使用知識與技巧。

　　本書即針對此目標編寫，內容係編者任教精密測量及機件檢驗課程十年餘之教學心得，其間經過多次的修正與充實始完成。

　　全書共分十五章，包括精密量具概論、精度觀念、螺紋測定、齒輪測定、凸輪測定、平衡測定、工具顯微鏡、投影機、輪廓測定、真圓度測度、表面粗度測定、三次元座標測量、雷射掃描測微儀等單元，適用於機械工程系科、工業工程系科或工業工程與管理系科使用，亦可作為工程人員、品管檢驗人員精密測量的參考。

　　本書承蒙台灣三豐儀器股份有限公司授權使用相關資料及圖片，使儀器的解說均有相關的照片輔助，在此特別感謝台灣三豐儀器股份有限公司前任總經理佐藤智男先生及現任總經理井上裕先生及黃清欽經理、莊文村主任的幫助，使本書內容更為充實。

　　本書承蒙智允貿易股份有限公司同意使用該公司代理之ETALON、FEDERAL、DELTRONIC、POLI、VAN KEUREN 等相關資料及圖片，在此特別感謝該公司總經理張傑華先生及曾文凱先生之幫助。

　　本書承蒙洺鈦實業有限公司授權使用該公司代理之影像測量儀、二次之影像測量儀、三次之座標測量儀、電子式高度規、光學投影機等圖片於封面設計，在此特別感謝！

　　本書雖審慎編寫，疏漏之處在所難免，祈盼指正，特此致萬分謝忱。

張笑航　謹識於台北

編輯部序

　　「系統編輯」是我們的編輯方針，我們所提供給您的，絕不只是一本書，而是關於這門學問的所有知識，它們由淺入深，循序漸進。

　　本書係適用於「精密量具及機件檢驗」課程，係作者累積此課程十餘年之教學心得編寫而成，書中包括精密量具概論、精度觀念、螺紋測定、凸輪測定、平衡測定、工具顯微鏡、投影機、輪廓測定、真圓度測定、表面粗度測定、三次元座標測量、雷射掃描測微器等單元，是機械工程類系科、工業工程及管理類系科「精密量具及機件檢驗」課程的最佳教科書。

　　同時，為了使您能有系統且循序漸進研習相關方面的叢書，我們以流程圖方式，列出各有關圖書的閱讀順序，以減少您研習此門學問的摸索時間，並能對這門學問有完整的知識。若您在這方面有任何問題，歡迎來函連繫，我們將竭誠為您服務。

編輯部

相關叢書介紹

書號：0522802
書名：微機械加工概論(第三版)
編著：楊錫杭.黃廷合
16K/352 頁/400 元

書號：0512102
書名：切削刀具學(第三版)
編著：洪良德
20K/328 頁/350 元

書號：03731
書名：超精密加工技術
日譯：高道鋼
20K/224 頁/250 元

書號：0115103
書名：鑽模與夾具(第四版)
編著：盧聯發.蘇泰榮
20K/736 頁/550 元

書號：0153402
書名：工具設計(第三版)
編著：黃榮文
20K/368 頁/340 元

書號：0253477
書名：感測與量度工程
　　　(第八版)(精裝本)
編著：楊善國
20K/272 頁/350 元

◎上列書價若有變動，請
　以最新定價為準。

流程圖

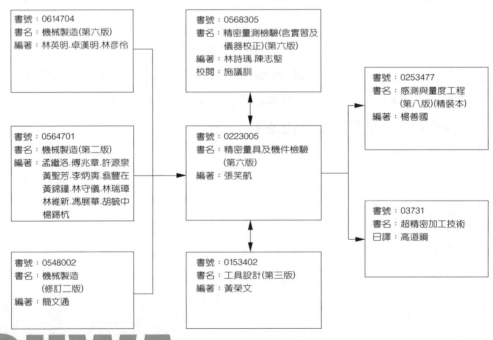

書號：0614704
書名：機械製造(第六版)
編著：林英明.卓漢明.林彥伶

書號：0564701
書名：機械製造(第二版)
編著：孟繼洛.傅兆章.許源泉
　　　黃聖芳.李炳寅.翁豐在
　　　黃錦鐘.林守儀.林瑞璋
　　　林維新.馮展華.胡毓中
　　　楊錫杭

書號：0548002
書名：機械製造
　　　(修訂二版)
編著：簡文通

書號：0568305
書名：精密量測檢驗(含實習及
　　　儀器校正)(第六版)
編著：林詩瑀.陳志堅
校閱：施議訓

書號：0223005
書名：精密量具及機件檢驗
　　　(第六版)
編著：張笑航

書號：0153402
書名：工具設計(第三版)
編著：黃榮文

書號：0253477
書名：感測與量度工程
　　　(第八版)(精裝本)
編著：楊善國

書號：03731
書名：超精密加工技術
日譯：高道鋼

CONTENTS

Precision Measuring Tools & Mechanical Parts Testing

Chapter

概　　論

　　精密量具是泛指測量精密物理量的工具，若專指機械加工上所使用的精密量具則其定義爲：精確測量加工零件有關長度、角度、表面狀況及幾何形狀的量具。其目的爲控制製造程序，以提高產品品質，使加工零件能達到標準化及互換性的要求。

　　機件檢驗是以精密量具量測加工零件的一種行爲，其目的爲對加工零件作品質管制，以區分出合格件與不合格件，同時探討加工失敗的原因，適時作工具機、切削刀具的調整，使加工零件精度提高，進而達到互換性的目的。

　　科技進展一日千里，各種工業產品的精度要求均大幅提高，加工零件的精度要求，已到達微米 (μm) 及奈米 (nm) 的程度，爲了測量這些精密零件，相對地也發展出高精度的精密量具，用以測量精密加工的零件；精密製造的結果是否能合於設計的要求，就必須利用精密量具作機件檢驗，藉精密量具之助，實施品質管制。

　　工業產品的製造流程中，經過設計、製造、檢驗三個階段，檢驗階段的主要工作，係根據設計者藍圖的要求，循生產檢驗程序，採用各種檢驗量具，測量加工零件，作爲調整機具的依據，達到提高產品合格率，降低產品成本，確保產品品質的目的。

■ 1.1　機件互換對大量生產的重要性

今日工業是屬於大量生產的形態，大量生產的特點爲：

1.產量多。　　　　　　4.零件具有互換性。

2.製造快速。　　　　　5.降低單位成本。

3.零件標準化。　　　　6.分工合作製造產品。

　　一件工業產品由多項單位組件所組成，每一單位組件分別由若干小零件裝配而成，這些小零件分別由許多衛星工廠所製造，如何使這些不同工廠生產的零件，能夠成功地裝配成一件工業產品，我們必須採用統一的標準，設計、製造工件，並利用統一單位的量具作生產管制，品質管制。使每一零件因為標準化及加工精度的提高而具備了互換性，在這互換性的基礎下使得大量生產得以成功，工業產品的裝配製造、修理保養均簡化易行。

　　由此可見工業產品必須藉精密測量的方式，循機件檢驗程序作品質管制，使機件具備互換性，進而導致大量生產的成功。

■ 1.2　精密量具的範疇

　　物理量的種類非常廣泛，舉凡聲、光、電、熱、力、運動等方面的物理量皆可測量，機械生產上的精密量具若依度量工具之功能可區分為下列五種：

1. 長度測定

　　指加工零件直線距離的測量，各部位的尺寸、相對位置，此類測量方式可分類為：

　　⑴直接度量：量具上有尺寸刻劃，使用者可以直接讀取尺寸，得到數量化的測量值，如刻度尺、游標尺、分厘卡……等量具。

　　⑵間接度量：量具上沒有尺寸刻劃，實測值必須轉移至直讀式量具上，始能得到數量化測量值，如卡鉗、伸縮規、小孔規……等量具。

　　⑶區分度量：此類測量並不是以求得尺寸讀數值為目的，此類測量僅區分產品是否在某尺寸範圍之間，主要使用於檢驗工作，如樣規、樣圈、樣柱、卡板……等量規。

　　⑷比較度量：此類測量以求得高精度測量值為目的，此類測量先以前級精度的量具測出工件尺寸，再以此前級量具測量值配出精測塊規基準高度，以此歸零高一級精度的量具如量錶或電子測微器，再以此高一級精度的量具測量工件，量具上的判讀值為精測塊規尺寸與工件尺寸之比較差值，因而求出高一級精密度的測量值，此類測量稱為比較測量。

2. 角度測定

指加工零件角度之測量，此類量測方式可分類為：

⑴直接度量：量具上有角度刻劃，使用者可以直接讀取角度，得到數量化的測量值，如量角器、組合角尺、萬能角度規……等量具。

⑵比較度量：量具結合成某一角度與工作角度以平行線內錯角相等的原理，比較量具與工件角度是否相等，此類測量結果若相等，則得到數量化的角度測量值，如角度塊規、正弦桿……等量具。

3. 表面測定

指加工零件表面狀況的測定，可分類為：

⑴目視度量：將工作表面與表面粗度比對規相比較，以目視方式判定工件表面粗度的數量化測量值。

⑵儀錶度量：將工件表面以表面粗度儀測量，測量值經由表面粗度分析儀計算，根據表面粗度表示制度的不同，得到各種制度的數量化測量值。

4. 特種測定

指專門設計來測量某機件之量具，如螺紋分厘卡、齒輪游標卡尺、凸輪測量機、平衡測定機、輪廓測量機、眞圓度測量機……等量具。

5. 多功能測定

指為多種測量目的而設計出的專用量具，如工具顯微鏡、光學投影機、座標測量機……等量具。

6. 測量空間

精密量具若依測量空間維數可區分為下列三種：

⑴一次元量具：此種量具僅作單一長度測定，如刻度尺、游標尺、分厘卡……等量具。

(2)二次元量具：此種量具可同時作兩方向長度測定，即 XY 兩次元的測量，如光學投影機、工具顯微鏡、螺紋比較規、齒輪游標卡尺等量具。

(3)三次元量具：此種量具可同時作三方向長度測定，即 XYZ 三次元的測量，如座標測量機。

◼ 1.3　精密量具對機械加工之重要性

　　機械加工包括下列三大要素：材料、工具、量具，如表 1.1 所示。有了材料、工具機、刀具，我們可以進行製造的工作，但是加工零件是否合於精度的要求，就必須靠各類的量具來作品管的工作，藉著量具的測量結果，作為調整機具、刀具的參考。大量生產的過程中，有很多有關材料差異、機械振動、刀具磨損、溫度變化、操作者誤差等因素影響加工精度，因此就必須使用量具測量以確保品質，其原因如下：

1. 量具可以定位工件與刀具之相對位置，同時可以導引刀具切削工件。
2. 量具可以檢出誤差發生的原因，隨時排除誤差因素，維持加工之精度。
3. 量具可以區分出合格件與不合格件，經由品管的方式提高產品的精度。
4. 量具逐級檢驗工件可以提高工件之合格率，避免機具、材料及工時的浪費。

表 1.1　機械加工要素

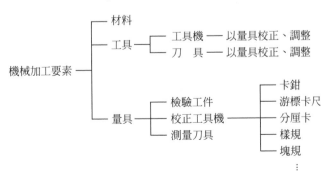

▣ 1.4　精密量具室之基本條件

　　為了減少精密量具的測量誤差，維持精密量具的測量精度，精密測量室必須將測量環境中的溫度、濕度、塵埃、磁場、振動、噪音、照明等環境因素，控制於固定為範圍，精密量具室的基本條件如下：

1. 溫度：室溫保持於 20℃。
2. 濕度：室內相對濕度保持於 60%。
3. 塵埃：室內須具備濾塵機或電氣集塵器設備。
4. 磁場：室內須安裝防止電磁干擾裝置。
5. 振動：室內須設置防震台。
6. 噪音：室內須維持 50 dB 以下。
7. 照明：室內須維持 500 lx 以上。
8. 氣壓：室內氣壓維持 760 mmHg。

　　依上列基本條件的變動範圍，精密量具室可分級為：

　　　特優級 (E 級　excellent)——可分類為 AA 級、A 級

　　　優　級 (G 級　good)——B 級

　　　標準級 (S 級　standard)——C 級

各級精密測量室之基本條件如表 1.2。(表請見下頁)

▣ 1.5　測量的基本方法

　　測量的基本方法，分為直接測量、間接測量兩大類：(如表 1.3)

1. 直接測量

是指量具測量工件後，立即可得知測量結果的一種測量方式，可分為：

表 1.2　精密測量室之基本條件

測量分級 / 環境分類 / 環境因素	E		G	S
	AA	A	B	C
溫度	$20 \pm 0.2°C$	$20 \pm 0.5°C$	$20 \pm 1°C$	$20 \pm 3°C$
溫度變化率	0.3°C/hr	0.5°C/hr	1.5°C/hr	
相對濕度	35%～45% R. H.	40%～50% R. H.	40%～60% R. H.	35%～65% R. H.
塵埃	$0.5\mu m$ 以上 1×10^6 顆粒/ft³ (電氣集塵器)		利用濾塵機	
氣壓	760 mmHg			
振動	速度 2×10^{-3} cm/sec 且在 $5\mu m$ 振幅以內	防震台		
電磁場影響	防止電磁波干擾設備			
電源條件	電壓在 $\pm 1\%$ 以內，電源週率 $\pm 0.5\%$ 以內			
接地	$10\,\Omega$ 以下		$100\,\Omega$ 以下	
照明	精密測讀 1000 lx 以上，一般測讀 500 lx 以上			
噪音	50 dB 以下			

(1)直讀式：量具上有尺寸刻劃，可直接讀出尺寸。

(2)區分式：量具可立刻判定工件為合格或不合格。

(3)比對式：量具可立刻判定工件的等級。

2. 間接測量

是指量具無法直接測量工件，要先以量具配合附件取得測量資料，再經過轉移、計算或比較的方式，得知測量結果，可分為：

(1)轉移式：利用轉移式量具，將被測尺寸量出，再轉移至直讀式量具得知測量尺寸。

(2)計算式：利用量具及附件將被測尺寸之中間值測量出，再代入平面幾何公式中，將欲測之尺寸計算出來。

(3)比較式：利用精測塊規將量錶或電子測頭先行歸零，再將工件置於
　　比較式測量台上測量，由測頭的移動量即可比較出工件尺寸與精測
　　塊規的相差值，因而求出高精度的測量值。

測量的基本方法如表 1.3 所示。

表 1.3　測量的基本方法

測量分類	測量方式	使用量具
直接測量	直讀式	刻度尺、游標尺……
	區分式	樣規、界限規……
	比對式	比對樣板、表面粗度比較板……
間接測量	轉移式	卡鉗、內卡、外卡、小孔規……
	計算式	螺紋三線測量規、V溝槽分厘卡……
	比較式	界限量錶、電子測微器、精測塊規……

▣ 1.6　量具的使用與維護原則

　　機件測量時，要想獲理想的精確度，量具必須正確的使用，妥善的維
護。若使用不當，或維護不週，使得測量誤差增加，因而降低測量精確
度，會直接導致產品品質的下降。所以量具的使用與維護必須遵循下列原
則：

1. 使用前的準備原則

　　⑴工件上的油污、切屑必須先行消除。

　　⑵工件的毛邊及表面狀況必須先處理，以免刮傷量具接觸面。

　　⑶量具上的防護油，先以細布擦拭乾淨。

　　⑷檢查量具表面，是否有銹蝕、刮傷的痕跡。

　　⑸檢查量具、校正量具，確定量具已歸零，並作成記錄。

　　⑹將待使用的量具整齊排列於工作台面上。

　　⑺將手套、鑷子等必備用品備妥。

⑻測量環境諸如：溫度、濕度、照明、噪音、電磁強度……等因素均
妥善控制。

2. 使用時的原則

⑴量具使用時應符合測量原理，即被測尺寸軸線與量具軸線要重疊。

⑵測量壓力要適中，使用量具時的壓力，略等於寫字的力量。

⑶避免手指接觸量具測量面與工件測量面。

⑷不可測量轉動中的工件，以免量具受損。

⑸使用界限規時，不可強行使量規通過無法通過的尺寸。

⑹不可將量具夾在虎鉗上使用，以免量具軸線變形。

⑺不可濫用量具，以免降低量具精度。

3. 使用後的維護原則

⑴量具使用後，所沾之切屑、油污應立即清除，並以溶劑擦拭乾淨。

⑵量具表面塗以輕級防銹油，存放於專用工具箱。

⑶量具儲存應定期檢視量具狀況，並立即處理銹蝕或不潔的狀況，並
作成保養記錄。

⑷量具應定期實施檢驗，校驗尺寸是否合格，以作為量具繼續使用或
淘汰的依據，並作成校驗保養記錄。

⑸量具之拆卸、調整及尺寸校驗，應由專門管理人員實施，不可任意
拆卸、調整。

習題 1

1. 試述機件互換對大量生產的重要性。

2. 試分類精密量具的範疇。

3. 試列舉精密量具影響機械加工的原因。

4. 試列舉精密量具室的環境條件。

5. 試說明測量的基本方法。

6. 試列舉量具的使用與維護原則。

Chapter

2

精度觀念

▣ 2.1　單位

　　公制單位起源於法國，經過歐洲國家使用後，推展成為世界性的單位制度。國際標準組織 (International Organization for Standardization，ISO) 採用公制用單位作為單位標準，世界各國均推行公制單位，我國亦不例外。公制單位包括七個基本單位，二個補充單位，一系列的導出單位，及組合導出單位，同時對於十進位的倍數與約數名稱符號作統一的規定。如表 2.1 所示。

1. 長度單位
   ⑴公制

　　　公制長度單位的原始定義為：從北極經由巴黎天文台，至赤道距離的一千萬分之一，此長度為一公尺。並且以鉑棒製成標準米的長度，作為比對之用。1875 年於法國巴黎製作一國際米原器，改採 90%的鉑和 10%的銥合金，製成公制標準米原器，如圖 2.1。一米之定義為：溫度 0℃時，標準米原器上兩刻線之距離為 1 公尺。標準米原器存於法國巴黎，故有準確的複製品送至各採用國家，但是因為不容易精確複製，造成諸多不便，諸如：使用不方便、容易受溫度變化影響精度造成誤差、米原器內部組織應力變化影響精度、測量技術及誤差因素不容易控制……等。

　　　由於標準米原器容易受外在因素影響，而導致精度不易控制，因此尋求固定的物理量來代表 1 公尺標準長度。1892 年物理學家 Albert A. Michelson 使用光波干涉計，將鎘 (Cd) 的紅色光譜波長測出，將 1 公尺長度定義為：

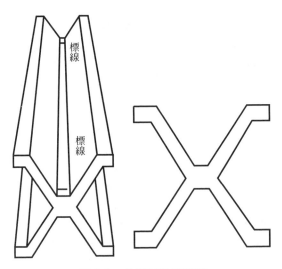

標線

標線

圖 2.1　公制標準米原器

> 1 公尺 (m)＝鎘紅色光波長×1553164.13 倍

1960 年國際度量衡會議正式採用氪 (Kr) 86 的橘紅色光在眞空中波
長，將 1 公尺長度定義爲：

> 1 公尺 (m)＝氪橘紅色光波長×1650763.73 倍

氪橘紅色光波長爲 $0.60578021\,\mu m$，此波長爲一固定值，以此波長爲基
礎，可以作高精度的測量與檢驗工作，爲國際間共同採用的長度標準。
1983 年 10 月國際度量衡總會決議將光波爲基準的方式改爲眞
空中光速爲基準的方式，將 1 公尺長度定義爲：光在眞空中於
1／299792456 秒所跑的距離，即：

> 1 公尺 (m)＝光速 (眞空中) $\times \dfrac{1}{299792456}$ 秒

雖然已經採用光速爲長度基準，但是因爲已往採用光波爲基準的方
式較具實用性，因此各研究單位及量具製造廠商仍採用光波爲基準
的方式。

表 2.1　公制單位

單位種類	名稱		單位		符號
基本單位	長度 (length)		公尺 (meter)		m
	質量 (mass)		公斤 (kilogram)		kg
	時間 (time)		秒 (second)		s
	電流 (electric current)		安培 (ampere)		A
	溫度 (thermodynamic temperature)		凱氏 (kelvin)		K
	照度 (luminous intensity)		燭光 (candela)		cd
	物質量 (amount of subsance)		莫耳 (mole)		mol
補充單位	平面角 (plane angle)		弧度 (radian)		rad
	立體角 (solid angle)		立體弧度 (steradian)		sr
導出單位	面積 (area)		平方公尺 (square meter)		m^2
	體積 (volume)		立方公尺 (cubic meter)		m^2
	速度 (speed)		公尺／秒 (meter/second)		m/s
	加速度 (acceleration)		公尺／秒² (meter/second²)		m/s^2
	角速度 (angular velocity)		弧度／秒 (radian/second)		rad/s
	角加速度 (angular acceleration)		弧度／秒² (radian/second²)		rad/s^2
	密度 (density)		公斤／公尺³ (kilogram/meter³)		kg/m^2

組合導出單位	名稱	單位名稱	符號	導出單位	組合單位
	力 (force)	牛頓 (newton)	N		$m \cdot kg \cdot s^{-2}$
	壓力 (pressure)	巴斯葛 (pascal)	Pa	N/m^2	$m^{-1} \cdot kg \cdot s^{-2}$
	能量 (energy)	焦耳 (joule)	J	$N \cdot m$	$m^2 \cdot kg \cdot s^{-2}$
	功率 (power)	瓦特 (watt)	W	J/s	$m^2 \cdot kg \cdot s^{-3}$
	電導 (conductance)	西門子 (siemens)	S	A/V	$m^{-2} \cdot kg \cdot s^{-3} \cdot A^2$

倍數與約數單位	前字	倍數	符號	前字	約數	符號
	exa	10^{18}	E	deci	10^{-1}	d
	peta	10^{15}	P	centi	10^{-2}	c
	tera	10^{12}	T	milli	10^{-3}	m
	giga	10^9	G	micro	10^{-6}	μ
	mega	10^6	M	nano	10^{-9}	n
	kilo	10^3	k	pico	10^{-12}	p
	hecto	10^2	h	femto	10^{-15}	f
	deka	10^1	da	atto	10^{-18}	a

公制長度的基本單位為 1 公尺，採十進制，將此單位分別乘以 10^1，10^2，10^3 可以導出公丈、公引、公里等單位；分別乘以 10^{-1}，10^{-2}，10^{-3}，10^{-6}，10^{-9}，10^{-10}，可以導出公寸、公分、公厘、公忽、微毫、埃等單位，如表 2.2 所示。機械製造以公厘 (mm) 為單位，精密測量精度達 0.01 mm，於一般機械工廠中俗稱「一條」；精度達 0.001 mm，此單位為 μm，即為 10^{-6}m，這些都為精密量測的基本單位，現代科技進步，產品的精密度更到達奈米的程度，單位為 nm，即 10^{-9}m。

表 2.2　公制單位

中文	英文	縮寫	與公尺之關係	互相間之關係
公里	kilo-meter	km	10^3　m	＝ 10 公引 ＝ 100 公丈 ＝ 1000 公尺
公引	hectometer	hm	10^2　m	＝ 10 公丈 ＝ 100 公尺
公丈	dekameter	dam	10^1　m	＝ 10 公尺
公尺	meter	m	10^0　m	＝ 10 公寸 ＝ 100 公分 ＝ 1000 公厘
公寸	decimeter	dm	10^{-1}　m	＝ 10 公分 ＝ 100 公厘
公分	centimeter	cm	10^{-2}　m	＝ 10 公厘 ＝ 10^4 微米
公厘	millimeter	mm	10^{-3}　m	＝ 10^3 微米 ＝ 10^6 微毫米 ＝ 10^7 埃米
微米	micron	μ 或 μm	10^{-6}　m	＝ 10^3 微毫米 ＝ 10^4 埃米 ＝ 10^{-3} mm
奈米	millimicron	mμ 或 $\mu\mu$	10^{-9}　m	＝ 10 埃米 ＝ $10^{-3}\mu m$ ＝ 10^{-6} mm
埃米	angstrom	A° 或 Aμ	10^{-10}　m	＝ 10^{-7} mm

(2)英制

英制長度單位原始定義起源於 13 世紀，英王愛德華一世，以其鼻子至其伸直手掌上拇指之距離制定為一碼的標準長度。英制標準尺係 1845 年使用 Baily 氏青銅棒 (銅 16，錫 25，鋅 1) 於兩端面各嵌入黃金，黃金上面所刻之刻線距離為 1 碼，其標準溫度為 62℉，這種原尺稱為英帝國標準碼原尺。將 1 碼取其 1/3 長度訂為 1 呎，將 1 碼取其 1/36 長度訂為 1 吋。目前國際所用的英制長度是以氪 (Kr) 86 的

橘紅色光波長 (0.0000238 吋) 爲標準，將 1 吋長度定義爲：

1 吋 (in)＝氪橘紅色光波長×42016.807 倍

英制長度基本單位是吋 (in)，將此單位分別乘以 12，36，63360 倍可分別導出呎、碼、哩等單位，如表 2.3。一般測量中將一吋分爲 2，4，8，16，32，64，128 等分數，並且俗稱 1/8 吋爲 1 分。精密測量中則使用 μ 爲單位，即 10^{-6} 吋。

(3)公制與英制之互換

公制採用十進制，故使用較方便、簡單，英制則不然，但是此兩種制度必須有互換的標準，以便於商品的互通，公制英制互換如表 2.4。公英制對照表如附錄一。

表 2.3　英制單位

中文	英文	縮寫	與吋的關係	相互間的關係
哩	mile		63360 in	＝ 1760 碼＝ 5280 呎
碼	yard	yd	36 in	＝ 3 呎
呎	foot	ft (1')	12 in	＝ 1000 英毫＝ 1/3 碼
吋	inch	in (l")	1 in	＝ 1/36 碼＝ 1/12 呎
英分	line		10^{-1} in	＝ 1/120 呎＝ 1/10 吋
毫吋 (英毫)	mil		10^{-3} in	＝ 10^{-2} 英分
微吋	microinch	μin	10^{-6} in	10^{-3} 毫吋

表 2.4　公英制互換

公制 → 英制	英制 → 公制
1 公里 (km)＝ 0.6214 哩 (mile)	1 哩 (mile)＝ 1.609 公里 (km)
1 公尺 (m)＝ 1.0936 碼 (yd)	1 碼 (yd)＝ 0.914 公尺 (m)
1 公分 (cm)＝ 0.3937 吋 (in)	1 呎 (ft)＝ 30.48 公分 (cm)
1 公厘 (mm)＝ 0.03937 吋 (in)	1 吋 (in)＝ 25.4 公厘 (mm)

2. 角度單位 (可分為下列三類)

(1)角度制 (degree system)

角度制採用六十進位制度，將圓分成 360 等分，每一等分為 1 度 (°)；每度再分成 60 等分，每一等分為 1 分 (')；每分再分成 60 等分，每一等分為 1 秒 (")。

全圓周角為 360°，將全圓周角分為二等分，每等分為 180°，例如兩平行直線之夾角為 180°，又稱為水平角；將全圓周角分為四等分，每等分為 90°，例如兩直線互相垂直，其夾角為 90°，又稱為直角。

(2)弧度制 (radian system)

弧度的定義為：「圓弧所對應的角度以圓弧長度與該圓半徑的比值來表示，此比值即為弧度」，當圓弧長度等於該圓之半徑時，比值為 1，該圓弧所對應之圓心角即為 1 弧度。

弧度＝圓周長／圓半徑

一整圓心角等於 2π，π 為圓周率

$2\pi = 2\pi r/r$

二分之一圓心角等於 π

$\pi = \pi r/r$

四分之一圓心角等於 $\pi/2$

$\pi/2 = \dfrac{\pi r/2}{r}$

(3)新度制 (gradian system)

新度制採用百進位制度，將圓分成 400 等分，每一等分為 1 新度 (g)；每新度再分成 100 等分，每一等分為 1 新分 (c)；每新分再分成 100 等分，每一等分為 1 新秒 (cc)。

角度制、弧度制與新度制之換算表，如表 2.5 所示。

表 2.5　角度弧度新度換算表

弧度 (rad)	度 (°)	分 (')	秒 (")	新度 (g)
1	57.29577	3.437747×10^3	2.062648×10^6	63.66198
0.0174533	1	60	3600	1.111111
0.290888×10^{-3}	0.0166667	1	60	0.0185185
0.484814×10^{-6}	0.277778×10^{-3}	0.0166667	1	0.308642×10^{-3}
0.0157080	0.9	54	3240	1

1 直角 (L)＝π/2 弧度＝ 90 度＝ 100 新度

■ 2.2　公差與配合

　　機械零件的製造為了達到互換性的目的，其尺寸控制求其精密與準確，若要使零件尺寸精密與準確，則要具備高品質的工作母機、高技術水準的工作人員及高精密度的量具。

　　成功的製造程序，並非無限制提高產品精密度，因為如此做將大大的提高製造成本，同時亦將使產品價格提高，有礙產銷的平衡，違反了經濟原則，使生產成品無法商品化，所以對於加工零件的精度要求，必須視工作性質的要求而有所限制。

　　機械製造程序中，由於影響製造的因素變異，使得品質不易控制，諸如機具振動，材料的差異、刀具磨耗、加工溫度變化、技術人員差異及無法控制之狀況……等環境因素使得零件尺寸無法控制於合理範圍。為了便於製造，使產品具互換性，常將零件尺寸規定於一範圍內，此範圍稱為公差 (tolerance)，公差的大小視零件的精度要求而定。

　　機械零件有些必須互相裝配在一起，視狀況的需要，某些須鬆動容易，互相旋轉以便拆裝，某些須互相緊密，不能有相對移動，其裝配鬆緊

的程度稱爲配合 (fit)，我們控制兩配合件的公差範圍，即可達到所需之配合。

公差 (tolerance) 係表示製造的精密程度，此公差範圍愈大則愈容易加工，產品精密度愈低；公差範圍愈小則愈不容易製造，產品精密度愈高。

配合 (fit) 係表示兩配合件組合後的鬆緊程度，欲使兩機件之配合程度符合所需之要求，只須分別控制兩機件的公差尺寸，即可達到所須之配合程度。

2.2-1　尺寸公差與配合

1. 公差與合相關術語

公差與配合相關術語之說明如圖 2.2、圖 2.3 所示。

⑴公稱尺寸 (nominal dimension)：即工作圖上所標示的尺寸，又稱基本尺寸，如圖 2.2 軸尺寸 45，孔尺寸 45。

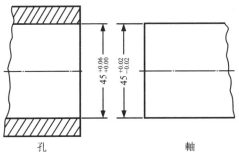

孔　　　　　　　　軸

圖 2.2　公差標註

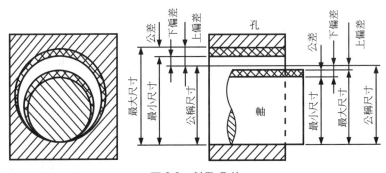

圖 2.3　軸孔公差

⑵實測尺寸 (actual dimension)：指實際測量工件所得的尺寸。

⑶極限尺寸 (limit dimension)：指工件所能允許的最大尺寸與最小尺寸，如圖 2.2 孔之極限尺寸分別為 45.06，45.00，軸之極限尺寸分別為 45.02，44.98。

⑷公差 (tolerance)：指工件所允許的最大尺寸與最小尺寸之差值，如圖 2.2 孔之公差為 0.06，軸之公差為 0.04。

⑸偏差 (deviation)：指極限尺寸與公稱尺寸之差值，工件最大尺寸與公稱尺寸之差稱為上偏差，工件最小尺寸與公稱尺寸之差稱為下偏差。

⑹單向公差 (unilateral tolerance)：指工件之公差範圍位於公稱尺寸的上方或下方，$45^{+0.06}_{+0.00}$，$45^{+0.00}_{-0.06}$。

⑺雙向公差 (bilateral tolerance)：指工件之公差範圍部分位於公稱尺寸上方，部分位於公稱尺寸下方，$45^{+0.02}_{-0.02}$。

⑻配合 (fit)：指兩配合件間相對的鬆緊程度。

⑼餘隙 (clearance)：孔之尺寸大於軸之尺寸時，兩配合件尺寸之差。最大餘隙，係孔之最大尺寸與軸之最小尺寸之差。最小餘隙，係孔之最小尺寸與軸之最大尺寸之差。

⑽干涉 (interference)：軸之尺寸大於孔之尺寸時，兩配合件尺寸之差。最大干涉係軸之最大尺寸與孔之最小尺寸之差。最小干涉係軸之最小尺寸與孔之最大尺寸之差。

⑾裕度 (allowance)：指兩配合件孔之最大極限尺寸與軸之最小極限尺寸之差。

2. 公差等級

公差的決定若沒有統一的標準，每位設計者標註的公差均不相同，若沒有統一的標準遵循，很難達到商品的互換性，因此中華民國國家標準

(CNS) 訂定標準公差等級，如表 2.6 所示。共分為 20 級，從 IT 01，IT 0，IT 1～IT 18，級數愈大表示工件精度愈低。工件基本尺寸在 500 mm 以內基本公差分為 20 級。工件基本尺寸在 500 mm～3150 mm 之間，基本公差從 IT1～IT 18，分為 18 級。

表 2.6　標準公差

標稱尺度 mm		標準公差等級																		
		IT01	IT0	IT1	IT2	IT3	IT4	IT5	IT6	IT7	IT8	IT9	IT10	IT11	IT12	IT13	IT14	IT15	IT16	IT17	IT18
大於	至	標準公差值																		
		μm													mm						
−	3	0.3	0.5	0.8	1.2	2	3	4	6	10	14	25	40	60	0.1	0.14	0.25	0.4	0.6	1	1.4
3	6	0.4	0.6	1	1.5	2.5	4	5	8	12	18	30	48	75	0.12	0.18	0.3	0.48	0.75	1.2	1.8
6	10	0.4	0.6	1	1.5	2.5	4	6	9	15	22	36	58	90	0.15	0.22	0.36	0.58	0.9	1.5	2.2
10	18	0.5	0.8	1.2	2	3	5	8	11	18	27	43	70	110	0.18	0.27	0.43	0.7	1.1	1.8	2.7
18	30	0.6	1	1.5	2.5	4	6	9	13	21	33	52	84	130	0.21	0.33	0.52	0.84	1.3	2.1	3.3
30	50	0.6	1	1.5	2.5	4	7	11	16	25	39	62	100	160	0.25	0.39	0.62	1	1.6	2.5	3.9
50	80	0.8	1.2	2	3	5	8	13	19	30	46	74	120	190	0.3	0.46	0.74	1.2	1.9	3	4.6
80	120	1	1.5	2.5	4	6	10	15	22	35	54	87	140	220	0.35	0.54	0.87	1.4	2.2	3.5	5.4
120	180	1.2	2	3.5	5	8	12	18	25	40	63	100	160	250	0.4	0.63	1	1.6	2.5	4	6.3
180	250	2	3	4.5	7	10	14	20	29	46	72	115	185	290	0.46	0.72	1.15	1.85	2.9	4.6	7.2
250	315	2.5	4	6	8	12	16	23	32	52	81	130	210	320	0.52	0.81	1.3	2.1	3.2	5.2	8.1
315	400	3	5	7	9	13	18	25	36	57	89	140	230	360	0.57	0.89	1.4	2.3	3.6	5.7	8.9
400	500	4	6	8	10	15	20	27	40	63	97	155	250	400	0.63	0.97	1.55	2.5	4	6.3	9.7
500	630			9	11	16	22	32	44	70	110	175	280	440	0.7	1.1	1.75	2.8	4.4	7	11
630	800			10	13	18	25	36	50	80	125	200	320	500	0.8	1.25	2	3.2	5	8	12.5
800	1,000			11	15	21	28	40	56	90	140	230	360	560	0.9	1.4	2.3	3.6	5.6	9	14
1,000	1,250			13	18	24	33	47	66	105	165	260	420	660	1.05	1.65	2.6	4.2	6.6	10.5	16.5
1,250	1,600			15	21	29	39	55	78	125	195	310	500	780	1.25	1.95	3.1	5	7.8	12.5	19.5
1,600	2,000			18	25	35	46	65	92	150	230	370	600	920	1.5	2.3	3.7	6	9.2	15	23
2,000	2,500			22	30	41	55	78	110	175	280	440	700	1,100	1.75	2.8	4.4	7	11	17.5	28
2,500	3,150			26	36	50	68	96	135	210	330	540	860	1,350	2.1	3.3	5.4	8.6	13.5	21	33

一般而言，基本公差適用範圍如下：

> IT 01～IT 4：用於樣規的製造公差。
>
> IT 5～IT 10：用於配合機件的製造公差。
>
> IT 11～IT 18：用於非配合機件的製造公差。

基本公差之範圍隨工件基本尺寸之增加而增加，其原因為基本尺寸愈大，若要維持同一公差等級，則愈難加工。

3. 公差符號

國際標準公差符號，包括英文字母及其後之數字，以英文字母代表公差位置，以數字代表公差等級；英文字母中，以大寫字母代表孔或外件，以小寫字母代表軸或內件。如圖 2.4 所示。

公差位置共分為二十四項，係將英文字母二十六個字扣除 I，L，O，Q，W 五個字母，另外增列 ZA，ZB，ZC 三個組合字母，分別代表二十四項公差位置。

孔工件的公差範圍從 A～G 均位於基準線之上，H 於基準線開始上偏，這些公差位置的孔均比公稱尺寸要大，屬於正向的單向公差。從 M～ZC 均位於基準線之下，M 於基準線開始下偏，這些公差位置的孔均比公稱尺寸要小，屬於負向的單向公差。J、K 正好跨越基準線的兩側，少部分於基準線上方，大部分於基準線下方，屬於雙向公差。

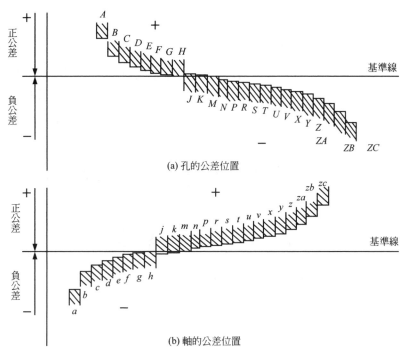

(a) 孔的公差位置

(b) 軸的公差位置

圖 2.4　孔與軸的公差位置

　　軸工件的公差範圍從 $a{\sim}g$ 均位於基準線之下，h 於基準線開始下偏，這些公差位置的軸均比公稱尺寸要小，屬於負向的單向公差。從 $m{\sim}zc$ 均位於基準線之上，m 於基準線開始上偏，這些公差位置的軸均比公稱尺寸要大，屬於正向的單向公差。j、k 正好跨越基準線的兩側，少部分於基準線下方，大部分於基準線上方，屬於雙向公差。

(1) $\phi 45H7$ 的意義：孔之公稱尺寸為 45 mm，公差位置為 H，公差等級為 IT 7，查表 2.6 得知公差範圍為 0.025 mm，查附錄二，7 級孔公差，得知上限與下限尺寸，$\phi 45H7$ 即代表 $\phi 45^{+0.025}_{-0.000}$。

(2) $\phi 35g6$ 的意義：軸之公稱尺寸為 35 mm，公差位置為 g，公差等級為 IT 6，查表 2.6 得知公差範圍為 0.016 mm，查附錄二，6 級軸公差，得知上限與下限尺寸，$\phi 35g6$ 即代表 $\phi 35^{-0.009}_{-0.025}$。

4. 配合的種類

工件配合的鬆緊程度可分為三種：如圖 2.5 所示：

(1)餘隙配合 (loose fit)：又稱為鬆配合或游動配合，軸的最大尺寸比孔的最小尺寸為小，當軸與孔裝配後，尚有餘隙而且容易轉動。

(2)靜配合 (transition fit)：又稱過渡配合或精密配合，兩配合件可以互相滑動，其配合程度位於餘隙配合與緊配合之間。

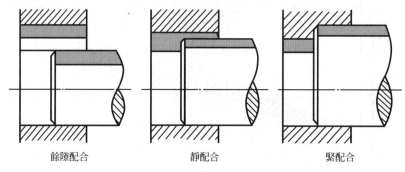

餘隙配合　　　　　　　靜配合　　　　　　　緊配合

圖 2.5　配合的種類

(3)緊配合 (tight fit)：又稱為干涉配合，兩配合件有干涉，軸最小尺寸比孔的最大尺寸為大。當軸與孔裝配後，有緊度而不能互相運動，裝配時必須以壓力或加熱的方式來完成。

中華民國國家標準 (CNS) 將配合分為：轉合座即餘隙配合，靜合座即過渡配合，壓合座即緊配合，其中靜合座可細分為滑合座、推合座、輕迫合座、迫合座，公差等級如表 2.7 所示。

表 2.7　CNS 配合種類

配合種類	配合座別			基軸制 h	基孔制 H
餘隙配合	轉合座		7 種	孔 *ABCDEFG*	軸 *abcdefg*
過渡配合	靜合座	滑合座	1 種	孔 *H*	軸 *h*
		推合座	1 種	孔 *J*	軸 *j*
		輕迫合座	1 種	孔 *K*	軸 *k*
		迫合座	2 種	孔 *MN*	軸 *mn*
緊配合	壓合座		9 種	孔 *PRSTUVXYZ*	軸 *prstuvxyz*

5. 配合制度

　　軸孔配合時，爲了便於達到所需配合的種類，必須先決定軸尺寸，再調整孔尺寸；或者先決定孔尺寸，再調整軸尺寸，這兩種方式分別爲基軸制與基孔制，如圖 2.6，分述如下：

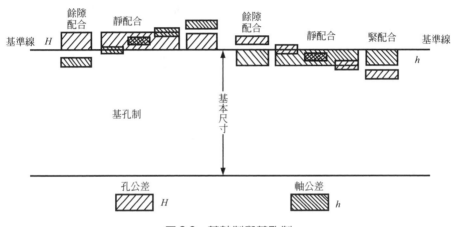

圖 2.6　基軸制與基孔制

(1)基軸制 (basic shaft system)

　　將軸公差固定，以公稱尺寸爲軸的最大極限尺寸，軸公差位置固定在「h」，然後調整孔的公差，達成所需的配合。

(2)基孔制 (basic hole system)

　　將孔公差固定，以公稱尺寸爲孔的最小極限尺寸，孔公差位置定在「H」，然後調整軸的公差，達成所需的配合。

　　基軸制的特點：

　①基軸制採用軸工件公差固定於 h，孔工件公差變動方式，達成所需的配合。

　②軸工件可以很容易的以車削或研磨的方式加工至所需的固定公差；孔工件必須以鉸孔、搪孔或研磨的方式加工至所需的三種配合出差。

③基軸制檢驗量具包括一種環規以檢驗軸工件，三種塞規以檢驗三
　種配合狀況下的孔工件，量具費用較高。

④基軸制適用於鬆配合，即成品種類少數量多並且精度低的製造。

基孔制的特點：

①基孔制採用孔工件公差固定於 H，軸工件公差變動的方式，達成
　所需的配合。

②孔工件可以鉸孔、搪孔或研磨的方式加工至所需的固定公差；軸
　工件可以很容易的以車削或研磨的方式加工至所需的三種配合公差。

③基孔制檢驗具包括一種塞規以檢驗孔工件，三種卡規以檢驗三種
　配合狀況下的軸工件，量具費用較經濟。

④基孔制適合於緊配合，即成品種類多數量少並且精度高的製造。

　　以上兩種制度的比較，以一標準尺寸的鉸刀，精鉸出圓孔後，再磨製
不同尺寸之軸與其相配合，在製造及檢驗時，遠較精磨一圓軸後，再以製
孔加工不同的孔徑與其相配合，前者較為容易製造，故除非一長軸需數個
不同孔徑與其相配合，必須採用基軸制外，一般均採用基孔制。表 2.8 為
常用的基孔制與基軸制。

6. 配合件標註法

　　配合件的公差標示法，一般先標註軸與孔的公稱尺寸，然後再標註孔
之公差位置最後標註公差等級。

　　配合符合實例如下：

(1) $\phi65H6\,k5$ 的意義：本配合件採基孔制，公稱尺寸為 65 mm，孔公差
　　$H6$，軸公差 $k5$，查表 2.7、表 2.8，可得知為靜配合。

　　查附錄二，6 級孔公差 H6，5 級軸公差 k5，

> 孔 $\phi65^{+0.019}_{+0.000}$
> 軸 $\phi65^{+0.015}_{+0.002}$

(2) $\phi65F8\,h6$ 的意義：本配合件採基軸制，公稱尺寸為 65 mm，孔公差
　　$F8$，軸公差 $h6$，查表 2.7、表 2.8，可得知為鬆配合。

表 2.8　常用基孔制與基軸制

適用場合	基孔	配合軸																
		鬆配合							靜配合					緊配合					
		a	b	c	d	e	f	g	h	j	k	m	n	p	r	s	t	u	x
精密工作	H6				7	6	5	5	5	5	5	5	5	5	5	5	5	5	5
	H7	9	9	9	9	8	7		7	6	6	6	6	6	6	6	6	6	6
一般工作	H8				10	8	8		7	7	7	7	7	7	7	7	7	7	7
粗工作	H11	11	11	11	11				11										

適用場合	基軸	配合孔																
		鬆配合							靜配合					緊配合					
		A	B	C	D	E	F	G	H	J	K	M	N	P	R	S	T	U	X
精密工作	h5							6	6	6	6	6							
	h6						8	7	7	7	7	7	7	7					
一般工作	h7								8	8	8	8	8						
粗工作	h11	11	11	11	11				11										

查附錄二，8 級孔公差 F8，6 級軸公差 h6，

孔 $\phi 65^{+0.076}_{+0.030}$

軸 $\phi 65^{+0.000}_{-0.019}$

2.2-2　幾何公差與幾何偏差的種類

　　幾何公差以單一形態與相關形態可分類為形狀公差、方差、定位公差、偏轉公差四種，幾何偏差的種類可分類為形狀偏差、方向偏差、定位偏差、偏轉偏差四種，CNS 將幾何公差與幾何偏差分類如表 2.9 所示。

2.2-3　形狀公差

　　形狀公差表示單一形態或相關形態工件外形與正確外形的誤差範圍，CNS 有關形狀公差之說明如下：

表 2.9　幾何公差與幾何偏差分類

形態	公差種類 (tolerance)		符號	偏差種類 (deviation)	
單一形態	形狀公差	眞直度公差	—	形狀偏差	眞直度
		平面度公差	▱		平面度
		眞圓度公差	○		眞圓度
		圓柱公差	⌀/		圓柱度
單一 或 相關形態		曲線輪廓度公差	⌒		曲線輪廓度
		曲面輪廓度公差	⌓		曲面輪廓度
相關形態	方向公差	平行度公差	//	方向偏差	平行度
		直角度公差	⊥		直角度
		傾斜度公差	∠		傾斜度
	定位公差	位置度公差	⊕	定位偏差	位置度
		同心度公差	◎		同心度
		對稱公差	≡		對稱度
	偏轉公差	圓偏轉度公差	↗	偏轉偏差	圓偏轉度
		總偏轉度公差	↗↗		總偏轉度

1. 眞直度公差

係指一直線呈眞直程度的一種公差表示法，可分爲表面直線及中心軸線兩種狀況來說明：

(1)表面直線：指圓柱體直長面上任一部分均介於相距某距離之平行線之間，例如符號爲 $\boxed{-\ \vert\ 0.03\ }$，即表示此距離爲 0.03。

(2)中心軸線：指旋轉體之軸線均在某一直徑之圓柱體之內，例如符號爲 $\boxed{-\ \vert\ \phi0.04\ }$，即表示此圓柱體之直徑爲 0.04。

2. 眞平度公差

係指一平面呈眞平程度的一種公差表示法，此平面之任一部分均介於兩個平行面之間，此兩平行面之距離，即爲眞平度公差，例如符號爲 $\boxed{\square\ \vert\ 0.03\ }$，既表示此兩平面之距離爲 0.03。

3. 眞圓度公差

係指一圓柱體、圓錐體或球體呈眞圓程度的一種公差表示法，任一與軸線正交之剖面，其周界均位於兩同心圓之間，此兩同心圓的徑向距離，即爲眞圓度公差，例如符號爲 $\boxed{\bigcirc\ \vert\ 0.02\ }$，即表示此兩同心圓之徑向距離爲 0.02。

4. 圓柱度公差

係指一圓柱體表面之眞圓度、眞直度與眞平度之總合的一種公差表示法，此圓柱表面均介於兩個同軸線的圓柱體之間，此兩個同軸線圓柱面的徑向距離，即爲圓柱公差，例如符號爲 $\boxed{\Diamond\ \vert\ 0.02\ }$，即表示此兩圓柱面的徑向距離爲 0.02。

5. 曲線輪廓度公差

係指一曲線輪廓呈眞確輪廓曲線程度的一種公差表示法，此輪廓曲線周界均介於兩輪廓曲線之間，此兩輪廓曲距離，即爲曲線輪廓度公差。例如符號爲 $\boxed{\frown\ \vert\ 0.2\ }$，即表示此兩輪廓曲線之距離爲 0.2。

6. 曲面輪廓度公差

　　係指一曲面輪廓呈眞確輪廓曲面程度的一種公差表示法，此輪廓曲面均介於兩平行輪廓面之間，此兩輪廓面之距離，即爲曲面輪廓公差，例如符號爲 ⌒ 0.02 ，即表示此兩輪廓曲面之距離爲 0.02。

　　形狀公差實例如表 2.10 所示。

表 2.10　形狀公差實例

名稱	公差標註	說明圖例	備註
真直度	一表面上一直線之眞直度 ▬ 0.03		圓柱體表面上任一部分須介於兩相距0.03之平行線之間。
	一旋轉體中心軸線之眞直度 ▬ φ0.04		兩圓柱體全部軸線須在一直徑爲0.04之圓柱形公差區域內。
真平度	▱ 0.03		平面須介於兩相距0.03之平行平面之間。
真圓度	○ 0.02		任一與軸線正交之剖面上，其周圍須介於兩同心而相距0.02圓之間。
圓柱度	⌀ 0.02		圓柱之表面須介於兩同心軸線而相距0.02之圓柱面之間。

表 2.10   形狀公差實例 (續)

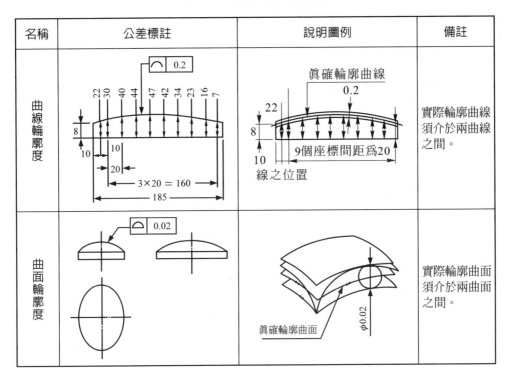

名稱	公差標註	說明圖例	備註
曲線輪廓度			實際輪廓曲線須介於兩曲線之間。
曲面輪廓度			實際輪廓曲面須介於兩曲面之間。

2.2-4   方向公差

方向公差表示相關形態工件外形與正確外形的方向誤差範圍，CNS 有關方向公差之說明如下：

1. 平行度公差

係指一直線或一平面，與基準直線或基準平面呈平行程度的一種公差表示法，一般皆以此直線或平面上任一部分均介於兩平行線或兩平行面之間來衡量平行程度，此兩平行線或平行面之距離即為平行度公差；例如符號為 // 0.1 A ，即表示一直線的平行度公差為 0.1；例如符號為 // 0.03 ，即表示一平面的平行度公差為 0.03。

2. 直角度公差

係指一直線或一平面，與基準直線或基準平面呈垂直程度的一種公差表示法，一般皆以此直線或平面上任一部分均介於兩平行線或兩平行面之間來衡量垂直程度，此兩平行線或平行面之距離即為直角度公差；例如符號為 ⊥ 0.03 A ，即表示一直線的直角度公差為 0.03；例如符號為 ⊥ 0.05 ，即表示一平面的直角度公差為 0.05。

3. 傾斜度公差

係指一直線或一平面，與基準直線或基準平面呈傾斜程度的一種公差表示法，一般皆以此直線或平面上任一部分均介於兩平行線或兩平行面之間來衡量傾斜程度，此兩平行線或平行面之距離即為傾斜度公差；例如符號為 ∠ 0.08 A ，即表示一直線的傾斜度公差為 0.08；例如符號為 ∠ 0.03 ，即表示一平面的傾斜度公差為 0.03。

方向公差實例如表 2.11 所示。

表 2.11　位置公差實例(一)

名稱	公差標註	說明圖例	備註
平行度	 平行於基準線		實際輪廓曲線須介於兩曲線之間
平行度	平行於基準面 		實際輪廓曲面須介於兩曲面之間

表 2.11　位置公差實例(一) (續)

名稱	公差標註	說明圖例	備註
直角度	⊥ 0.03 A	0.03	垂直孔之軸線須介於兩與基準軸線垂直且相距 0.03 之直線之間。
直角度	垂直於基準面　⊥ 0.05	0.05	右方平面須介於兩與基準面垂直且相距 0.05 之平面之間。
傾斜度	傾斜於基準面　∠ 0.08 A　60°	0.08　60°	傾斜面須介於兩與基準軸線成 60°且相距 0.08 之平行平面間。
傾斜度	傾斜於基準面　∠ 0.03 A　39°	0.03　39°	傾斜面須介於兩與基準面成 39° 且相距 0.03 之平行平面之間。

2.2-5　定位公差

方向公差表示相關形態工件外形與正確外形的定位誤差範圍，CNS有關方向公差之說明如下：

1. 位置度公差

係指幾何形態，偏離眞實位置的一種呈正確位置程度的一種公差表示法，一般皆以此點或線皆位於一圓或圓柱內來表示其位置度公差，亦有以平面上任何一部分皆位於兩平行面之間來表示位置度公差；例如符號爲 $\boxed{\oplus\,|\,0.03}$ 即表示一點之位置或一線之位置位於 0.03 外徑之圓或 0.03 外徑之圓柱內，表示其位置度公差爲 0.03；例如符號爲 $\boxed{\oplus\,|\,0.05\,|\,A\,|\,B}$，即表示一面之位置位於兩平行距爲 0.05 之平行面之內，表示其位置度公差爲 0.05。

2. 同心度公差

係指一圓或圓柱之中心，偏離基準軸心程度的一種公差表示法，一般皆以此圓心或軸心皆位於一圓或圓柱內來表示其同心程度，此圓或圓柱之直徑即爲同心度公差；例如符號爲 $\boxed{\odot\,|\,\phi0.01\,|\,A}$，即表示圓心或軸心位於直徑爲 0.01 之圓或圓柱之內，表示其同心度公差爲 0.01。

3. 對稱度公差

係指某幾何形態之中心軸，偏離其對稱中心軸程度的一種公差表示法，一般皆以此幾何形態之中心軸，介於兩平行於對稱軸之平面距離，來表示其對稱度公差；例如符號爲 $\boxed{\equiv\,|\,0.03\,|\,AB}$，即表示孔軸心線介於兩相距 0.03 且於對稱軸面之平面內，表示其對稱度公差爲 0.03。

定位公差實例如表 2.12 所示。

表 2.12　位置公差實例(二)

名稱	公差標註	說明圖例	備註
位置度	⊕ φ0.3　50　100	φ0.3	交點須在一直徑為 0.3 之圓心，此圓之圓心即為該交點之真確位置。
	⊕ φ0.03　25　35	φ0.03	孔之軸線須在一直徑為 0.03 之圓柱形公差區域內。
	35　105°　A　B　⊕ 0.05 A B　面之位置	0.05	傾斜表面須介於兩相距0.05之平行面之間。
同心度	點之同心度　A　◎ φ0.01 A	φ0.01	外圓之中心須在一直徑為0.01而與基準圓A同心之小圓內。
	線之同心度　◎ φ0.03 A　A	φ0.03	右方圓柱之軸線須在一圓柱形公差區域內，此圓柱之直徑為0.03其軸線與左方基準軸線A重合。

表 2.12　位置公差實例(二)(續)

名稱	公差標註	說明圖例	備註
對稱度	線之對稱度 ⟦≡ 0.03 AB⟧ A　B	0.03	孔之軸線須介於兩平行平面之間該兩平面相距 0.03 且對稱於兩基準槽之公有中心面。
	面之對稱度 ⟦≡ 0.04⟧ 20	0.04	右方槽之中心面須介於兩平行面之間，該兩平面相距 0.04 且對稱於基準面。

2.2-6　偏轉公差

　　偏轉公差表示相關形態工件外形與正確外形的偏轉誤差範圍，包括圓偏轉度與總偏轉度，CNS 有關偏轉公差之說明如下：

1. 圓偏轉度公差

　　係指圓柱形工件，圓柱面的某固定面上，其周緣距離其旋轉軸心的長度改變量，以此長度變化量，表示其圓偏轉程度的一種公差表示法。此改變量可能包括真圓度、同心度、垂直度、真平度等項誤差；例如符號為 ⟦↗ 0.1 A-B⟧，即表示環繞基準線之圓偏轉度公差為 0.1。

2. 總偏轉度公差

　　係指圓柱形工件，圓柱面若干固定面上，其周緣距離其旋轉軸心的長度變化量，此為若干個圓偏轉量所組合成；例如符號為 ⟦↗↗ 0.1 A-B⟧，即表示環繞基準軸線之總偏轉度公差為 0.1。

　　偏轉度公差實例如表 2.13 所示。

表 2.13　偏轉公差

名稱	公差標註	說明圖例	備註
圓偏轉度	`0.1` `A-B` `A` `A`	圍繞基準軸線 *A-B* 旋轉	沿圓柱面上之任何一點所量得與基準軸線垂直方向之偏轉量不得超過 0.1。
圓偏轉度	`0.1` `C` `C`	圍繞基準軸線 *C* 旋轉	在沿圓錐面上任何一點所量得與該面之法線方向的偏轉量不得超過 0.1。
圓偏轉度	`0.1` `D` `D`	圍繞基準軸線 *D* 旋轉	圓柱端面與測定器間作徑向相對移動時，於圓柱端面上任意點之軸向偏轉量不得超過 0.1。
總偏轉度	`0.1` `D` `A` `B`	圍繞基準軸線 *A-B* 旋轉	圓柱部分與測定器間作軸向相對移動時，於圓柱面上任意點之徑向偏轉量不得超過 0.1。
總偏轉度	`0.1` `D` `D`	圍繞基準軸線 *D* 旋轉	在右側平面上任何一點所量得與基準軸線平行方向的偏轉量不得超過 0.1。

■ 2.3 精密度 (precision) 與準確度 (accuracy)

2.3-1 精密度 (precsion)

精密度是指量具能夠區分出微量的程度,亦即量具能區分之最小距離,此精密度在量具製造時即已決定。精密度高的量具測量同一工件尺寸,所得的測定值分佈的範圍小;精密度低的量具測量同一工件尺寸,所得的測定值分佈的範圍大。以一 0.02 mm 精密度的游標卡尺及一 0.001 mm 精密度的游標分厘卡為例,說明如下:

游標卡尺

量具精密度────────────0.02 mm

工件眞實值────────────39.88 mm

可能的實際測量值────────39.86 (偏小)

　　　　　　　　　　　　39.88 (正確値)

　　　　　　　　　　　　39.90 (偏大)

實際測量值爲偏小值 39.86 或偏大值 39.90,一次僅出現一種狀況,因此實際測量值分散的範圍爲 0.02 mm。

游標分厘卡

量具精密度────────────0.001 mm

工件眞實值────────────39.880 mm

可能的實際測量值────────39.879 (偏小)

　　　　　　　　　　　　39.880 (正確値)

　　　　　　　　　　　　39.881 (偏大)

實際測量值,爲偏小值 39.879 mm 或偏大值 39.881 mm,一次僅出現一種狀況,因此實際測量值分佈的範圍爲 0.001 mm。

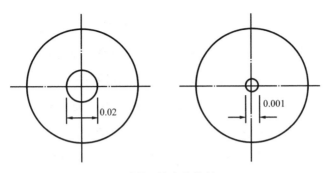

圖 2.7　精密度比較

　　若以圓形靶來比喻精密度，游標卡尺之精密度爲 0.02 mm，游標式分厘卡之精密度爲 0.001 mm，在靶面上之分佈情形如圖 2.7 所示，圓心代表眞實值，量具皆具備準確度，其精密度可分別以 0.02 mm 直徑之圓，與 0.001 mm 直徑之圓來代表。

　　若以不同精密度的量具，測量同一工件尺寸，精密度愈高的量具區分出微量的尺寸範圍愈小，精密度愈低的量具區分出微量的尺寸範圍愈大。

2.3-2　準確度 (accuracy)

　　準確度是指量具測量值與眞實值的接近程度，亦即測量值偏離眞實值的程度，此準確度主要受誤差因素的影響，諸如儀器誤差因素、工件誤差因素、人爲誤差因素及環境誤差因素等，使測量值偏離眞實值、偏離值愈大，量具的準確度愈差；偏離值愈小，量具的準確度愈佳。以一游標卡尺測量工件爲例，說明如下：

　　游標卡尺

　　量具精密度―――――――――0.02 mm

　　工件眞實值―――――――――39.88 mm

　　可能的實際測量值―――――――39.86 (第一次)

　　　　　　　　　　　　　　　　39.88 (第二次)

　　　　　　　　　　　　　　　　42.98 (第三次)

　　工件眞實值若已知爲 39.88 mm，第一次測量值爲 39.86 mm，與眞實值相差 0.02 mm；第二次衡量值爲 39.88 mm，與眞實值相等；第三次測量值爲 42.98 mm，與眞實值相差 3.10 mm；因此測量的準確度以第二次爲最佳，第一次次之，第三次最差。第一次測量誤差值爲 0.02 mm，因爲游標卡尺的精密度爲 0.02 mm，所以誤差來源可能是讀數刻劃的誤判；第三次測量誤差值爲 3.10 mm，此次測量可能因爲誤差因素的影響，而作此極不準確的判讀。

　　精密度高的量具，並不能保證可以得到準確度高的測量結果，量具事先必須經過準確的尺寸校準以及正確的歸零手續，同時於測量時排除一切誤差因素的影響，始可獲得高準確度的測量結果。

　　一般而論，若已排除一切誤差因素的影響，精密度高的量具，因爲可以區分出微量的程度較佳，所以測量值的準確度較高。

　　若以圓型靶來比喻準確度，如圖 2.8 所示，(a)圖與(b)圖比較，量具精密度同爲 0.001 mm，(a)圖之準確度較(b)圖爲佳；(c)圖與(d)圖比較，量具精密度同爲 0.05 mm，(c)圖之準確度較(d)圖爲佳；(a)圖與(c)圖比較，量具精密度(a)圖比(c)圖爲高，因此準確度(a)圖比(c)圖爲佳。

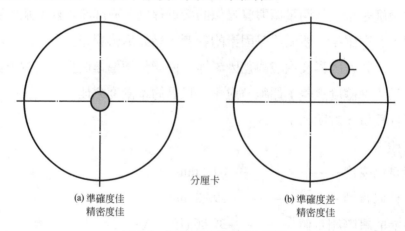

分厘卡

(a) 準確度佳　　　　　　　　　　　　　　　　　(b) 準確度差
　精密度佳　　　　　　　　　　　　　　　　　　精密度佳

圖 2.8　準確度與精密度之關係

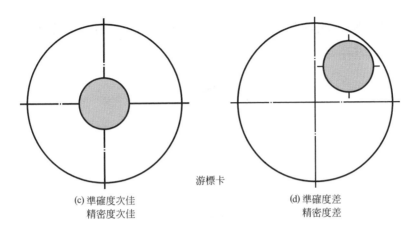

游標卡

(c) 準確度次佳　　　　　　　　　　　(d) 準確度差
　　精密度次佳　　　　　　　　　　　　　精密度差

圖 2.8　準確度與精密度之關係(續)

2.3-3　精密度與準確度分析

　　機件測量時，量具的選用並非精密度愈高愈好，必須視機件尺寸精密程度的要求選用適當精密度的量具，例如用於素材的下料工作，使用鋼尺測量即可，就不須選用分厘卡，若用於精密的搪孔工作，則必須選用高精密度的量具。

　　準確度為精密測量工作所追尋的目標，我們希望測量出來的值，就是真實值，要達到這個目標，必須選用高精密度的量具，將測量的誤差因素，諸如儀器誤差、人為誤差、工件誤差及環境誤差等因素排除，始能得到高準確度的測量結果。但是為了追求真實值的獲得，如果一味選用高精密度的量具，忽略了工件尺寸精密程度的要求，則會增加測量的成本，卻獲得超過實際需要精密度的測量值。

　　我們作機件檢驗及精密測量時，應該選用適當精密度的量具作測量，同時儘可能排除一切可能影響測量的變因，獲得在此精密度下，準確度最高的測量值。

　　在高度精密的測量工作中，我們必須選用高精密度的量具，同時排除一切影響測量準確度的誤差因素，才能得到精密度與準確度皆高的測量值。

　　機件測量時，測量真值存在範圍的估計值，可藉由測量統計分佈加以估計，如圖 2.9 所示。

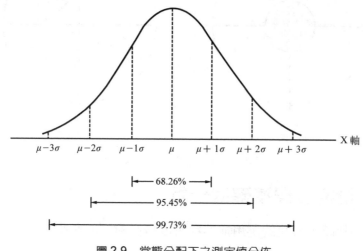

圖 2.9　常態分配下之測定值分佈

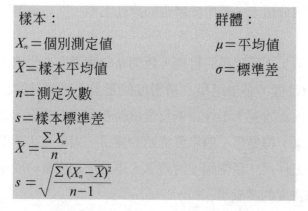

様本：
X_n＝個別測定值
$\overline{X}$＝樣本平均值
n＝測定次數
s＝樣本標準差
$$\overline{X} = \frac{\sum X_n}{n}$$
$$s = \sqrt{\frac{\sum (X_n - \overline{X})^2}{n-1}}$$

群體：
μ＝平均值
σ＝標準差

　　測定值應該向真實值集中，並且平均值恰好等於真實值，並且有 68% 的測定值落入平均值 $\pm\sigma$ 的範圍內，95.45% 的測定值落入平均值 $\pm2\sigma$ 的範圍內，99.73% 的測定值落入平均值 $\pm3\sigma$ 範圍內。

　　若選用量具的精密度愈高，則標準差 σ 值愈小，表示此一常態分配的數據愈向平均值集中；若測量作業的準確度愈高，則表示此一常態分配數據的平均值愈接近眞實值。

　　量具的精密度在量具製造時即已固定，若處於堪用狀況，都能保持其精密度。

　　量具的準確度則受誤差因素的影響，諸如儀器誤差、人爲誤差、工件誤差、環境誤差。

　　精密測量時量具皆應具備其所標示之精密度，此量具才可以拿來測量工件，在此大前提下，再排除各種誤差因素，以獲得高準確度的測量值。

2.4　誤差分析

　　精密測量時，測定值與眞實值的差值，即爲誤差，造成此誤差的原因非常多，諸如儀器因素、工件因素、人爲因素、環境因素，皆會造成測定值偏離眞實值，因而降低了測量的準確度。

　　精密測量所追求的目標就是高準確度的測量值，因此爲了使誤差減低至零，我們必須分析誤差產生的原因，進而排除此誤差因素，提高測量的準確度。

　　測量儀器本身的誤差因素，可以經由正確的歸零校驗的手續，排除測量儀器的誤差；工件本身的誤差因素，可以經由基準邊或基準平板的輔助，使工件本身不易測量的缺點排除；人爲的誤差因素，可以經由輔助的測量夾具、教育訓練及測量經驗的累積，將人爲誤差予以排除；環境誤差因素，可以經由妥善控制環境因素，諸如溫度、濕度、塵埃、氣壓、振動、電磁場、照明及噪音等因素，將環境誤差予以排除。

　　誤差如果可以分析出產生的原因，就可以了解誤差的來源，以此修正測量操作，因而排除了誤差的來源，提高了測量的準確度。因此可以分析出原因的誤差我們稱爲「系統性誤差」，這種誤差可以經由修正方式予以排除。

　　誤差如果無法分析出產生的原因，就無法了解誤差的來源，也無從修正測量操作，因而無法控制誤差的發生。因此無法分析出原因的誤差我們稱為「隨機性誤差」。

2.4-1　系統性誤差

　　系統性誤差依誤差發生的原因可將誤差因素分為：

1. 儀器誤差因素。
2. 工件誤差因素。
3. 人為誤差因素。
4. 環境誤差因素。

　　以上誤差因素是可以分析清楚，並且可以經由改正措施而加以控制。

1. 儀器誤差因素

　　是指因為儀器本身的缺失而引起的誤差。可歸納為：

　　⑴量具製造公差：量具本身製造時，由於各零件的公差累積所造成的誤差。

　　⑵量具調整誤差：量具歸零或調整的缺失所造成的誤差。

　　⑶量具功能誤差：量具磨損或經過濫用，功能失常，所造成的誤差。

2. 工件誤差因素

　　是指工件的形狀或表面的缺失，使得測量發生誤差，例如工件外型難以定位，表面狀況不易掌握……等。

3. 人為誤差因素

　　是指人為的缺失所造成的誤差，如視覺或觸覺缺失、個人心理或心理狀況缺失、測量方法錯誤、測量經驗或測量訓練不足……等。

4. 環境誤差因素

　　是指測量環境未經妥善控制所造成的誤差，例如溫度、濕度、塵埃、氣壓、振動、電磁場、照明、噪音、重力場……等測量環境變化所造成的誤差。

　　系統性誤差是可以分析出誤差產生的原因，經由改正的措施加以控制此項誤差的發生，諸如儀器誤差方面屬於量具功能誤差，即實施量具堪用鑑定，如果不合堪用標準，即予淘汰更新；量具調整誤差，即實施量具歸零調整。工件誤差方面，即預先妥善處理工件測量面，諸如毛邊、表面油污，或附加輔助測量夾具，諸如基準平板、直角邊等裝置，使工件測量更容易進行。人為誤差方面，即調整測量者的心理、生理及測量技能於最佳狀況，諸如視覺、測量壓力、測量習慣、精神狀況、測量方法測量經驗及教育訓練等方面的改進，將測量者的個人差異所造成誤差予以排除。環境誤差方面，即調整環境因素於限定的範圍，諸如溫度、濕度、塵埃、氣壓、振動、電磁場、照明、噪音、重力場等環境因素，均控制於精密測量分級條件範圍內，將測量環境因素所造成的誤差予以排除。

2.4-2　隨機性誤差

　　隨機性誤差又稱為偶然性誤差，凡無法以系統性誤差分類的誤差皆可歸類為隨機性誤差，隨機性誤差不如系統性誤差可以解釋其誤差發生的原因，因此隨機性誤差不如系統性誤差可以經由改進測量措施而予以排除。

　　隨機性誤差僅能以機率的概念來解釋其發生原因，因為一組數據的出現，係呈常態分配，於獲取此組數據時，環境因素均相同，為何得到呈常態分配的數據，而不是一個固定數據，數據間的差異即為隨機性誤差。

　　精密測量判讀出的測量值是受系統性誤差及隨機性誤差互相交錯的影響，而產生測量誤差，系統性誤差可以經由改善措施，可以將此項誤差完全排除，但是隨機誤差則無法排除，並且我們無法區分測量值係受系統誤差或隨機誤差的影響，僅能判斷測量值受上述誤差因素綜合的影響。

　　一般而言，精密測量要知曉真實值是不可能的事，因此高斯(Guass)認為以多次同條件下測量值的算術平均數，可視為真實值的理論，即此算術平均數與真實值相等的假設，有其實用上的意義。

測量行為及獲得的數據是否正確，可由此組數據之標準差的大小來認定，測量值如果受系統性誤差及隨機性誤差的影響，則此組數據之標準差值會較大，若系統性誤差已排除，則隨機性誤差，可由標準差值顯現出來。

例如使用同一量具，測量工件十次，所得測量值如下：

X_n＝個別測定值

$\overline{X}$＝算術平均值

n＝測定次數

s＝標準差

$$\overline{X} = \frac{\sum X_n}{n}$$

$$s = \sqrt{\frac{\sum (X_n - \overline{X})^n}{n-1}}$$

次數	測定值	$X_n - \overline{X}$	$(X_n - \overline{X})^2$
1	3.57	+ 0.013	0.000169
2	3.54	− 0.017	0.000289
3	3.56	+ 0.003	0.000009
4	3.55	− 0.007	0.000049
5	3.58	+ 0.023	0.000529
6	3.54	− 0.017	0.000289
7	3.55	− 0.007	0.000049
8	3.57	+ 0.013	0.000169
9	3.56	+ 0.003	0.000009
10	3.55	− 0.007	0.000049

$\sum X_n = 35.57$　$\sum (X_n - \overline{X}) = 0$

$\sum (X_n - \overline{X})^2 = 0.001610$　$\overline{X} = 3.557$

$$s = \sqrt{\frac{0.001610}{9}} = 0.013$$

十次測量值介於 3.54～3.58 之間，算術平均值為 3.557，標準差 0.013，此標準差值代表此組測量值受系統性誤差與隨機性誤差的綜合影響偏離算術平均值的程度，標準差值愈小表示此組測量值受誤差因素的影響愈小，即表示系統性誤差或隨機性誤差愈小。

習題 2

1. 說明長度單位制度的種類，並列舉其內容。

2. 說明角度制與弧度制的定義，並說明兩者之互換關係。

3. 為何有公差，其代表的意義為何？

4. 公差有哪幾種？並且詳細說明內容。

5. 解釋下列名詞：

　　①公稱尺寸　　　　⑤實測尺寸

　　②公差　　　　　　⑥配合

　　③餘隙　　　　　　⑦干涉

　　④裕度　　　　　　⑧雙向公差

6. 說明公差的等級，並分類其適用範圍。

7. 分類配合的種類，並說明之。

8. 試比較基孔制與基軸制的配合情形。

9. 解釋下列意義：

　　① $\phi 15H6$　　　　⑤ $\phi 75S7$

　　② $\phi 39K6$　　　　⑥ $\phi 85G7$

　　③ $\phi 27h5$　　　　⑦ $\phi 36j6$

　　④ $\phi 55m7$　　　　⑧ $\phi 35k5$

10. 解釋下列名稱：

　　①真直度公差　　　　⑤真平度公差

　　②真圓度公差　　　　⑥圓柱度公差

　　③平行度公差　　　　⑦垂直度公差

　　④位置度公差　　　　⑧同心度公差

11. 何謂精密度？試舉例說明。

12. 何謂準確度？試舉例說明。

13. 試分析系統性誤差的內涵。

14. 試分析隨機性誤差的內涵。

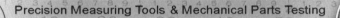

Precision Measuring Tools & Mechanical Parts Testing

Chapter

3

表面與水平

　　機件表面的狀況，取決於各種不同的加工方法，車削、銑削、研磨、拋光、超光等加工方法，可得到不同程度的表面狀況，對於機件使用的性能影響甚大，特別是兩機件的配合面，兩相對運動的配合面，諸如軸承、齒輪、滑塊、導軌面、塊規、界限量規，其配合面的配合情形，主要受表面狀況的影響，並且直接影響到機件的使用壽命、使用精度、使用功能，因此如何正確得加工機件至所需的表面狀況，其先決的品管條件即為如何正確得測量表面粗糙度。

■ 3.1　表面粗糙度的意義

　1. 表面粗造度 (surface roughness)

　　表面粗糙度 (surface roughness) 是指工件表面高低起伏的程度，若以一數量化的值來定義表面粗糙度，係指工件表面上一定長度內表面上最高點與最低點距離之平均值。亦有以表面細度 (surface smoothness) 來表示工件表面粗細程度，以此表面細度來表示工件表面情況。此兩者比較以表面粗糙度的定義，較為具體實際，即以工件表面上一定長度內表面上最高點與最低點距離之平均值，此數量化的數值代表表面粗糙度。

　2. 表面粗糙度專有名詞

　　表面粗糙度專有名詞，如圖 3.1 所示。

　　⑴粗糙高度：刀具切削工件表面時所產生切削痕跡的高度。

　　⑵粗糙寬度：刀具切削工件表面時所產生切削痕跡的寬度。

　　⑶表面波紋：表面出現週期式的間距，此間距大於粗糙寬度的一種不規則的表面狀況，通常由機器之撓曲及振動所產生。

　　⑷波紋高度：表面波紋最高點至最低點之距離。

　　⑸波紋寬度：相鄰兩間距之距離。

　　⑹刀痕方向：表面切削痕跡的方向，視加工方法而定。

⑺斷面曲線：工件表面實際之斷面輪廓曲線，含有波度曲線及粗糙度
　曲線的成分。

⑻波度曲線：斷面曲線實施濾波處理，除去波長較短的波紋，即波度
　曲線。

⑼粗糙度曲線：斷面曲線實施濾波處理，除去波長較長的波紋，即為
　粗糙度曲線。

⑽基準長度：表面粗糙度測量時，於粗糙度曲線上所選取之統計基準
　長度。

⑾測量長度：表面粗糙度測量的實際長度，通常為基準長度的倍數。

⑿表面粗糙度：表示表面高低起伏狀況度的一種數量化表示值。

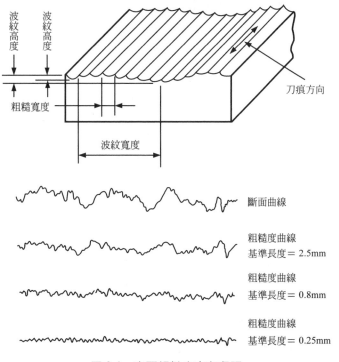

圖 3.1　表面粗糙度專有名詞

■ 3.2　表面粗糙度表示法

1. 表面粗糙度表示制度

表面粗糙度有非常多種制度來表示表面粗糙的程度，根據不同的制度求得的數量化數值，來表示表面粗糙度的意義，表示制度有下列幾種：

(1)中心線平均粗糙度 (R_a, roughness average)

中心線平均粗糙度係以表面粗糙度曲線的中心線爲基準，以表面粗糙度曲線距此中心線距離之絕對值的平均值，來表示表面粗糙度的一種方法，又稱爲算術平均粗糙度。此制度先在表面粗糙度曲線上求出一條中心線，此中心線正好將表面粗糙度曲線分隔出上下兩部分相等的面積，在此中心線上選取一段基準長度 L，若中心線爲 x 軸，y 軸爲曲線各對應點的高度，$y = f(x)$，則

$$R_a = \frac{1}{L} \int_o^L |f(x)| \, dx$$

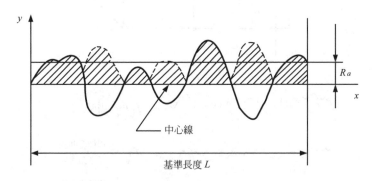

圖 3.2　中心線平均粗糙度

如圖 3.2 所示，中心線平均粗糙度 R_a 即等於中心線上方曲線及反折曲線之面積和除以基準長度所得之商。

(2)均方根粗糙度 (R_q , Root mean squane (RMS))

均方根粗糙度與中心線平均粗糙度類似，同樣是先取一中心線，選取一段基準長度 L ，若中心線為 x 軸， y 軸為曲線各對應點的高度， $y = f(x)$ ，則

$$R_q = \sqrt{\frac{1}{L} \int_0^L f(x)^2 dx}$$

此種以均方根值 (RMS) 求出的表面粗糙度 R_q 約等於 $1.1 R_a$ 。

(3)最大高度粗糙度 (R_{max})

最大高度粗糙度係以表面粗糙度曲線的平均線為基準，以平行於平均線的二條通過最高點與最低點之平行線的距離，來表示表面粗糙度的一種方法。最大高度粗糙度 R_{max} ，如圖 3.3 所示。

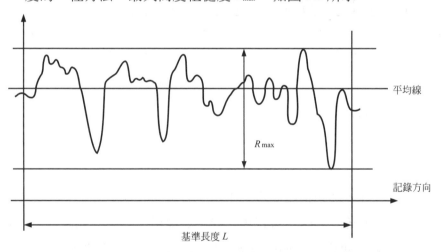

圖 3.3　最大高度粗糙度

(4)十點平均粗糙度 (R_z , Ten Point Height)

十點平均粗糙度係以表面粗糙度曲線之平均線為基準，於一基準長度分別於平均線上下方選取五個波峰平均值及五個波谷平均值，此波峰平均值與波谷平均值之差即為十點平均粗糙度。

如圖 3.4 所示，十點平均粗糙度 R_z，以一平行於平均線之直線爲基準，分別求出波峰平均值及波谷平均值，取其差值即爲十點平均粗糙度。

$$R_z = \frac{(R_1 + R_3 + R_5 + R_7 + R_9) - (R_2 + R_4 + R_6 + R_8 + R_{10})}{5}$$

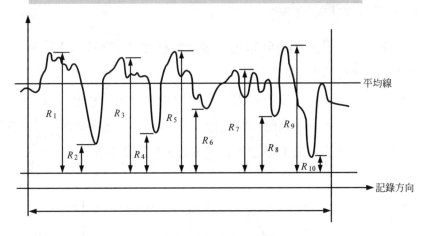

圖 3.4　十點平均粗糙度

(5)最大波峰粗糙度 (R_p)

波峰粗糙度係一種以表面粗糙度曲線的中心線爲基準，於基準長度內取最高波峰至中心線之距離，來表示表面粗糙度的一種方法。此制度先在表面粗糙度曲線上求出中心線，於基準長度中選取最高波峰至中心線之距離，來代表波峰中心線粗糙度 R_p。如圖 3.5 所示，雖然兩表面粗糙度曲線之 R_{max} 相同，但是可以 R_p 來區分兩者的差別，此種制度來計量表面粗糙度，非常適合於耐磨耗性接觸面表面狀況之研究。

(6)波谷中心線粗糙度 (R_v)

波谷中心線粗糙度與前項之波峰中心線粗糙度的定義類同，同樣是以表面粗糙度曲線的中心線爲基準，只是於基準長度內取中心線至最低波谷的距離，來表示表面粗糙度。

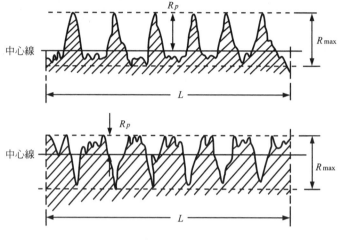

圖 3.5　波峰中心線粗糙度

2. 表面符號的組成

中華民國國家標準 CNS 完整符號的組成如圖 3.6 所示，其各部位標示的意義如下：

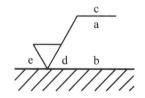

圖 3.6　完整符號(必須去除材料)

(a)單一項表面織構要求

(b)更多表面織構要求

(c)加工方法

(d)表面紋理及方向

(e)加工裕度

3. 加工符號與表面粗糙度之關係

中華民國國家標準 CNS 加工符號與表面粗糙度之關係如表 3.1 所示。

表 3.1　CNS 加工符號

表面符號	名稱	表面說明	加工方法	表面粗度 R_a (μm)
	表胚面	自然表面	鑄、鍛、軋、火焰或電弧切割。	125 以上
	光胚面	平整粗胚	壓延、鍛鑄、模鍛。	32~125
	粗切面	刀痕觸覺及視覺可明顯辨認	粗製車、銑、鉋、鑽、磨、銼。	8.0~25
	細切面	刀痕視覺尚可辨認	普通精製車、銑、鉋、鑽、磨、銼、鉸。	2.0~6.3
	精切面	刀痕隱約可見	特別精製車、銑、精磨、刮、鉸。	0.25~1.60
	超光面	光滑如鏡	超光、研光、拋光、搪光。	0.010~0.20

4. 表面紋理標註

中華民國國家標準 CNS 表面紋理標註，如表 3.2 所示。

表 3.2　表面紋理標註

符號	範例說明	
〓	紋理方向與其所指加工面之邊緣平行	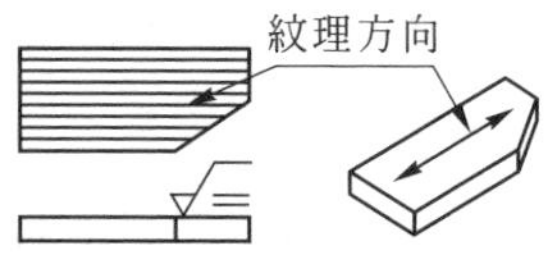
⊥	紋理方向與其所指加工面之邊緣垂直	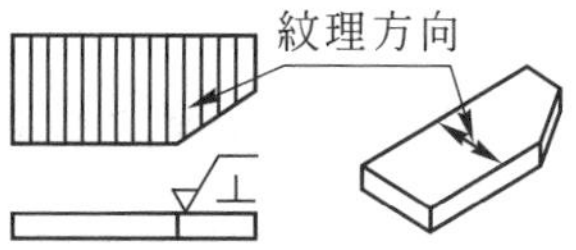
×	紋理方向與其所指加工面之邊緣成兩方向傾斜交叉	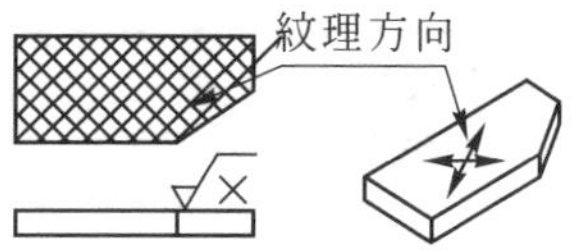
M	紋理成多方向	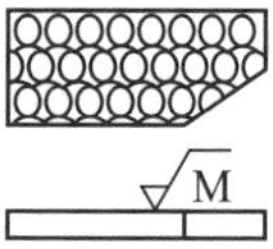
C	紋理呈同心圓狀	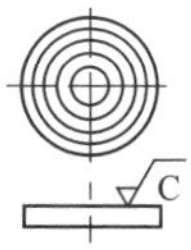
R	紋理成放射狀	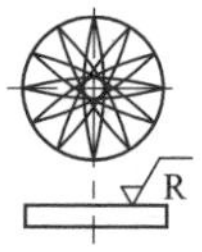
P	表面紋理呈凸起之細粒狀	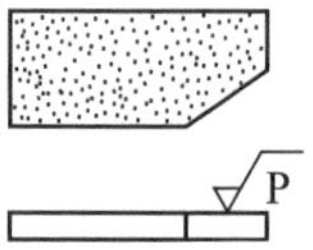

■ 3.3　各種加工法與表面粗糙度之關係

中華民國國家標準CNS對各種加工法所得到的表面粗糙的說明如下：

表面粗糙度若以最常用的 R_{max} 、 R_z 、 R_a 這三種制度來比較，其關係為： $R_{max} \approx R_z \approx 4R_a$ ，其各種不同的加工等級，所得之粗糙度如表 3.3 所示。

各種不同的加工方式所產生的表面粗糙度均在某一固定範圍之間，如表 3.4 所示。

中心線平均粗糙度之最適宜的基準長度與加工方法的對照如表 3.5 所示。

表 3.3　各種加工等級所得之表面粗糙度

表面情況	基準長度 L (mm)	說明	表面粗糙度 (μm)		
			R_{max}	R_z	R_a
超光面	0.08	以超光製加工方法，加工所得之表面，其加工面光滑如鏡面。	0.040 s	0.040 z	0.010 a
			0.050 s	0.050 z	0.012 a
			0.063 s	0.063 z	0.016 a
			0.080 s	0.080 z	0.020 a
			0.100 s	0.100 z	0.025 a
			0.125 s	0.125 z	0.032 a
			0.20 s	0.20 z	0.050 a
			0.25 s	0.25 z	0.063 a
			0.32 s	0.32 z	0.080 a
			0.40 s	0.40 z	0.100 a
			0.50 s	0.50 z	0.125 a
			0.63 s	0.63 z	0.160 a
	0.25		0.80 s	0.80 z	0.20 a

表 3.3　各種加工等級所得之表面粗糙度 (續)

表面情況	基準長度 L (mm)	說明	表面粗糙度 (μm)		
			R_{max}	R_z	R_a
精切面	0.8	車、銑、磨光、搪光、研光、擦光、拋光或刮、鉸、搪等有屑切削加工法，表面幾乎無法以觸覺或視覺分辨出加工之刀痕。	1.0 s	1.0 z	0.25 a
			1.6 s	1.6 z	0.32 a
			2.0 s	2.0 z	0.50 a
			2.5 s	2.5 z	0.63 a
			3.2 s	3.2 z	0.80 a
			4.0 s	4.0 z	1.00 a
			5.0 s	5.0 z	1.25 a
			6.3 s	6.3 z	1.60 a
細切面	2.5	車、銑、鉋、磨、鑽、搪、鉸或銼等有屑切削加工以觸覺試之，似甚光滑，但視覺仍可分辨出有模糊之刀痕。	8.0 s	8.0 z	2.0 a
			10.0 s	10.0 z	2.5 a
			12.5 s	12.5 z	3.2 a
			16 s	16 z	4.0 a
			20 s	20 z	5.0 a
			25 s	25 z	6.3 a
粗切面	8	車、銑、鉋、磨、鑽、搪或銼等有屑切削加工所得之表面，觸覺及視覺分別出明顯之刀痕。	32 s	32 z	8.0 a
			40 s	40 z	10.0 a
			50 s	50 z	12.5 a
			63 s	63 z	16.0 a
			80 s	80 z	20 a
			100 s	100 z	25 a
光胚面	25 或不予規定	一般鑄造、鍛造、壓鑄、輥軋、氣焰或電弧切割等無屑加工方法所得之表面。	125 s	125 z	32 a
			160 s	160 z	40 a
			200 s	200 z	50 a
			250 s	250 z	63 a
			320 s	320 z	80 a
			400 s	400 z	100 z
			500 s	500 z	125 a

表 3.4 各種加工法所得之表面粗糙度

加工方法	中心線平均粗糙度值 R_a (μm)												
	50	25	12.5	6.3	3.2	1.6	0.8	0.4	0.2	0.1	0.05	0.025	0.0125
火焰切割		■	■										
砂模鑄造		■	■										
熱軋		■	■										
鋸切		■	■	■	■								
鉋削			■	■	■	■	■						
鍛造			■	■	■								
銑削				□	■	■	■						
車削					■	■	■	■					
搪孔					■	■	■	■					
鑽孔					■	■	□						
化學銑					■	■	□						
放電加工					■	■	■						
擠製					■	■	■						
拉削						■	■						
鉸孔						■	■						
輪磨						□	■	■	■	■	□		
永久模鑄造						■	■						
蠟模鑄造						■	■						
冷軋						■	■						
引伸						■	■						
滾筒磨光							■	■	■				
壓鑄						■	■						
搪光								■	■	■	□		
電化磨光								■	■				
壓光								■	■				
拋光								■	■	■			
研光									■	■	■		
超光										■	■	■	

■ 平均可達之範圍　　□ 特殊狀況可達之範圍

表 3.5 R_a 之基準長度對照表

加工方法	基準長度 (mm)					
	0.08	0.25	0.8	2.5	8.0	25.0
銑削			●	●	●	
搪孔			●	●	●	
車削			●	●		
輪磨		●	●	●		
鉋削 (牛頭鉋床)			●	●	●	
鉋削 (龍門鉋床)				●	●	●
鉸孔			●	●		
拉削			●	●		
鑽石刀搪孔		●	●			
鑽石刀車削		●	●			
搪光	●	●	●			
研光	●	●	●			
超光	●	●	●			
擦光	●	●	●			
拋光	●	●	●			
亮光				●		
放電加工			●	●		
引伸			●	●		
擠製			●	●		

■ 3.4 表面粗糙度的測量方法

隨著科技的進步，測量儀器的改進，表面粗糙度的測量方法有可觀的進步，由傳統的目視比較法進步到以顯微鏡放大比較法；由機械式直接切斷面測定法進步到以電子探針式斷面測定法，更進步成以光波干涉條紋的斷面測定法；由前項之斷面測定法只能測量二度空間表面粗糙度進步到以空間容積測定法可以測量到三度空間表面粗糙度的層次。表面粗糙度測量方法可分類成下列三種主要方法，如表 3.6 所示。

表 3.6 表面粗糙度測量方法

分類	測量方法	空間範圍
比較測定法	目視比較法 手指觸摸比較法 光學儀器放大比較法	二度空間
斷面測定法	機械式切斷測定法 光線切斷測定法 探針斷面測定法 光波干涉測定法	
空間容積測定法	電容量測定法 放射性同位素測定法 空氣洩漏阻抗測定法	三度空間

1. 比較測定法

　　一般最簡便的表面粗糙度測量方式即為目視或手指觸摸的比較式測定法，本法以肉眼觀察或手指觸摸工件表面，來判定表面粗糙度，這種純憑測量感覺的測定方法，以測量經驗為比較標準；若採用表面粗糙度標準比對片為比較基準，則更能增加測量的準確度；為了增加視覺的判定能力，亦有採用光學儀器放大工件表面，有助於比較式結果的判定。

　　表面粗糙度比較測定係將被測物體與表面粗糙度標準片作比對，直接經由視覺或觸覺判定表面粗糙度。圖 3.7 為表面粗糙度標準片，可分為車削、銑削、鉋削、磨削、銼削等標準片。圖 3.8 為比較判定用放大鏡，一般均為可攜帶式，故稱為口袋式比較放大鏡。

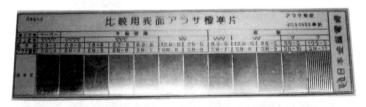

圖 3.7　表面粗度標準片

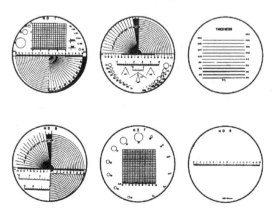

圖 3.8　口袋式比較放大鏡與比對片

圖 3.8 口袋式比較放大鏡與比對片 (續)

2. 斷面測定法

斷面測定法是藉由機械式直接切斷、光線切斷原理、探針斷面測量原理、光波干涉原理求出斷面曲線,再由斷面曲線求出表面粗糙度。茲分述如下:

⑴機械式直接切斷法

直接切斷工件測定面、由實際之斷面曲線分析表面粗糙度,如圖 3.9 所示為傾斜切斷工件測定面。

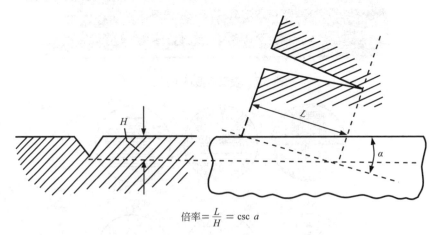

$$倍率 = \frac{L}{H} = \csc a$$

圖 3.9 機械式直接切斷法

⑵光線切斷測定法

光線切斷法測量粗糙度的原理為將光譜傾斜照射測量表面,以高倍率的顯微鏡，將測量面與光譜產生斷面交線反射出來，經由顯微鏡上的測微裝置，測量出表面粗糙度。此種方法的特點為測量時不接觸被測物表面，對於軟材料的測量較方便。光線切斷法的原理如圖3.10 所示。

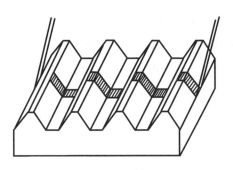

圖 3.10　光切斷原理

(3)探針斷面測定法

以探針接觸測量工件表面，偵測出斷面曲線的測定方法為較實用化的一種表面粗糙度測量方式，由於探針尖端的曲率半徑很小，可以很精確得求得測量工件的斷面曲線，其放大方式可分為機械式放大及電子式放大兩種。電子式探針系統附加電腦化的表面粗糙度分析儀，可以很快速準確的將測量結果顯現出來，為目前廣泛使用的一種表面粗糙度測定方法，電子式探針系統之結構圖如圖 3.11 所示。

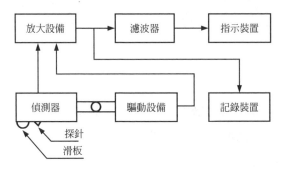

圖 3.11　電子式探針系統結構圖

(4)光波干涉測定法

光波干涉測定法是由標準反射鏡及測定面反射之光波,形成相位差而產生光波干涉條紋,此條紋的狀況可以顯示出表面粗糙度的狀況。本方法藉光學平鏡於被測物體表面反射光的相位差,產生出的干涉條紋數,測量出表面粗糙度。此種方法適用於極為精密的平面測量,如精密塊規、分厘卡砧座平面……等粗糙度的檢驗,以二重光源干涉方式測量表面粗糙度,如圖 3.12 所示;以光線縱返干涉方式測量表面粗糙度,如圖 3.13。

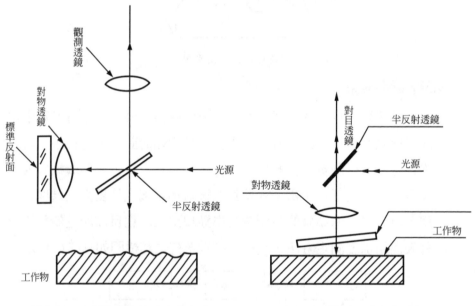

圖 3.12　二重光源光波干涉測定法　　　圖 3.13　縱返干涉方式測定法

3. 空間容積測定法

空間容積測定法是藉由標準感應板與被測定工件表面之空間容積的檢測量,來測定表面粗糙度,由於標準感應板可以檢測三度空間的變化量,因此本方法比斷面測定法僅能測量二度空間的變化量為佳。茲分述如下:

(1)電容量測定法

本方法是測量標準感應板與被測定工件金屬板之間的電容量，由電容量來判定表面粗糙度，電容量必須在金屬板之間產生，因此被測工件必須是金屬始能測量電容，以電容量測定法測量表面粗糙度，如圖 3.14 所示。

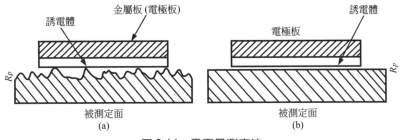

圖 3.14　電容量測定法

(2)放射性同位素測定法

本方法將放射性物質塗佈於測量工件表面，測量工件表面凹下部位充填著放射性物質，此時以一平面放射性偵測器偵測工件表面的放射線強度，此放射線強度的分佈狀況即可代表表面粗糙度。

(3)空氣洩漏阻抗測定法

本方法將標準感應板置於測量工件表面上，其間空氣間距的不同，以不同的阻抗顯示出來，此阻抗值的分佈狀況即可代表表面粗糙度。

3.5　表面粗度儀

表面粗糙度測定方法中，以斷面測定法中的電子探針式斷面測定法最為實用，同時附加表面粗糙度分析儀，可以很快速得將各種制度的表面粗糙度值分析出來。

1. 表面粗度儀原理

表面粗度儀的測量原理為利用探針頭循被測物表面滑動，探針頭將工件表面狀況轉變成感應電流，經過放大器放大，將測量工件的斷面曲線輸送給分析儀,分析儀將斷面曲線依照表面粗糙度制度,計算出表面粗糙度測量值,再由印表機印出表面粗糙度測量值或表面粗糙度曲線、斷面曲線。表面粗度儀的原理如圖 3.15 所示。

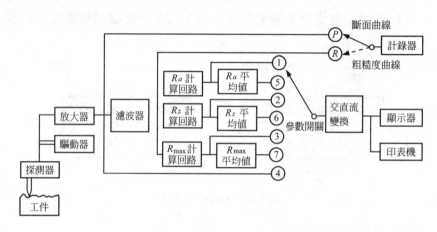

圖 3.15 表面粗度儀的原理

2. 表面粗度儀構造

　　表面粗度儀包括探測器、驅動器、移動控制盤、分析電腦、印表機、水平微動台、基架座等部分,如圖 3.16 所示。

　　表面粗度儀系統包括探測器組、驅動器組、移動控制盤、分析儀組、水平微動台、工件夾持組、防震台等部分,其系統構成圖如圖 3.17 所示。

(1)探測器

　　探測器之構造,包括觸針、探測桿、磁鐵、感應線圈、滑塊……等部分,觸針接觸被測物表面,將表面粗糙度起伏狀況,轉變為磁力線切割線圈之運動,因而感應出感電流。觸針頭為一精密脆弱的測頭,因此必須附加保護裝置,以舉桿控制觸針頭,使觸針從保護蓋中伸出,慢慢接觸測量面,觸針舉桿可調整探測頭軸桿與工件測量面呈水平狀態。探測器如圖 3.18 所示,探測器夾具如圖 3.19 所示。

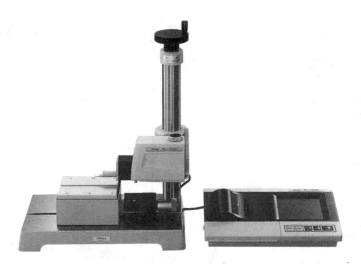

(a) 表面粗度儀分析儀

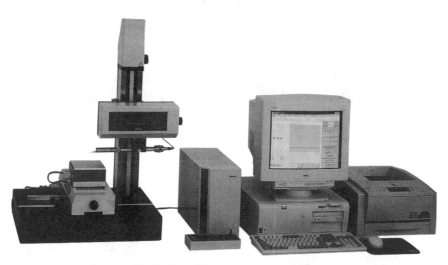

(b) 記錄器、水平微動台、基架座、防震台

圖 3.16　表面粗度儀

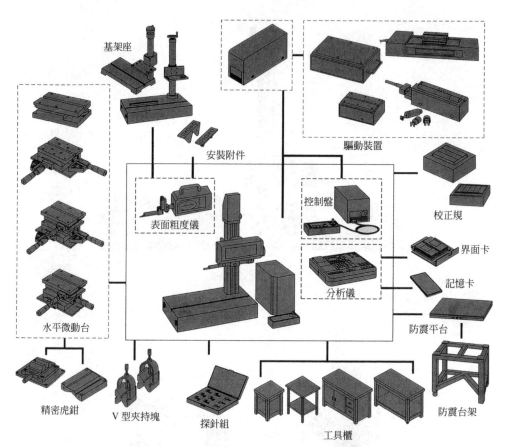

基架座

安裝附件

表面粗度儀

控制盤

校正規

分析儀

界面卡

記憶卡

防震平台

水平微動台

精密虎鉗

V 型夾持塊

探針組

工具櫃

驅動裝置

防震台架

圖 3.17　表面粗度儀系統構成圖

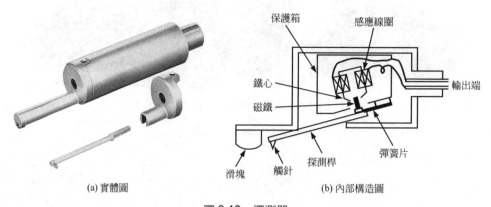

保護箱

感應線圈

鐵心

磁鐵

輸出端

滑塊

觸針

探測桿

彈簧片

(a) 實體圖

(b) 內部構造圖

圖 3.18　探測器

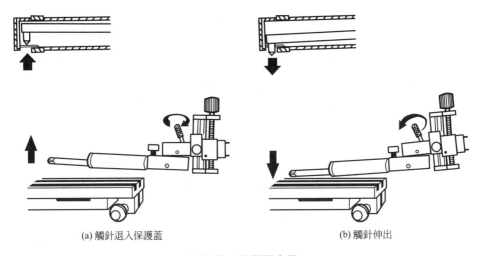

(a) 觸針退入保護蓋　　　　　　　　　　　(b) 觸針伸出

圖 3.19　探測器夾具

　　探測器可分為有滑塊式與無滑塊式兩種，依工件外形的不同有各種不同的設計，探測器的型式如圖 3.20 所示。

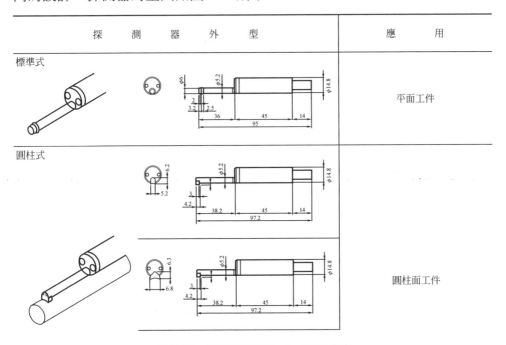

圖 3.20　探測器型式 (一)　有滑塊式

探　測　器　外　型	應　用
	小孔工件
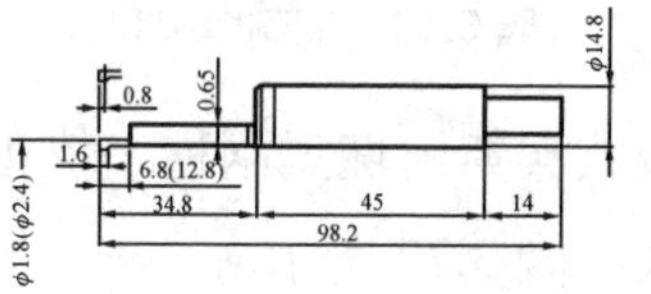	小孔工件
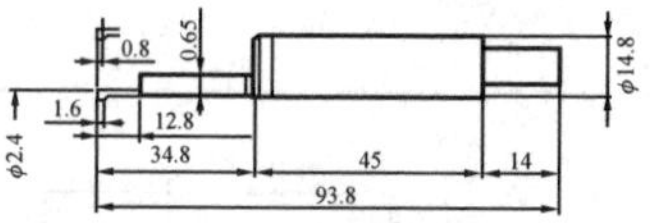	小孔工件
	刀型邊工件
	邊角工件

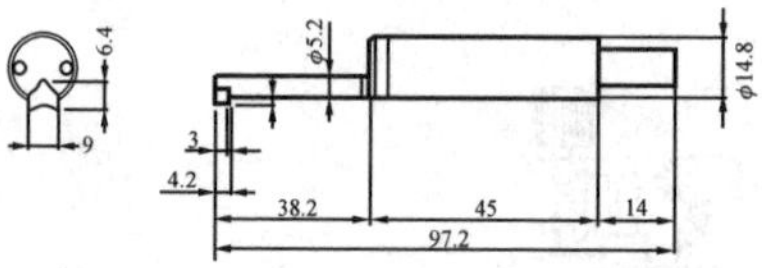

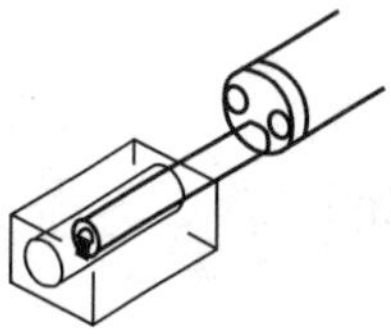

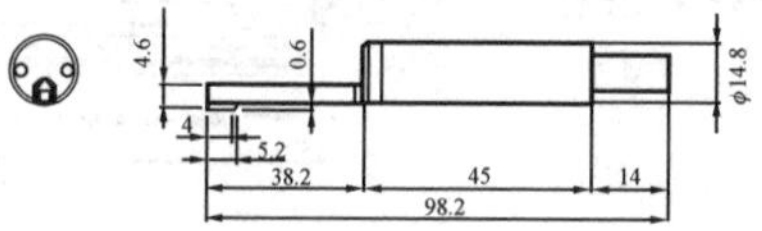

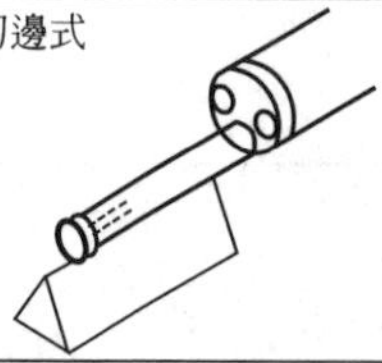

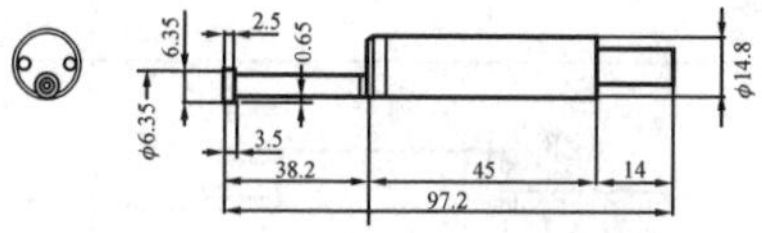

（小孔式、刀邊式、圓柱式）

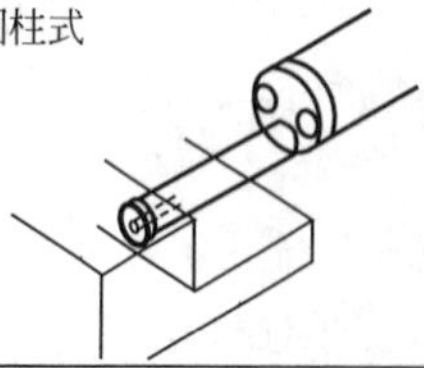

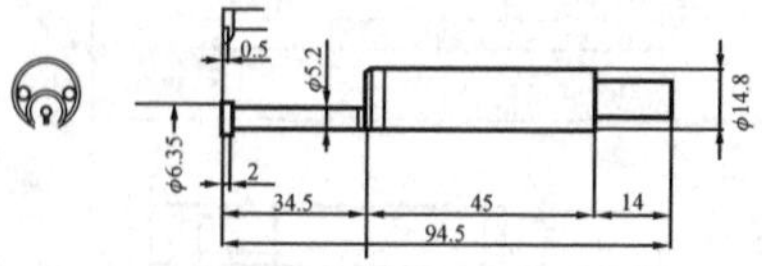

圖 3.20　探測器型式 (一)　有滑塊式 (續)

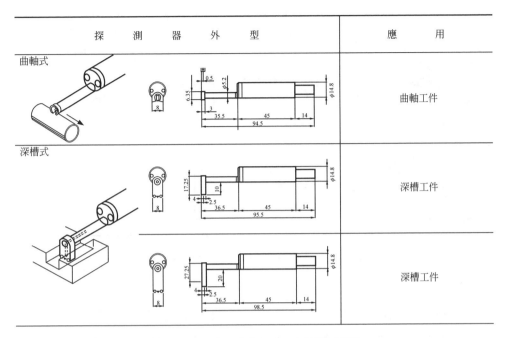

探　測　器　外　型	應　　用
曲軸式	曲軸工件
深槽式	深槽工件
	深槽工件

圖 3.20　探測器型式 (一)　有滑塊式(續)

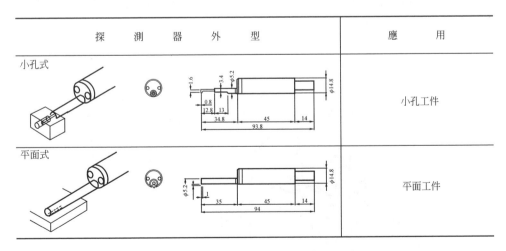

探　測　器　外　型	應　　用
小孔式	小孔工件
平面式	平面工件

圖 3.20　探測器型式(二)　無滑塊式(續)

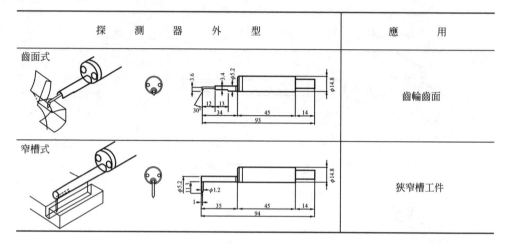

探 測 器 外 型	應 用
齒面式	齒輪齒面
窄槽式	狹窄槽工件

圖 3.20 探測器型式(二) 無滑塊式 (續)

(2)驅動器

驅動器帶動測頭作直線性運動,使測頭延工件表面移動,完成測量動作,於測量完畢復歸至原來位置;其構造包括馬達、直線導軌、傳動齒輪等部分,行程範圍及運動速率皆可以調整,驅動器本體與測頭夾具如圖 3.21 所示。

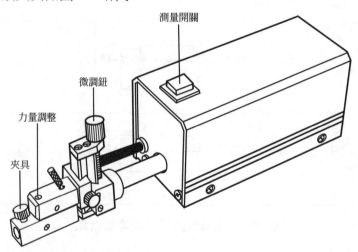

圖 3.21 驅動器本體與測頭夾具

⑶放大分析儀

　　放大分析儀主要的功能爲接受測頭的電流信號，將信號放大。並且依照表面粗糙度制度，分析換算成表面粗糙度值，表面粗糙度系統、測量範圍、基準長度、測量長度、表面粗度曲線、斷面曲線、放大倍率均可以於測量前設定，放大分析儀於測量後接上述設定值分析測量結果，表面粗度分析儀如圖 3.22 所示。

(a) 表面粗度分析儀

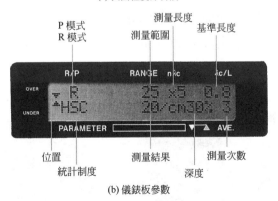

(b) 儀錶板參數

圖 3.22　表面粗度分析儀

可移動式之放大分析儀，可隨移動式探測器至被測工件使用，可移動式分析儀如圖 3.23 所示。

(4)測量夾具組

測量具組包括工件夾具組，工件夾具組包括水平微動台、精密虎鉗、V 型枕夾持塊等組件，用於夾持工件以便於表面粗糙度測量，基架座用於架持工件夾具組及表面粗度儀，測量夾具組如圖 3.24 所示。

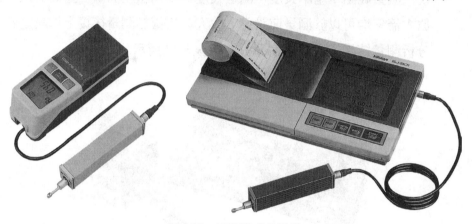

圖 3.23　可移動式分析儀

3. 表面粗度儀的應用

表面粗度儀安裝適當的測頭組及使用輔助的測量夾具，可以廣泛得用於平面、圓柱圓、圓弧曲面、狹窄槽面、波浪面、小孔、深孔、圓角、刀型邊、齒輪面等工件表面粗糙度的測量，表面粗度儀的應用如圖 3.25 所示。

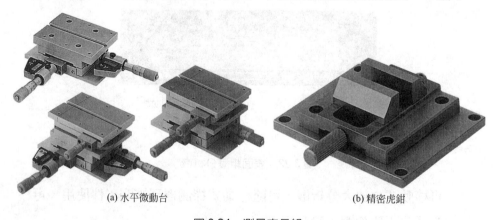

(a) 水平微動台　　　　　　　　　　(b) 精密虎鉗

圖 3.24　測量夾具組

(c) V 型枕夾持塊　　　　　　　　　(d) 三軸調整台

圖 3.24　測量夾具組 (續)

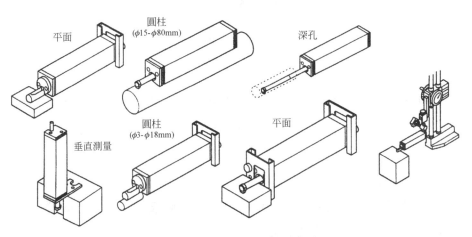

平面

圓柱
(ϕ15-ϕ80mm)

深孔

垂直測量

圓柱
(ϕ3-ϕ18mm)

平面

圖 3.25　表面粗度儀的應用

3.6　水平儀

　　水平儀係用於檢驗平板或各種工具機床台是否呈水平的一種測量儀器，為一種校正或檢驗平面是否呈水平的量具，並非單純測量平面傾斜某種角度的儀器，因此水平儀的使用大部分是用來校正或調整平面的水平狀況。

1. 水平儀原理

　　水平儀的原理是採用氣泡上浮的特點，於一密閉玻璃管中充填容易流動之流體，僅留一小氣泡存在，將此玻璃管之中心線調整成與基座平面平行，因此當基座面傾斜時，玻璃管亦傾斜，由氣泡上浮的特點，偵測出基面傾斜的情形，由玻璃管的刻劃得知水平的情形。

2. 水平儀構造

　　水平儀構造包括基座平面、縱向水準儀、橫向水準儀、保護套、歸零螺絲等部分，如圖 3.26 所示。

圖 3.26　水平儀

(1)基座平面

　　基座平面為鋼質材料，經由精密研磨使表面非常平直準確，其長度視水平儀之種類與大小而定，有製成平面亦有製成 V 型面，測量時被測平面與此基座平面密接。

(2)水平玻璃管

　　水平儀內部為透明的水平玻璃管所構成，此玻璃管通常分成縱向與橫向兩組，此兩組的功能如下：

①縱向水平儀：為測量水平的主要量具，玻璃管上的刻劃較密，以便作精細的觀察與調整。

②橫向水平儀：為幫助水平儀基座面架設及輔助調整平面之用。

③水平儀的精密度，取決於玻璃管內氣泡的移動能力，此移動能力與所使用的液體種類有關，一般均採用流動性良好的醚或酒精，

為了更增加氣泡移動的靈敏性，玻璃管內壁均製成曲率，廉價的水平儀玻璃管是用彎曲成型，其內壁曲率較不易控制；精密型的水平儀其玻璃內壁則是採用研磨方式加工成所需曲率，因此價格較貴，水平儀玻璃管內壁及其上刻劃如圖 3.27 所示。

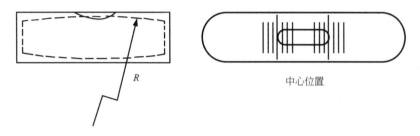

R

中心位置

圖 3.27   水平玻璃管

3. 水平儀的規格

公制水平儀玻璃刻劃每一格的意義是以一公尺基座長度，一端比另一端高若干公厘，來區分水平儀的精密度。

公制水平儀的精密度可分為 A，B 兩級，以其基座之長與寬來區分其尺寸規格，如表 3.7 所示。

表 3.7   公制水平儀規格

精密度	等級	規格 (mm)	座底長 (mm)	底座寬 (mm)
$\dfrac{0.02\,mm}{1\,m}$（≒4 秒）	A 級	150	150	35～45
		200	200	40～56
$\dfrac{0.05\,mm}{1\,m}$（≒10 秒）	B 級	250	250	45～55
$\dfrac{0.1\,mm}{1\,m}$（≒20 秒）		300	300	50～60

4. 電子水平儀原理

　　電子水平儀於水平儀內懸吊一擺錘，當基座平面傾斜時，擺錘亦傾斜，因而移動電子測頭感應線圈，造成磁力線切割，因而感應出電流，由放大器放大後顯示出其水平狀況。公制電子水平儀的精密度有 0.05mm/m、0.01mm/m 兩種。

5. 水平儀的種類

　　依顯示方式可分爲下列三種，如圖 3.28。

　　⑴氣泡式：採水平氣泡玻璃管刻劃顯示。

　　⑵指針式：採電磁力指針顯示。

　　⑶數字式：採液晶數字顯示。

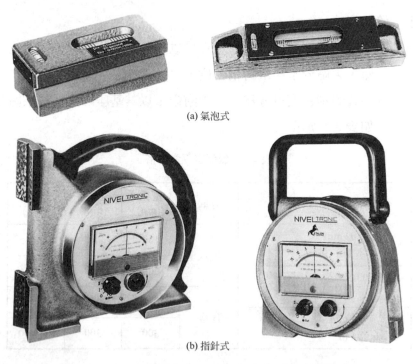

(a) 氣泡式

(b) 指針式

圖 3.28　水平儀依顯示方式分類 (EATLON 水平儀)

(c) 數字式

圖 3.28　水平儀依顯示方式分類 (EATLON 水平儀) (續)

依外型可分爲下列四種，如圖 3.29。

①普通型：爲一單純功能的水平儀。

②附機型：爲附在機器上之水平儀。

③框架型：爲方型框架式水平儀，基座上有 V 型座。

④特殊型：爲附加特殊量具可作多種平面的測量。

(a) 普通型——僅作水平校正用

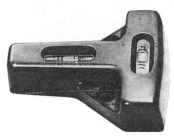 

(b) 附機型——裝置於機器本體上，作水平校正

圖 3.29　水平儀依外型分類 (EATLON 水平儀)

(c) 框架型——方型框架附 V 型座

圓周氣泡型　　　　　　　　　　長距離水平高度測量

斜度水平儀　　　　　　　　　　高精密度水平儀

圖 3.29　水平儀依外型分類 (EATLON 水平儀) (續)

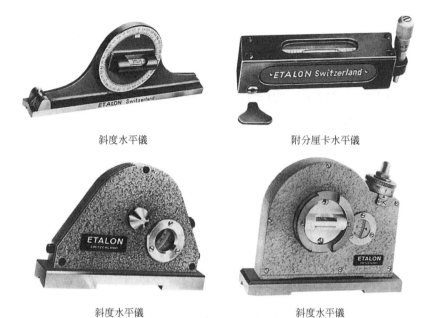

斜度水平儀　　　　　　　　　　　　附分厘卡水平儀

斜度水平儀　　　　　　　　　　　　斜度水平儀

(d) 特殊型——可作角度平面的測量

圖 3.29　水平儀依外型分類 (EATLON 水平儀) (續)

6. 水平儀的使用

(1) 水平儀的歸零

水平儀歸零的主要目的是將水平玻璃管中心線調整成與基座平面平行，如此基座平面傾斜的情形，可以由水平玻璃管上的氣泡表示出來。其歸零的程序如下：

① 將基座平面放於一近似水平的平面上，若有標準的水平面則更佳。

② 觀察水平儀氣泡偏移的刻劃，並記錄之。

③ 將水平儀拿起原地轉 180° 再放回原位置。

④ 觀察水平儀氣泡偏移的刻劃並記錄之。

⑤ 若前後兩次水平儀氣泡均往同一方向偏移並且偏移量相等，則表示此水平儀已歸零，因為平面未改變，故指示量及偏移方向均相

同。

⑥若前後兩次水平儀氣泡偏移位置均不同,則作反方向二分之一量
　調整水平儀,直到達到第 5 項之要求。

⑦重覆第 1 項至第 5 項之程序,若合於第 5 項之要求,則表示水平
　儀已歸零。

⑵水平面調整

①首先將平板調整呈近似水平面,即水準氣泡在刻劃線範圍內移動。

②將水平儀放在受檢平板的 X 軸方向,觀察水準氣泡的偏向。

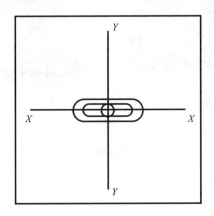

圖 3.30　水平儀的使用

③在水準氣泡偏向的反方向調整受檢平板,使水準氣泡達中央位置。

④再將水平儀放在受檢平板的 Y 軸方向,重覆第 3 項的調整,將受
　檢平板調整於水平位置。

⑤若平板已調整呈水平狀態,水平儀放於平板上任何位置,水準氣
　泡均於中間位置。

⑶水平儀的判讀

　水平儀氣泡的判讀,如表 3.8 所示。

表 3.8　水平儀的判讀

	水平儀精度 0.02mm/m	說明
1	中心位	氣泡兩端處於兩長刻劃之間表示此平面水平。
2	偏左一刻線	氣泡向左漂移一刻線，表示平面左邊較高 0.02mm/m。
3	偏右一刻線	氣泡向右漂移一刻線，表示測面之平面之右邊高 0.02mm/m。
4	偏右三刻線	氣泡向右方漂移三刻線，表示被測量平面右邊較高 0.02mm/m×3。
5	超出範圍	氣泡在玻璃管的兩端均無法看見，則表示平面傾斜程度超過水平儀可測量的範圍。

7. 水平儀測量精度分析

　⑴水平儀精度

　　水平儀的測量精度決定於玻璃管之內圓弧半徑 R，玻璃管之刻線距離 S，若水平儀之底座長 L，則水平儀之精度可由圖 3.31 加以說明。因為 $\theta_1 = \theta_2$，故

$$水平儀精度 = \frac{S}{R} = \frac{H}{L}$$

S：玻璃管最小刻線距離

R：玻璃管內圓弧半徑

H：底座左邊昇高之距離

L：水平儀底座長

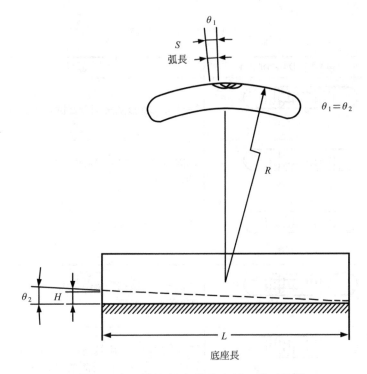

圖 3.31 水平儀精度 (氣泡往左偏一格 S 距離)

　　R 半徑愈大，S 刻線距離愈小，則水平儀精度愈高。但是 R 半徑愈大時所形成的曲率愈小，氣泡移動的靈敏性會受影響；S 刻線距離愈小時，刻線過於密集，氣泡位置的判讀困難；因此氣泡式水平儀的精密度受 R 值與 S 值的實用性限制，最高精密度僅可達 0.02mm/m。

(2)影響水平儀測量精度的因素

　　①玻璃管內圓不為眞圓。

　　②玻璃管內圓弧曲率變形。

　　③玻璃管或管內液體受溫度影響發生變形。

　　④水平儀底座平面有誤差。

　　⑤刻線閱讀發生誤差。

　　⑥水平儀未正確歸零。

3.7　平板

　　平板 (surface plate) 為精密測量工作中不可少的輔助量具，很多種精密測量儀器都需要以平板當作基準面，方能使測量、劃線、比對及檢驗等工作順利進行。

1. 平板的種類

　　平板依材料可分為兩類：

⑴鑄鐵平板

　　鑄鐵平板為一使用很普遍的平板，由鑄鐵鑄成，板的底面有加強肋，使平板不容易變形，板面經過精密研磨或刮光的手續，如圖3.32 所示。

圖 3.32　鑄鐵平板 (mauser)

其特點為：

①重量重，吸震效果良好。

②易於加工成型。

③耐磨性良好。

④潤滑性佳。

⑤價格便宜。

(2)花崗石平板

花崗石平板產自自然界，表面經過拋光，加工成為精確度極高的平面，表面平坦、光滑，如圖 3.33 所示。

圖 3.33 花崗石平板

其特點為：

①無內應力，長期使用不變形。

②硬度高，約為鑄鐵的兩倍，使用壽命長。

③耐磨性較鑄鐵平板強。

④熱膨脹係數低，與鑄鐵平板相比較不受溫度變化的影響。

⑤受撞擊時不起毛邊及倒角，刻痕粒子變為細粒，不影響平面。

⑥防蝕效果良好，耐酸鹼的能力比鑄鐵佳。

⑦不產生黏合，精密儀器移動順利，沒有貼合現象。

⑧色澤暗晦不刺眼，眼睛不生疲勞。

⑨不生磁化，可以使用磁性設備。

⑩容易清洗，表面不褪色或損壞。

⑪維護容易，不需加防銹油，維護費減少。

花崗石平板受撞擊時，刻痕變爲細粉粒掉落，不影響平面，鑄鐵平
板受撞擊時，則產生倒角拱起現象，影響平面，如圖 3.34 所示。

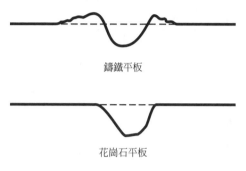

鑄鐵平板

花崗石平板

圖 3.34　平板比較

2. 平板的精度

平板經過表面加工後其精度按其平面度與眞直度可分爲四級：如表 3.9
所示。

表 3.9　花崗石平板的精度

平板尺寸		平板平面度公差 (μm)			
長度 (mm)	寬度 (mm)	AA 級	A 級	B 級	C 級
300	300	0.6	1.2	2.5	5.0
450	300	0.6	1.2	2.5	5.0
450	450	0.6	1.2	2.5	5.0
600	450	1.2	2.5	5.0	10.0
900	600	1.2	2.5	5.0	10.0
1200	600	1.8	3.7	7.5	15.0
900	900	1.8	3.7	7.5	15.0
1200	900	2.5	5.0	10.0	20.0
1500	900	3.1	6.2	12.5	25.0
1800	900	3.7	7.5	15.0	30.0
1200	1200	2.5	5.0	10.0	20.0
1500	1200	3.7	7.5	15.0	30.0

表 3.9　花崗石平板的精度 (續)

平板尺寸		平板平面度公差 (µm)			
長度 (mm)	寬度 (mm)	AA 級	A 級	B 級	C 級
1800	1200	4.3	8.7	17.5	35.0
2400	1200	6.2	12.5	25.0	50.0
3000	1200	8.7	17.5	35.0	70.0
3000	1500	9.3	18.7	37.5	75.0
2400	1800	7.5	15.0	30.0	60.0
3600	1800	13.7	27.5	55.0	110.0

(1)AA 級：AA 級平板其表面精度極高，只適用於高精密實驗室的檢驗，絕不可使用於工廠現場工件的檢驗。

(2)A 級：A 級平板為精密檢驗工作的基準面，為量具檢驗室中必備的設備，以花崗石研磨後，表面並且經過拋光處理。

(3)B 級：專用於工具室或較精細的工作現場，一般由鑄鐵製成，其平面用手工或機器刮光。

(4)C 級：大都用於工作現場的劃線，由鑄鐵製成，表面僅經由機器精密磨光。

3. 平板附件

平板為精密測量的輔助工具，尚需要一些附件使測量工作更方便與準確。

常用附件有：

(1)平面架 (surface bridge)：如圖 3.35 所示。

(2)角板 (angle plate)：如圖 3.36 所示。

(3)平行塊 (parallel)：如圖 3.37 所示。

(4)平行箱 (parallel box)：如圖 3.38 所示。

(5)V 型枕 (prism)：如圖 3.39 所示。

⑹微動千斤頂 (jack)：如圖 3.40 所示。

圖 3.35　平面架

圖 3.36　角板

圖 3.37　平行塊

圖 3.38 平行箱

圖 3.39 V型枕

圖 3.40 微動千斤頂

4. 平板的用途

　　平板可提供精密測量檢驗的基準平面，當量具與工件置於同一基準平面，量具軸線與被測工件軸線重合成一線或者呈平行狀況，使測量工作容易進行，並且可以排除測量誤差，平板的使用實例如下：

(1)　精密劃線的基準。

(2)　眞直度測量的基準。

(3)　平行度測量的基準。

(4)　垂直度測量的基準。

(5)　比較式測量的基準。

平板的使用實例如表 3.10 所示。

表 3.10　平板使用實例

使用	圖示	說明
精密劃線的基準	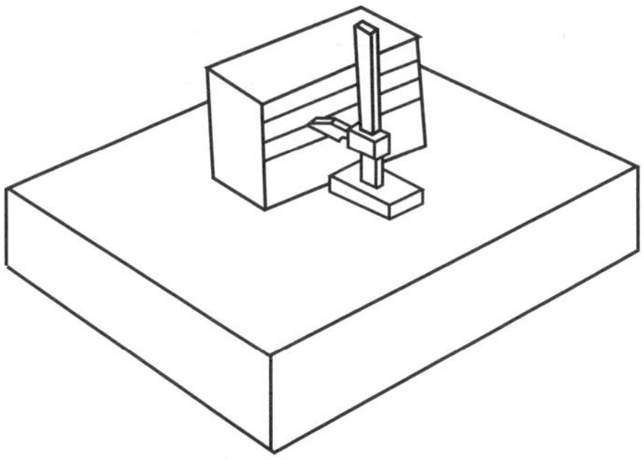	工件與高度規置於平板上，調整劃刀高度於工件表面劃線。
眞直度測量的基準	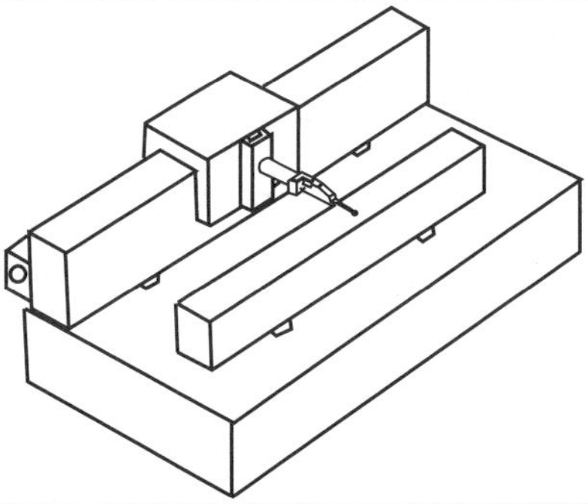	工件與直定規置於平板上，以槓桿式電子測頭測量工件表面眞直度。

表 3.10　平板使用實例 (續)

使用	圖示	說明
平行度測量的基準	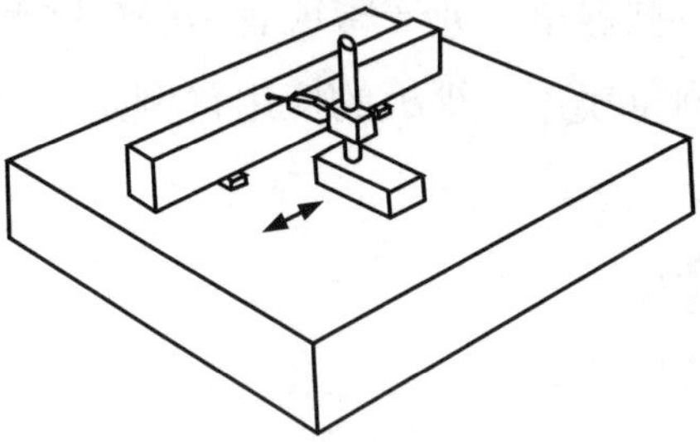	工作與移測台置於平板上,以槓桿式電子測頭測量工件兩測量面的平行度。
垂直度測量的基準	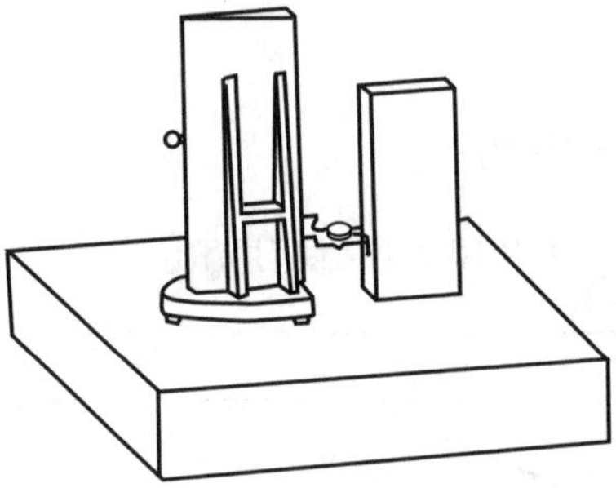	工件與精密高度規置於平板上,以槓桿式測頭測量工作測量面與底座面的垂直度。
比較式測量的基準	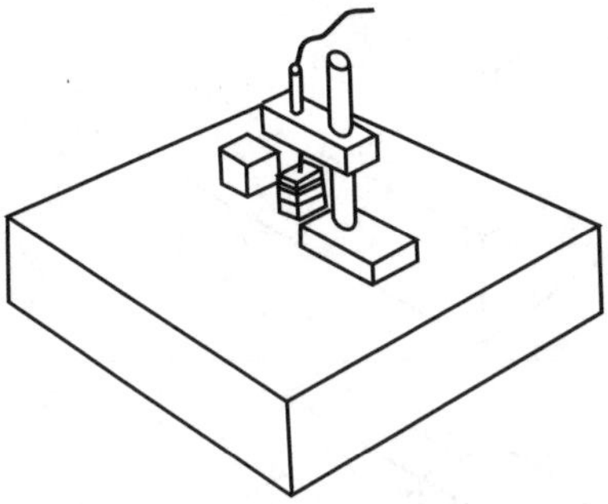	工件與移測台置於平板上,以直進式電子測頭於精測塊規上歸零,再以此直進式測頭測量工件,於直進式電子測頭上讀測出比較差值。

習題 3

1. 試說明表面粗糙度的意義。

2. 試說明表面粗糙度的測量方法。

3. 試解釋表面粗糙度符號的含義。

4. 說明表面粗糙度比較測定法的內涵。

5. 說明光線切斷法表面粗糙度測量的內涵。

6. 說明表面粗度儀的構造。

7. 說明水平儀的功能與構造。

8. 試分類水平儀的種類。

9. 說明水平儀使用的步驟。

10. 試分析水平儀的測量精度。

11. 試分類平板的等級，並說明其功能。

12. 試說明平板附件及其功用。

13. 試說明平板的用途。

Precision Measuring Tools & Mechanical Parts Testing

Chapter *4*

長度測量

■ 4.1　長度測量的範圍與準確度

　　精密測量中絕大部份的測量屬於長度測量，其中一度空間的測量最多，也最單純，二度空間的測量與三度空間的測量則要靠兩個或三個一度空間的測量尺寸所組合而成。長度測定所使用的量具種類眾多，其精密度愈來愈高，同時經由測量環境誤差的妥善控制，使得測量的準確度增高，因此，當一切誤差因素皆控制後，就是量具本身的精密度影響著測量結果。

　　量具的規格有三項：量具名稱、精密度、測量範圍，不同的量具有不同的精密度與測量範圍，其中精密度與測量範圍兩者呈反比關係，即精密度愈高其測量範圍愈小，精密度愈低其測量圍愈大，各種量具的精密度與測量範圍的關係如圖 4.1 所示。

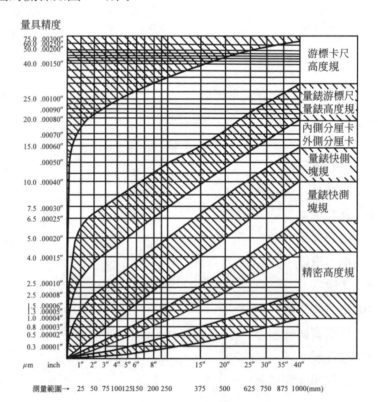

圖 4.1　量具測量範圍與精度之關係

長度測量必須符合測量原理，此測量原理即阿貝原理 (earnest abbe)：

「工件測量軸線與量具軸線重合時，才能得到最準確的測量值。」

但由於受工件外型、測量空間等限制，使得長度測量並非都合於測量原理，因此附加了下列規定：

「若無法符合測量原理時，亦要使測量軸線與量具軸線平行，並且平行距離愈短愈佳。」

長度測量使用的量測儀器以精度、量具結構的不同，分述於後面各節。

■ 4.2　直尺

直尺是一種直接測量並且讀數的量具，一般可由木質或金屬製成，其上刻劃出刻度。直尺的選用，主要在於其精密度與準確度，前者為刻劃精細的程度，後者為刻劃讀數的正確性。

1. 直尺的種類

　(1)鋼尺

　　鋼尺一般由工具鋼或不銹鋼鍍鉻加工而成。其上的刻度可分為公制與英制兩種：

　　①公制鋼尺：常用的精密度有 0.5mm 與 1mm 兩種，尺長有 15cm，30cm，45cm，60cm，100cm……等。

　　②英制鋼尺：常用的 1/32″與 1/64″兩種，亦有 1/100″，1/50″，1/10″等十進制刻劃，分別刻於鋼尺正反兩邊四個刻度邊，尺長有 6″，12″，18″，24″……等。亦有鋼尺上混合刻度公制與英制的尺寸，以備選擇使用。鋼尺一般刻度的種類如表 4.1 所示。

英制鋼尺如圖 4.2，公制鋼尺如圖 4.3，公英制混合鋼如圖 4.4。一般工廠工英制混合的鋼尺較多，另外尚有一種鋼尺除了公英制外，還附加了台制等三種單位。

表 4.1　鋼尺的刻度種類

單位制度	規格	刻度分級					寬度 (mm)	厚度 (mm)
		代號	第一邊	第二邊	第三邊	第四邊		
英制	6″	3R	1/50″	1/10″	1/32″	1/64″	19	
	12″						25	
	18″						30	
	24″						30	
	6″	4R	1/64″	1/32″	1/8″	1/16″	19	
	12″						25	
	18″						30	
	24″						30	
	6″	5R	1/100″	1/10″	1/32″	1/64″	19	
	12″						25	
	18″						30	
	24″						30	
	6″	16R	1/100″	1/50″	1/32″	1/64″	19	1.2
	12″						25	
	18″						30	
	24″						30	
公英制混合	6″×150		1/64″	1/32″	1/2	1	19	
	12″×300						25	
	18″×450						30	
	24″×600						30	
	6″×150		1/100″	1/50″	1/2	1	19	
	12″×300						25	
	6″×150		1/100″	1/10″	1/2	1	19	
	6″×150		1/50″	1/10″	1/2	1	19	
公制	150		1	1/2	1/2	1	19	
	300						25	
	450						30	
	600						30	

　　除了上述的標準鋼尺外，尚有尺面寬較窄的窄面鋼尺，如圖 4.5，及尺面可撓曲的撓性鋼尺，如圖 4.6，主要用於測量狹窄面或圓型弧面等工件的測量。

(2)鉤頭鋼尺

　　鋼尺頭端附加鉤頭，此鉤頭可鉤於測量工件的起始測量邊，使測量工作更準確，更快速。如圖 4-7 所示。

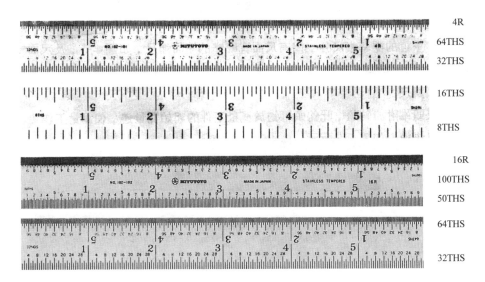

圖 4.2　英制鋼尺

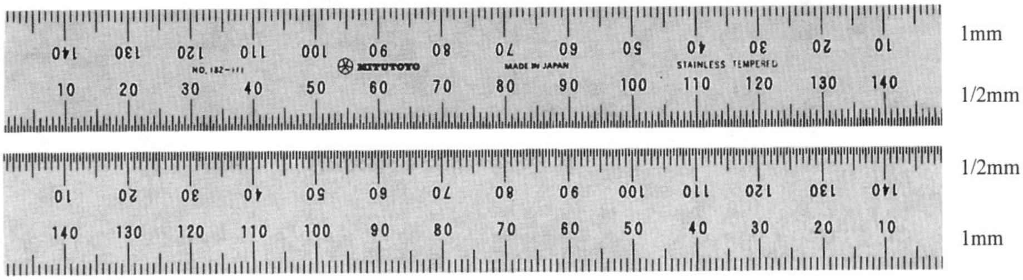

圖 4.3　公制鋼尺

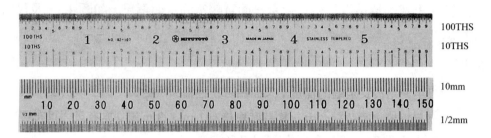

圖 4.4　公英制混合鋼尺

圖 4.5　窄面鋼尺

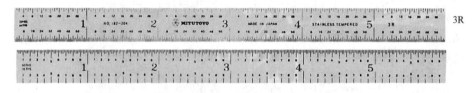

圖 4.6　撓性鋼尺

圖 4.7　鉤頭鋼尺

(3)短尺

短尺主要用於凹處或工件內部無法以普通鋼尺測量之處，一套的短尺由數支短尺與一夾持具所組成，如圖 4.8 所示。

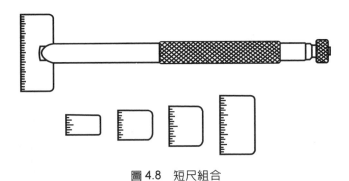

圖 4.8　短尺組合

(4)捲尺

捲尺主要用於長距離的測量，尺面由可撓性鋼面所組成，為了便於使用與攜帶，鋼尺捲於自動收縮盒中，其長度規格有 1m、3m 等，亦有尺面以布質製成的捲尺，其規格則較長，有 30m、50m……等。捲尺如圖 4.9 所示。

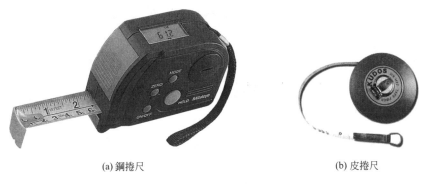

(a) 鋼捲尺　　　　　　　　　　　　　　　　　(b) 皮捲尺

圖 4.9　捲尺

(5)卡尺

卡尺由鋼尺、固定卡夾、活動卡夾所組合成，卡夾可以作外部尺寸與內部尺寸的測量，活動卡夾上刻劃出外部 (out) 或內部 (in) 測量的基準線。如圖 4.10 所示。

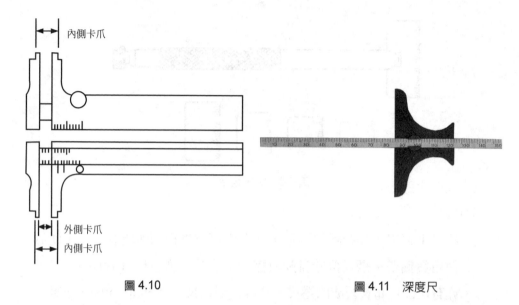

圖 4.10　　　　　　　　　　　　　　　　　　圖 4.11　深度尺

(6)深度尺

深度尺由鋼尺與深度測量基座所組成，使深度測量非常簡易並且迅
速。一般可分為普通深度尺，角度深度尺，刻桿深度尺三種。角度
深度尺可以測量基座面與鋼尺軸線成一特定角度的深度；刻桿深度
尺則專用於小圓孔深度的測量。如圖 4.11 所示。

2. 特殊型直邊尺

特殊型直邊尺用於高精度的直線或平面的檢驗，有下列數種型式：

(1)刀尖型直邊尺。

(2)V 型直邊尺。

(3)平面型直邊尺。

(4)工型直邊尺。

(5)三角型直邊尺。

特殊型直邊尺如圖 4.12 所示。

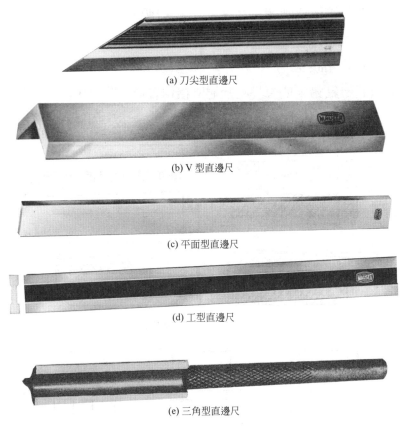

(a) 刀尖型直邊尺

(b) V 型直邊尺

(c) 平面型直邊尺

(d) 工型直邊尺

(e) 三角型直邊尺

圖 4.12　特殊直邊尺 (mauser)

3. 直尺測量誤差分析

　　直尺測量誤差來源有四：

　　⑴不符合測量原理

　　　量具的刻度軸線未與被測工件軸線重合或平行，諸如尺身傾斜、尺
　　　身彎曲……等都會導致誤差的產生，如圖 4.13 所示。

　　⑵視覺誤差

　　　直尺為一直讀式量具，刻度線與工件端面對齊之刻劃為所得的實測
　　　尺寸，因此視線必須垂直於直尺刻度面，始能讀得正確值。圖 4.14(a)

為視覺誤差造成判讀尺寸過大，圖 4.14(c) 為視覺誤差造成判讀尺寸
過小，圖 4.14(b)為正確視線可讀得正確尺寸。

(3)直尺起始點誤差

直尺起始點錯誤或直尺起始端磨損均會造成誤差，必須以基準塊幫
助定位或利用中間起始點來減少誤差的產生，如圖 4.15 所示。

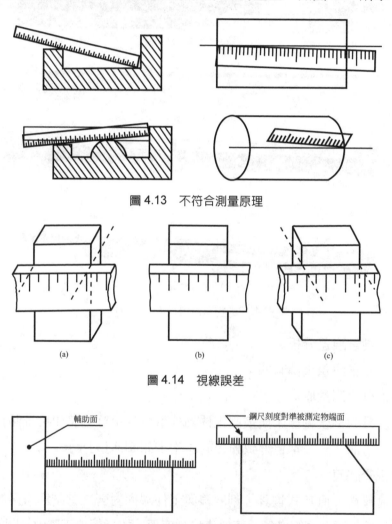

圖 4.13　不符合測量原理

(a)　　　　　　　　(b)　　　　　　　　(c)

圖 4.14　視線誤差

輔助面

鋼尺刻度對準被測定物端面

圖 4.15　直尺起始點誤差的改正方法

⑷間接測量尺寸轉移誤差

　　直尺無法直接測出工件尺寸讀數時，則採用內卡或外卡等輔助工具
間接測得大小，再轉移至直尺上得知測量尺寸，此種作法可能會有
前三項誤差的產生，而造成轉移尺寸誤差。如圖 4.16 所示。

(a) 外卡   (b) 內卡

圖 4.16　間接測量尺寸轉移

4.3　卡鉗

　　卡鉗為間接測量的輔助量具，雖然精密測量儀器的進步，使得卡鉗的
使用範圍，逐漸被精密測量儀器取代，但是某些工件特定部位的測量，仍
需要利用卡鉗作間接的轉移度量，其測量精度可達 0.02mm～0.05mm 加以
其價格便宜，使用簡單，還是一種非常理想的輔助量具。

1. 卡鉗的功能

　　卡鉗的功能有三：

⑴劃線：將量具上的尺寸轉移至卡鉗，再以卡鉗劃線至工件表面。

⑵測量：將工件尺寸轉移至卡鉗，再轉移至量具讀測尺寸。

⑶檢驗：將檢驗尺寸轉移至卡鉗，以此卡鉗來檢驗工件的尺寸。

2. 卡鉗的種類

　　卡鉗的種類主要可分為三大類如圖 4.17 所示：

⑴外卡：主要為外徑的測量，依結構的不同可分為普通式、移矩式、
　　彈簧式三種。

⑵內卡：主要為內徑的測量，依結構的不同可分為普通式、移矩式、彈簧式三種。

⑶單腳卡：主要功能為劃線，依結構的不同可分為普通式、可調式兩種。

3. 卡鉗的使用

卡鉗的使用依種類說明如下，如圖 4.18 所示：

⑴外卡：測量外徑或工件外部尺寸，如圖 4.18(a)，卡鉗尖測量軸線要與被測工件軸線重合。

⑵內卡：測量內徑或內部尺寸，如圖 4.18(b)，卡鉗尖測量軸線要與被測工件軸線重合。

⑶單腳卡：繪製平行線或求圓心，如圖 4.18(c)。

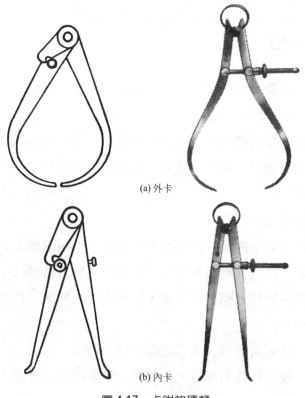

(a) 外卡

(b) 內卡

圖 4.17　卡鉗的種類

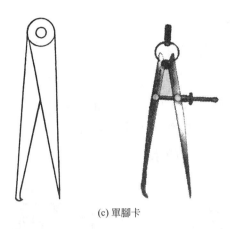

(c) 單腳卡

圖 4.17　卡鉗的種類 (續)

(4)尺寸轉移：內外卡尺寸的互相轉移，如圖 4.18(d)。

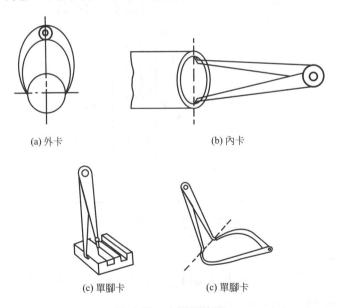

(a) 外卡　　　　　　　　　　　　　　(b) 內卡

(c) 單腳卡　　　　　　(c) 單腳卡

圖 4.18　卡鉗的使用

4. 卡鉗測量誤差分析

卡鉗測量誤差的來源有四：

(1)不符合測量原理

卡鉗從工件上轉移尺寸時，或卡鉗從直讀式量具上讀取讀數時，卡
鉗之測量軸線未與被測尺寸軸線或直讀式量具軸線重合，導致測量
誤差發生，如圖 4.19 所示。

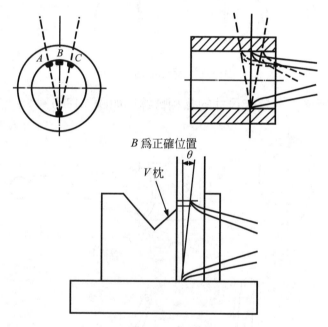

圖 4.19　不符合測量原理的誤差

(2)視覺誤差

尺寸轉移時，由於視線未與直讀量具面垂直導致誤差發生。此視覺
誤差與鋼尺視覺誤差相類似。

(3)測爪偏位誤差

測爪偏位，因而導致不符合測量原理，或轉移度量錯誤，而引起誤
差發生，如圖 4.20 所示。

(4)測量壓力誤差

　　卡鉗從工件或量具上取轉移度量時，依測量者的感覺來調整卡鉗尺
寸，此測量感應力即測量壓力，測量壓力的不同會造成誤差的產生。

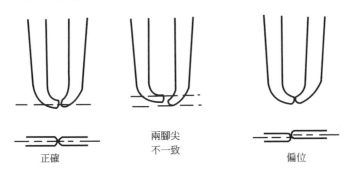

圖 4.20　測爪偏位誤差

習題 4.3

1. 說明卡鉗的功能。

2. 試分類卡鉗的種類。

3. 說明卡鉗的使用技巧。

4. 卡鉗的測量壓力，對測量結果有何影響？

5. 試分析卡鉗的測量誤差。

6. 分析卡鉗的使用趨勢，為何逐漸被淘汰？而又無法完全淘汰？

■ 4.4　游標卡尺

游標卡尺 (vernier caliper) 爲機械工廠中使用最普遍的一種量具，其結構由鋼尺、游標尺與卡鉗測爪所組成，鋼尺與游標尺之間的刻劃採游標微分的原理，因此可以測量出微小距離量。

1. 游標卡尺的沿革

游標卡尺起源於葡萄牙人 (Nonuth)，首先發明在鋼尺上游標微分的原理，接著經由法國人 Pierre Vernier 的設計與改進，作成了今日滑動式游標卡尺，不但有游標微分刻劃，並且還加裝了卡鉗測爪。接著美國人 Brown & Sharp 再將其改進，並且正式製造這種量具。如今德國人稱游標卡尺爲 Nonuth，用以紀念游標原理發明人 Nonuth。英、美兩國人稱游標卡尺爲 Vernier Caliper，用以紀念滑動式游標卡尺的發明人 Pierre Vernier，將此類量具稱爲游標卡尺。

2. 游標卡尺的構造

游標卡尺主要由主尺、副尺、外側測爪、內側測爪、深度測桿、階級測爪、微調裝置、固定螺絲等所組成，如圖 4.21 所示。

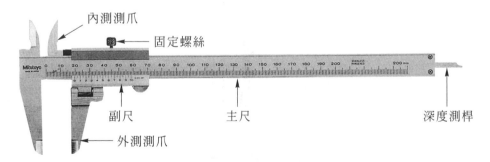

圖 4.21　游標卡尺的構造

3. 游標卡尺的型式

游標卡尺的型式可分為 M 型、CB 型、CM 型三種：

(1)M 型游標卡尺

M 型游標卡尺為最普遍使用的一種游標卡尺，包括外側、內側、深度、階級等四種測爪。此型是由德國毛瑟 (Mauser) 公司最先製造，故以英文字母 M 命名，可分為 M_1 與 M_2 型，M_1 型為標準型，副尺不能微動，M_2 型副尺加裝微動裝置。M 型游標卡尺功能最廣，舉凡外徑、內徑、外側、內側、深度、階段高度皆可測量，此型游標卡尺如圖 4.22 所示。

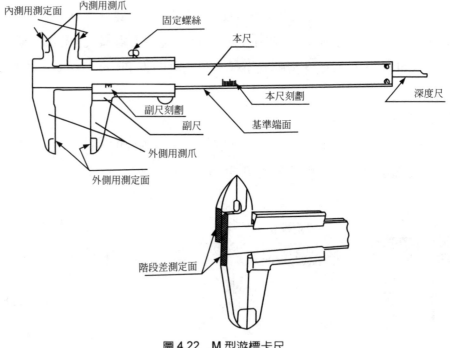

圖 4.22　M 型游標卡尺

(2)CB 型游標卡尺

CB 型游標卡尺為 Brown & Sharp 所生產，故又稱為 B & S 型，如圖 4.23 所示。其副尺為箱型，以卡爪的兩側作為內側與外側測量面，由於鋼尺的刻劃以內側測量面為準,可直接作內側尺寸測量,當使用外側測量面測量時,判讀值要減去測爪的寬度,才得到外側尺寸測量值。

⑶CM 型游標卡尺

CM 型游標卡尺為德國 Mauser 所生產,故又稱為 Mauser 型或德國型游標卡尺,如圖 4.24 所示。副尺為槽型,以卡爪的兩側作為內側與外側測量面,主尺與副尺的兩側皆有刻劃,上側刻劃為測量外側尺寸使用,下側刻劃為測量內側尺寸使用。

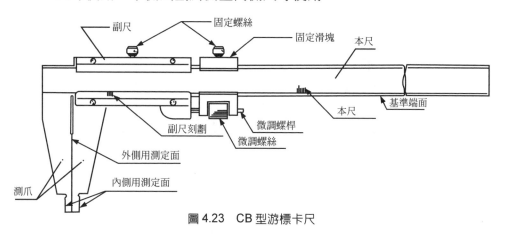

圖 4.23　CB 型游標卡尺

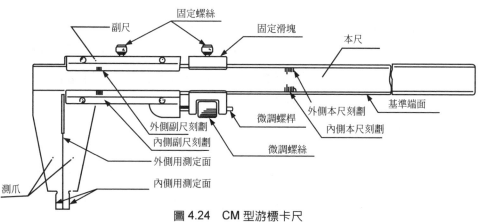

圖 4.24　CM 型游標卡尺

4. 游標原理

　(1)游標微分原理

　　游標微分原理如圖 4.25 所示，在主尺與副尺上共同取一段長度 L，主尺等分為 $N-1$ 等分，副尺等分為 N 等分，則

> 主尺刻劃距離為　$L/N-1$
> 副尺刻劃距離為　L/N

主尺與副尺第一刻劃距離之差為

$$\frac{L}{N-1}-\frac{L}{N}=\frac{L}{(N-1)N}$$

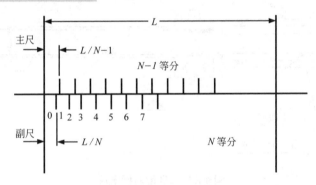

圖 4.25　游標微分原理

以此類推第 2、3、4……刻劃距離之差分別為 $2\times L/(N-1)N$、$3\times L/(N-1)N$、$4\times L/(N-1)N$……。當使用時副尺往右移 $L/(N-1)N$ 的距離，則主尺刻劃與副尺第 1 條刻劃重合，若第 5 條線重合，則知副尺往右移 $5\times L/(N-1)N$ 的距離。

因此游標卡尺的精度為：

> $\dfrac{L}{(N-1)N}$
>
> L：主尺與副尺共同取的長度

> $N-1$：主尺的等分刻劃數
>
> N：副尺的等分刻劃數

⑵游標微分的實例

$$游標微分的精度 = \frac{L}{(N-1)N}$$

若要製作一支精度為 0.02mm 的游標卡尺，則

$$\frac{L}{(N-1)N} = 0.02mm$$

此方程式有無限多組解，如表 4.2 所示。表中第一組與第二組數字皆為實用的數字組合，第三組與第四組則為不實用的數字組合，其原因為主尺刻劃通常為 1mm 或 0.5mm 的刻劃距離。第一組副尺長為 12mm 要等分為 25 等分，副尺刻劃過於密集不易觀察；第二組副尺長為 49mm，要等分為 50 等分，刻劃等分數又過多，每閱讀一尺寸，要從 50 條刻劃中找出一條重合線亦不甚方便，因此有長游標尺的發展。

表 4.2　精度為 0.02mm 的游標微分組合

項目 ＼ 游標精度	0.02mm				
共取長度 (mm)L	12	49	31.2	198	
主尺等分 $N-1$	24	49	39	99	
主尺刻劃距 (mm)	0.5	1	0.8	2	………
副尺等分 N	25	50	40	100	
副尺刻劃距 (mm)	0.48	0.98	0.78	1.98	

⑶長游標微分的原理

　　長游標微分的原理如圖 4.26 所示，其原理與前述游標原理略同，不同之處在於將共取長度 L 增加約一倍的長度，主尺的等分增加為 $2N-1$ 等分，而副尺等分仍然為 N 等分，閱讀游標時，主尺上每 2 格標線與副尺上 1 格標線比較，如此設計，使副尺上等分數不變，每

一刻劃線距離加大，使游標閱讀容易。

主尺上每 2 格與副尺上 1 格之差爲

$$\frac{2L}{2N-1}-\frac{L}{N}=\frac{L}{(2N-1)N}$$

共取長度爲：L

主尺等分數爲：$2N-1$ 等分

副尺等分數爲：N 等分

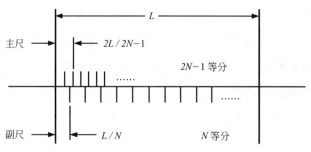

圖 4.26　長游標微分原理

主尺每 2 格刻劃距爲：$2L/2N-1$

副尺刻劃距爲：L/N

游標精度爲：$L/(2N-1)N$

(4)游標微分的限制

　　游標微分與長游標微分的合理精度爲 0.05mm 或 0.02mm，吾人亦可根據精度公式，將精度提昇至 0.001mm 甚至於 0.0001mm，只要將副尺長度減短，等分數加多，即可辦到，但是會造成刻劃線過密，主尺與副尺不易製造、不易閱讀使用，測量誤差增加準確度降低，使量具精度沒有意義，因此採游標微分原理的卡尺，實用的精度只達 0.02mm。

5. 游標卡尺的刻劃與規格

　(1)游標卡尺的刻劃，分公制與英制兩種說明如表 4.3 所示。

　(2)游標卡尺的規格，公制通常以尺長來區分，計有 150mm、200mm、300mm、600mm、900mm、1200mm 等。英制通常有 6 吋、8 吋、12 吋、24 吋、36 吋、48 吋等。

表 4.3　游標卡尺刻劃

項目 ＼ 制度 精度	公制					英制		
	0.02mm		0.05mm			1/128″	1/1000″	
主尺間隔常數 a	1	2	1	1	2	1	2	1
共取長度 L	12	24.5	49	19	39	7/16″	1.225″	2.45″
主尺等分數 $aN-1$	24	49	49	19	39	7	49	49
主尺刻度距	0.5	0.5	1	1	1	1/16″	1/40″	1/20″
副尺等分數 N	25	25	50	20	20	8	25	50
副尺刻度距	0.48	0.98	0.98	0.95	1.95	7/128″	0.049″	0.049″

6. 游標卡尺的用途

　M 型游標卡尺的用途如圖 4.27 所示，可分為：

　(1)外側測量：測量工件外部尺寸、外徑尺寸。

　(2)內側測量：測量工件內部尺寸、內徑尺寸。

　(3)深度測量：測量孔或槽深度尺寸。

　(4)階段測量：測量階段面的尺寸。

　(5)輔助劃線：於工件表面繪製直線、平行線。

7. 游標卡尺的讀法

　游標卡尺的讀法如表 4.4 所示。

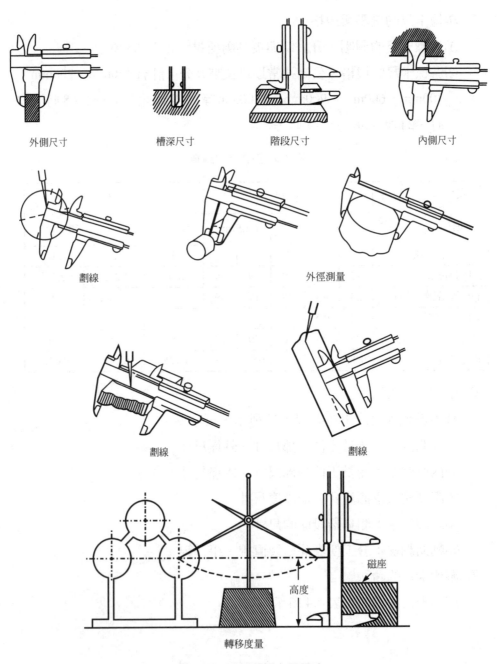

外側尺寸　　　　槽深尺寸　　　　階段尺寸　　　　內側尺寸

劃線　　　　　　　　　　　外徑測量

劃線　　　　　　　　　劃線

轉移度量

圖 4.27　M 型游標卡尺用途

表 4.4　游標卡尺的讀法

游標主尺分度	游標尺和主尺相合處	讀數方法
・游標：0.05mm		主　尺　　　：8　mm 游標尺 (0.05×10)：0.50mm 讀　數　　　：8.50mm
・游標：0.05mm		主　尺　　　：9　mm 游標尺 (0.05×3)：0.15mm 讀　數　　　：9.15mm
・游標：0.02mm		主　尺　　　：9　mm 游標尺 (0.02×13)：0.26mm 讀　數　　　：9.26mm
・游標：0.001″		主　尺 (1/40″)　　：2.10″ 游標尺 (.001×15)：.015″ 讀　數　　　：2.115
・游標：1/128″		主　尺 (1/16″)　　：1-1/16″ 游標尺 (1/128″×4)：4/128″ 讀　數　　　：1-3/32″

8. 游標卡尺的檢驗

　游標卡尺的檢驗可分為：

　(1)外觀檢驗

　　①檢驗尺身是否平直，卡鉗測爪、深度測爪是否損壞。

　　②拉動副尺是否平滑順暢。

　　③閉合游標卡尺，檢查刻度是否歸零。

④檢查閉合的游標卡尺外側測爪，是否閉合良好。

⑤檢查閉合的游標卡尺內側測爪，是否成一直線無重疊現象。

⑥檢查閉合的游標卡尺深度測爪，是否與端面一致。

⑦檢查閉合的游標卡尺階段測爪，是否與端面一致。

(2)精度檢驗

游標卡尺精度檢驗係利用精測塊規配合塊規附件檢驗游標卡尺的外側尺寸與內側尺寸的測量精度，將其誤差值算出，而評定出等級。精度檢驗如表 4.5 所示，精度等級如表 4.6 所示。

(3)副尺滑動力檢驗

游標卡尺副尺於主尺上應滑動順暢，同時不可過鬆或有卡住的現象，一般檢驗的方法是以彈簧秤拉動副尺，副尺滑動瞬間，測得的抗張拉力，以此拉力的大小，作為判定副尺過緊或過鬆的依據。游標卡尺抗張拉力如表 4.7 所示，測量方式如圖 4.28 所示。

表 4.5　游標卡尺精度檢驗

檢驗項目	檢驗方法	檢驗圖例	檢驗工具
外側測量之精度	以外側測爪測量塊規尺寸，並算出誤差值		塊規
內側測量之精度	以內側測爪測量夾於塊規夾持器上塊規的尺寸，並算出誤差值		塊規 塊規夾持器 平行量腳

表 4.6　游標卡尺精度等級

測定範圍 mm ＼ 精度 等級	0.05mm		0.02mm	
	1 級	2 級	3 級	4 級
100 以下	±0.05	±0.10	±0.02	±0.04
100 超過　200 以下	±0.05	±0.10	±0.03	±0.06
200 超過　300 以下	±0.05	±0.10	±0.03	±0.06
300 超過　400 以下	±0.08	±0.15	±0.04	±0.08
400 超過　500 以下	±0.10	±0.15	±0.04	±0.08
500 超過　600 以下	±0.10	±0.15	±0.05	±0.10
600 超過　700 以下	±0.12	±0.18	±0.05	±0.10
700 超過　800 以下	±0.12	±0.18	±0.06	±0.12
800 超過　900 以下	±0.15	±0.20	±0.06	±0.12
900 超過 1000 以下	±0.15	±0.20	±0.07	±0.14

表 4.7　游標卡尺抗張拉力大小

種類	公稱尺寸	抗張力 (kg)
M 型游標卡尺	130mm	0.4～1
	150mm	
	180mm	
	200mm	
	280mm	0.7～1.5
	300mm	
	600mm	1～2
	1000mm	1.5～3
CB 型游標卡尺	150mm	0.7～0.5
	200mm	
	300mm	
CM 型游標卡尺	600mm	1～2
	1000mm	1.5～3

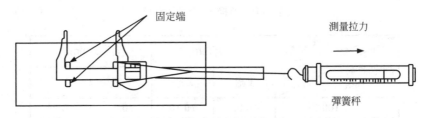

固定端

測量拉力

彈簧秤

圖 4.28　游標卡尺滑動力檢驗

9. 游標卡尺誤差分析

游標卡尺測量誤差來源有四：

⑴不符合測量原理

游標卡尺本身由於有卡鉗裝置，故可以作多種功能的使用，但是其量具軸線並不與被測尺寸軸線重合，因此嚴格說並不符合測量原理，僅被測尺寸軸線與量具軸線平行，並且儘可能得使平行距離 h 愈短愈佳，如圖 4.29 所示。

若被測尺寸軸線與量具軸線不平行或不重合，則會發生不符合測量原理的誤差如圖 4.30 所示，(a)，(b)，(c)，(d)皆為量具軸線與被測尺寸軸線不平行而造成誤差，通常會得到較真實尺寸為大的實側尺寸，因此有取較小值為測量值的作法；(e)、(f)則正好與前述相反，因此有取較大值為測量值的作法。

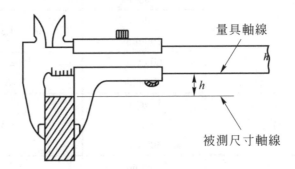

量具軸線

h

被測尺寸軸線

圖 4.29　游標卡尺測量原理

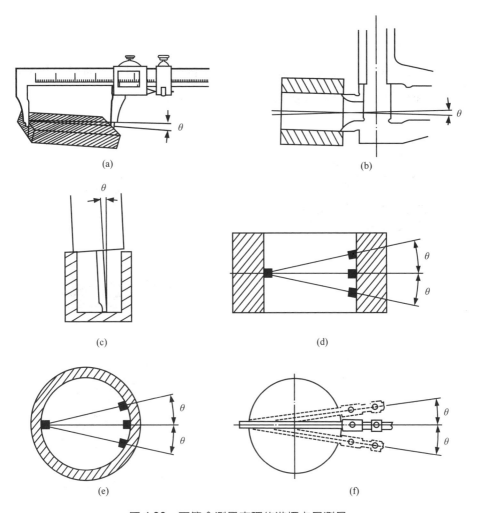

(a)

(b)

(c)

(d)

(e)

(f)

圖 4.30　不符合測量定理的游標卡尺測量

(2)視覺誤差

游標卡尺閱讀主尺與副尺刻劃重合線時，當視線未與尺面垂直時，
則會產生視差。如圖 4.31(a)所示，視線應如 A 視線垂直於尺面，方
能減少視覺誤差。為了防止視覺誤差，因此有圖 4.31(b)，4.31(c)，
4.31(d)等設計，使主尺與副尺刻劃面在交於同一平面上，以減少視

覺誤差。

(3)游標卡尺本身誤差

包括主尺與副尺刻度誤差、測爪卡鉗偏轉角度誤差、游標卡尺端面磨損或測爪卡鉗磨損誤差、尺面本身彎曲誤差……等。

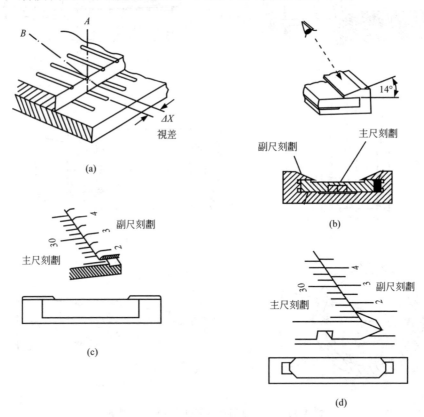

圖 4.31　視覺誤差

(4)測量壓力誤差

測量者使用游標卡尺不同的測量壓力,或工件表面軟硬的不同,導致因測量壓力而引起的誤差。為了避免此種誤差,除了加強使用訓練外,對於軟性表面應使用定壓游標卡尺。

10. 特種游標卡尺

　　M型游標卡尺、CB型、CM型的游標卡尺的功能有限，因此，有為特定功能或性能而設計的游標卡尺出現。

　　⑴可調測爪式游標卡尺

　　　主尺測爪可以上下調整，以測量不等階級面的尺寸，如圖4.32所示。

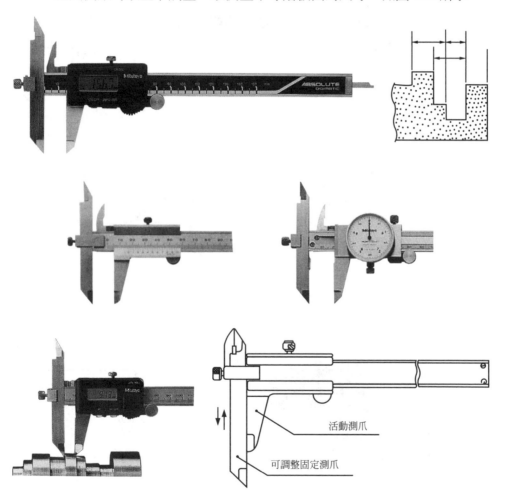

活動測爪

可調整固定測爪

圖 4.32　可調測爪式游標卡尺

(2)孔距游標卡尺

　　測爪前端作成錐度，並且主尺測爪可以上下調整，以測量同平面或不同平面孔心距離，如圖 4.33 所示。

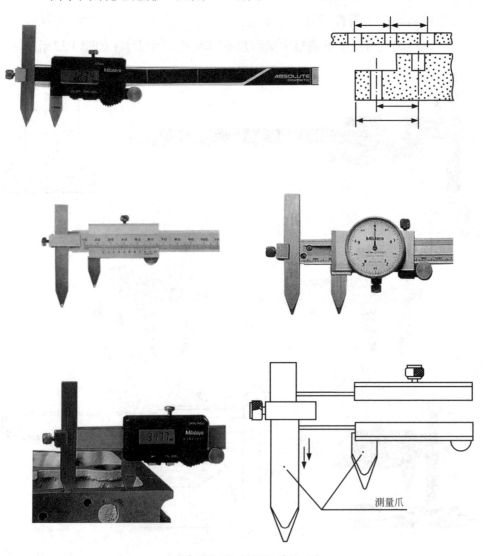

圖 4.33　孔距游標卡尺

(3)偏轉測爪式游標卡尺

　　副尺測爪可以偏轉角度，前後各九十度，可以測量階級桿端面之間
的平行距離，如圖 4.34 所示。

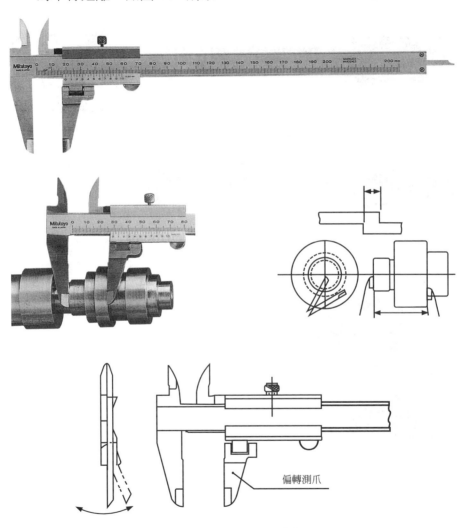

圖 4.34　偏轉測爪式游標卡尺

⑷尖爪式游標卡尺

主尺與副尺測爪尖端為 0.3mm 的測尖，可以插入狹窄溝槽測量軸向尺寸，如圖 4.35 所示。

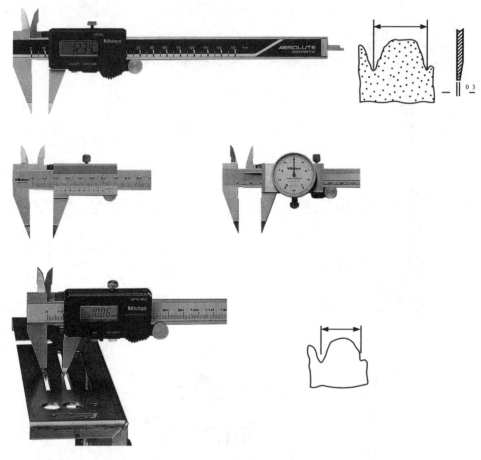

圖 4.35   尖爪式游標卡尺

⑸刀片式游標卡尺

主尺與副尺外側測爪為刀片式，可以插入狹窄溝槽作外徑測量，測爪以超硬合金製成，以延長工具壽命，如圖 4.36 所示。

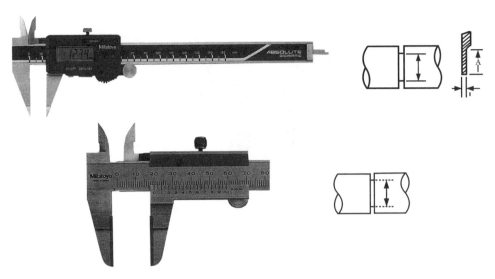

圖 4.36　刀片式游標卡尺

(6)深孔槽式游標卡尺

　　僅有內徑測爪，此種測爪長而狹窄，特為測量深或小的孔和溝槽而
設計，如圖 4.37 所示。

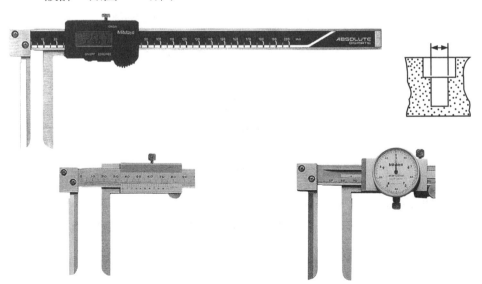

圖 4.37　深孔槽或游標卡尺

圖 4.37　深孔槽或游標卡尺 (續)

(7)內溝槽式游標卡尺

特為測量孔的直徑與孔中溝槽而設計，如圖 4.38 所示。

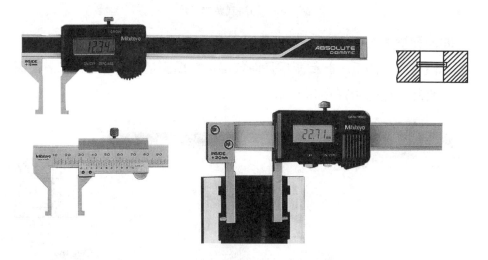

圖 4.38　內溝槽式游標卡尺

(8)內點爪式游標卡尺

內側測爪為點爪式，以測量內孔圓弧面的直徑，如圖 4.39 所示。

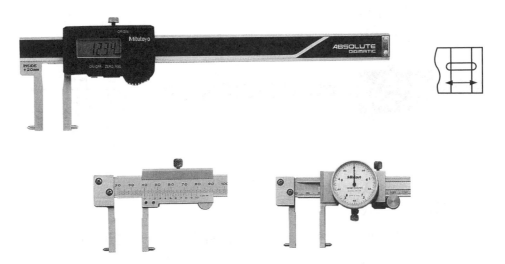

圖 4.39　內點爪式游標卡尺

(9)外溝槽式游標卡尺

特為測量工件外側頸部尺寸而設計，如圖 4.40 所示。

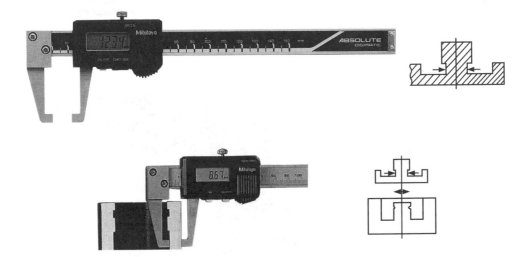

圖 4.40　外溝槽式游標卡尺

⑩外點爪式游標卡尺

外側測爪為點爪式，以測量外側圓弧面的直徑，如圖 4.41 所示。

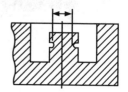

圖 4.41　外點爪式游標卡尺

⑪管厚游標卡尺

主尺測爪為外徑 3mm 之圓桿，特為測量 3mm 以上管厚而設計，如圖 4.42 所示。

圖 4.42　管厚游標卡尺

⑫鉤爪式游標卡尺

專門設計測量 ϕ 30mm 以上孔工件之內溝槽寬度或搪孔內徑，如圖 4.43 所示。

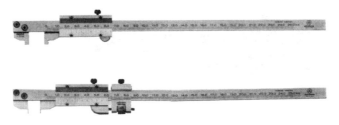

圖 4.43　鉤爪式游標卡尺

⑬量錶式卡尺

游標卡尺利用微分原理，在閱讀重合刻度時，較不容易，同時可能 會有視覺誤差，因此有量錶式卡尺的設計，以量錶齒輪系放大原理 將微小尺寸顯示出來，其精度可達 0.01mm，如圖 4.44 所示。

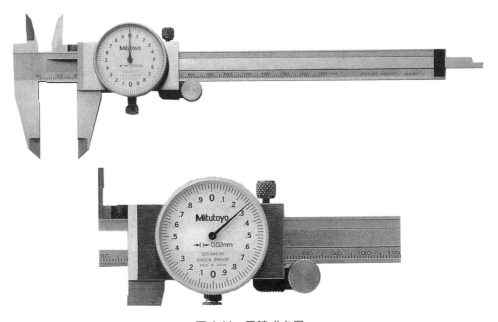

圖 4.44　量錶式卡尺

⑷定壓量錶卡尺

本尺測爪裝置有定壓測量指針，以維持一定的測量壓力，特別適合於彈性材料的測量，如圖 4.45 定壓量錶卡尺。

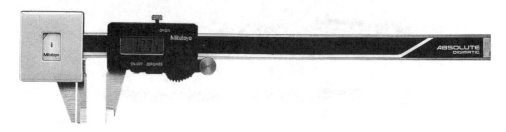

圖 4.45　　定壓量錶卡尺

⑸數字量錶卡尺

此類卡尺與量錶式卡尺原理相同，不同之處為附加數字顯示輪，以顯示測量值，如圖 4.46 所示。

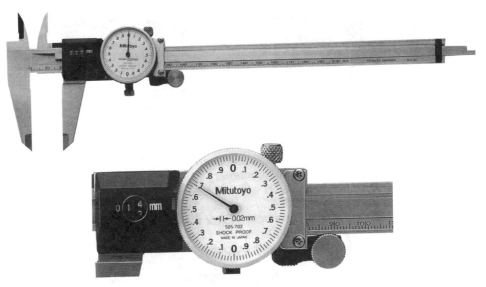

圖 4.46   數字量錶卡尺

⒃電子式卡尺

　　此類卡尺採用電子式度量系統，感測出副尺移動量，測量精密度可達 0.01mm，其電力來源可採電池式，或太陽能，由於有歸零按鈕設計，可以作比較式測量，同時可外接數據處理機，可作統計處理，並且列印測量結果，如圖 4.47 所示。

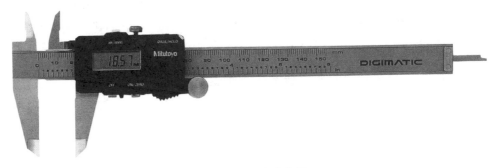

圖 4.47   電子式卡尺

絕對式測量

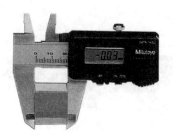

比較式測量

圖 4.47 電子式卡尺 (續)

(17)深度游標尺

此類量具專門設計來測量深孔、槽、內部間隙尺寸,如圖 4.48 所示,(a)為標準橫樑式,可分為游標式、量錶式、電子式三種,其刻劃面只有一組尺寸;(b)為鉤頭橫樑式,其刻劃面有兩組尺寸,分別用來測量上基準面與下基準面的測量值。

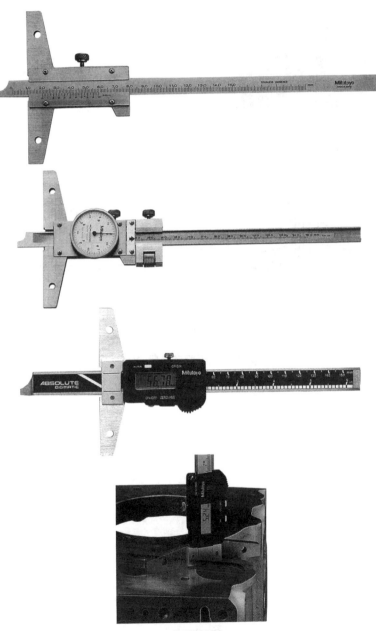

(a) 標準橫樑式

圖 4.48　深度游標尺

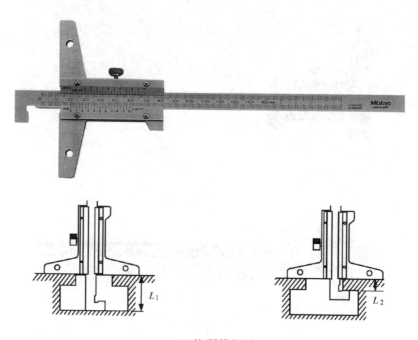

(b) 鉤頭橫樑式

圖 4.48　深度游標尺 (續)

習題 4.4

1. 繪圖說明游標卡尺的構造。
2. 說明 M 型游標卡尺的用途。
3. 說明游標微分原理。
4. 說明長游標微分原理。
5. 游標微分有何限制，試分析並且解釋它。
6. 說明游標卡尺的檢驗內容。
7. 試分析游標卡尺的誤差來源。
8. 說明游標卡尺本身誤差的種類。
9. 說明可調測爪式游標卡尺的構造與功能。
10. 說明孔距游標卡尺的構造與功能。
11. 說明偏轉測爪式游標卡尺的構造與功能。
12. 說明管厚游標卡尺的構造與功能。
13. 比較量錶式卡尺與游標式卡尺的微分原理。
14. 說明定壓量錶卡尺的構造與功能。
15. 說明電子式卡尺的構造與優點。

■ 4.5　測微器

　　測微器 (micrometer)，又稱分厘卡、微分卡或以音譯麥克洛 (micro) 稱之，爲一種符合測量原理的量具，即被測物軸線與量具軸線重合的量具。因此直接測量中，本量具爲精密度最高的一種量具，可達 0.01mm，若採用游標微分裝置可達到 0.001mm。

1. 測微器的沿革

　　測微器是採用螺紋微分的原理達到測微的目的，最早使用螺紋微分指示器，並非是爲了測量的目的，而是天文學家爲了觀察星球的方便，將螺紋微分裝置，裝於望遠鏡上，以便調整觀測角度，追蹤觀察天文狀況。1772 年英國人詹姆斯瓦特 (James Watt) 利用螺紋微分原理製成一可讀出 1/256″的測微器，如圖 4.49。1848 年法人 Systeme Palmer，製作了一支測微器，已具備今日測微器的外型。1867 年美國人 Brown & Sharpe 製作測微器，如圖 4.50，並且改爲全鋼料製作。今日測微器如圖 4.51 所示。

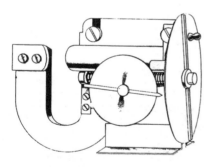

圖 4.49　1772 年測微器

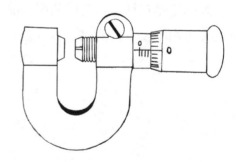

圖 4.50　B & S 測微器

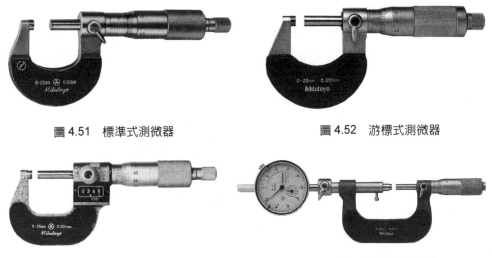

圖 4.51　標準式測微器　　　　　　　圖 4.52　游標式測微器

圖 4.53　齒輪數字式測微器　　　　　　圖 4.54　針盤式測微器

　　基於精度的需要亦有在套筒上刻以游標微分的刻劃，如圖 4.52 所示。近代科技製造技術的進步，改採用齒輪數字顯示的測微器，如圖 4.53 所示。針盤式測微器，如圖 4.54 所示。電子科技的進步，改採用電子數字顯示的測微器，如圖 4.55 所示。

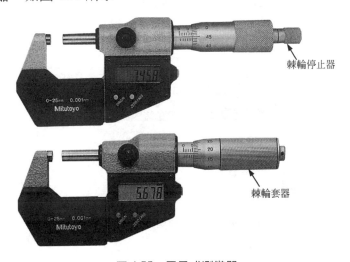

棘輪停止器

棘輪套器

圖 4.55　電子式測微器

2. 測微器的構造

測微器的構造，包括有卡架、測量砧座、襯筒、主軸螺桿、固定卡鎖、外套筒、棘輪停止器等部分，如圖 4-56 所示。

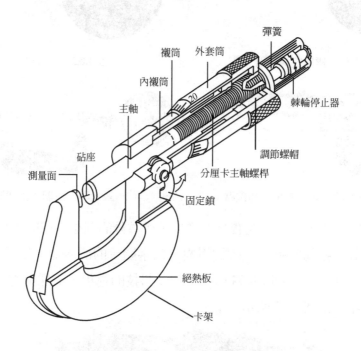

彈簧
襯筒　外套筒
內襯筒
棘輪停止器
主軸
調節螺帽
砧座
分厘卡主軸螺桿
測量面
固定鎖

絕熱板

卡架

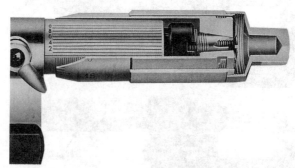

圖 4.56　測微器構造 (KS 測微器)

圖 4.56　測微器構造 (KS 測微器) (續)

3. 測微器原理

　　測微器係利用螺紋微分的原理，將一導程為 P 的螺桿，在其外套筒上劃分 N 等分刻劃，因此每一刻劃所代表的軸向距離為 P/N，如圖 4.57 所示。

$$精度為 = \frac{P}{N}$$

　　P：螺紋導程

　　N：外套筒等分數

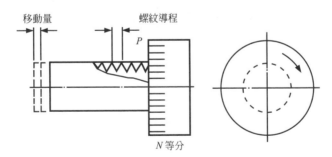

圖 4.57　測微器原理

小套筒式測微器

$$\frac{P}{N} = \frac{0.5\text{mm}}{50} = 0.01\text{mm}$$

大套筒式測微器

$$\frac{P}{N} = \frac{1\text{mm}}{100} = 0.01\text{mm}$$

一般公制的測微器採用導程為 0.5mm 的螺桿，其外套筒刻劃為 50 等分，因此精度為 0.01mm。另有一種測微器採用導程為 1mm 的螺桿，以大直徑的外套筒等分為 100 等分，因此精度為 0.01mm。

若在測微器內套筒上刻劃游標，加上游標微分裝置，因此測微器的精度可達 0.001mm，其主尺與副尺共取長度 $L = 0.09$mm，主尺等分為 9 等分，副尺等分為 10 等分，其精度說明如圖 4.58 所示。

$$精度 = \frac{L}{(N-1)N} = \frac{0.09}{9\times10} = 0.001\text{mm}$$

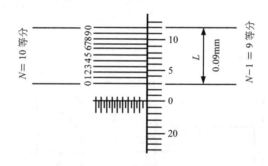

4.58　游標微分原理

4. 測微分器的型式

測微器的型式依外型可分為四種，如圖 4.59 所示。

⑴外徑測微器 (圖 4.59(a)) 。

⑵內徑測微器 (圖 4.59(b)) 。

⑶深度測微器 (圖 4.59(c)) 。

⑷特殊測微器 (詳述於後) 。

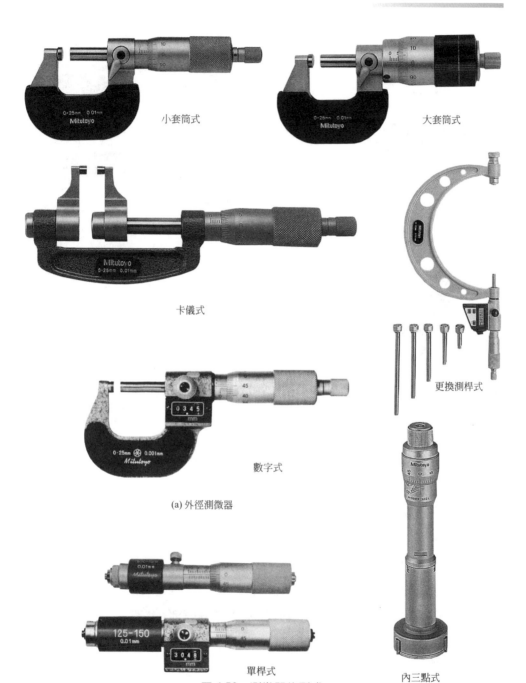

小套筒式

大套筒式

卡儀式

更換測桿式

數字式

(a) 外徑測微器

單桿式

內三點式

圖 4.59　測微器的型式

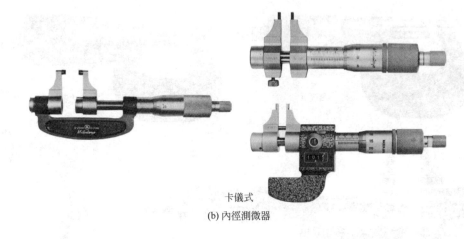

卡儀式

(b) 內徑測微器

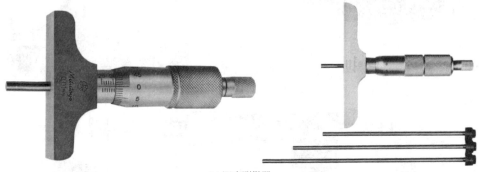

(c) 深度測微器

圖 4.59   測微器的型式 (續)

5. 測微器的規格

測微器的規格可分為公制與英制兩體系：

(1)公制：

　　導程　0.5mm 與 1mm 兩種。

　　精度　0.01mm：採螺紋微分原理。

　　　　　0.001mm：採螺紋微分與游標微分原理。

　　測量範圍：0～25mm

　　　　　　　25～50mm

　　　　　　　50～75mm

75～100mm

以上爲常用的四組，爾後每隔 25mm 有一組，逐級增加。

(2)英制：

導程　 0.025″

精度　 0.001″：採螺紋微分原理。

0.0001″：採螺紋微分與游標微分原理。

測量範圍：0～1″

1″～2″

2″～3″

3″～4″

以上爲常用的四組，爾後每隔 1″有一組，逐級增加。

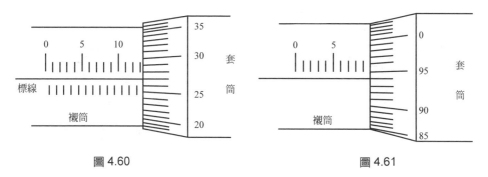

圖 4.60　　　　　　　　　　　　　圖 4.61

6. 測微器的讀法

測微器的讀法 (以(1)～(4)例說明)

(1)一測微器導程爲 0.5mm，刻劃如圖 4.60，則其讀數爲：

1mm 尺寸：13.00mm

0.5mm 尺寸：　0.00mm

(套筒) 0.01mm 尺寸：　0.27mm

13.27mm

(2)一測微器導程為 1mm，刻劃如圖 4.61，則其讀數為：

1mm 尺寸：9.00mm

(套筒) 0.01mm 尺寸：0.94mm

9.94mm

(3)一測微器採螺紋與游標微分混合式設計，導程為 0.5mm，刻劃如圖 4.62，則其讀數為：

1mm 尺寸：6.000mm

(套筒)　0.01mm 尺寸：0.210mm

(游標) 0.001mm 尺寸：0.003mm

6.213mm

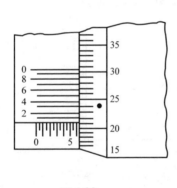

圖 4.62

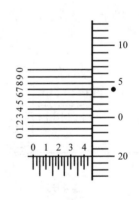

圖 4.63

(4)一測微器採螺紋與游標微分混合式設計，導程為 0.025″，刻劃如圖 4.63，則其讀數為：

0.1″　　尺寸：0.4000″

0.025″ 尺寸：0.0500″

(套筒) 0.001″ 尺寸：0.0190″

(游標) 0.0001″尺寸：0.0007″

0.4697″

7. 測微器的使用

　(1)歸零

　　　測微器在使用前必須先將刻劃歸零，其作法為：

　　　①將測微器砧座擦拭乾淨，0～25mm的測微器直接使砧座與主軸測量面接觸，25mm以上的測微器，則分別以校正規夾於兩砧座間，棘輪轉3～5響維持一定的測量壓力。

　　　②檢視內外套筒零點與標線是否重合。

　　　③若未重合，並且誤差在0.01mm 以內者，將主軸鎖緊，再以專用的套筒扳手，調整內套筒，使零點與標線對齊。

　　　④若未重合，並且誤差在0.01mm 以上者，將主軸鎖緊，同時以六角扳手放鬆內套筒固定螺絲，再以專用的套筒扳手，調整內套筒，使零點與標線對齊，再將內套筒固定螺絲鎖緊。

　(2)測量壓力的控制

　　　測微器為了維持一定的測量壓力，當砧座與工件快要接觸時，旋轉棘輪套筒，當砧座與工件接觸後，測軸不能前進，造成棘輪停止器打滑，此打滑力量即棘輪停止器內彈簧的力量，也就是測量壓力。一般應使棘輪打滑3～5響，即可維持一定的測量壓力。

　(3)測微器夾持具

　　　測微器本身有若干重量，被測工件大小均不定，為了使測量準確，避免人為測量誤差，及手長時間接觸測微器，影響測量溫度，因此通常都將測微器夾於夾持具，以利測量工作的進行，如圖4-64所示。

　(4)測微器的保養

　　　測微器為保持其精度及使用壽命，必須按正確的使用要領操作，並且加以妥善的保養。因此，使用時應避免濫用，如碰撞、掉落、摩擦等，使用後應立即將砧座及主軸分開，並且以棉布或紗布擦拭乾淨，保存於保管盒中，同時避免陽光的直射，注意室溫不可變化過大。

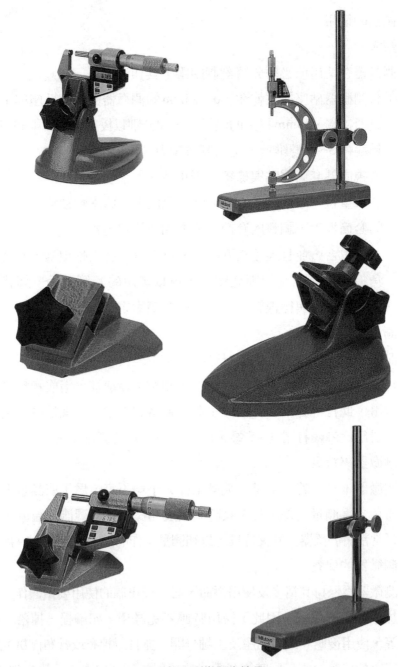

圖 4.64   測微器夾持具

8. 測微器的檢驗

　(1)外觀及功能檢驗

　　①測微器外觀是否有脫落或生銹。

　　②螺桿轉動時，整個行程中是否皆很平滑。

　　③內套筒與外套筒旋轉，是否會有搖擺或偏心現象。

　　④套筒或砧座面是否有撞損或有缺陷的產生。

　　⑤轉輪停止器是否功能正常。

　　⑥主軸鎖緊裝置是否正常，鎖緊後主軸是否會偏斜，而造成誤差。

　(2)測量砧座平面度檢驗

　　利用光學平鏡與測量砧座密接，由光波干涉的原理，觀察干涉條紋之狀況而得知其平面狀況，光學平鏡詳述於第六章。光學平鏡及使用情形，如圖 4.65 所示。使用實例 4.66 所示，每一色帶表示 0.29 μm 的偏差量，因此色帶的圓心所在，表示為高點，若有 2 條色帶環產生，則表示最高點與最低點差為 $0.29 \times 20 \mu$m。若同時有兩圓心出現，則表示此兩點為高點，其他各點的平面度，則視環帶數目而定。

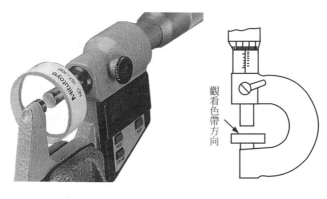

觀看色帶方向

圖 4.65　光學平鏡及使用情形

圖 4.65　光學平鏡及使用情形 (續)

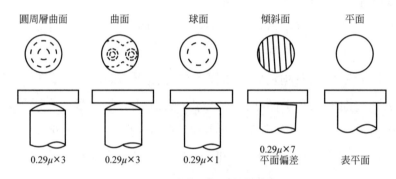

圓周層曲面	曲面	球面	傾斜面	平面
$0.29\mu \times 3$	$0.29\mu \times 3$	$0.29\mu \times 1$	$0.29\mu \times 7$ 平面偏差	表平面

圖 4.66　砧座平面度檢驗實例

(3)測量砧座之平行度檢驗

　①光學平鏡檢驗

　　　測量砧座包括固定砧座與活動砧座，此兩砧座是否平行，係利用光學平鏡夾於其間，分別觀察其兩面所生之干涉條紋，而得平行度。因為活動砧座係旋轉面，故必須以不同厚度的光學平鏡量測，以得知平行度，如圖 4.67 所示。光學平鏡組有 12.00mm，12.12mm，12.25mm，12.37mm 四種厚度，檢查時依序測量計算其色帶條紋數；25mm 以上的測微器，則於光學平鏡間夾著塊規測量。測量實例如圖 4.68 所示。

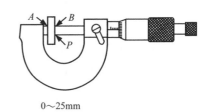

0～25mm

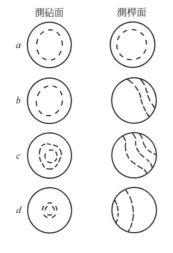

25～50mm 以上

塊規和二個光學平行檢查鏡片
A：測桿面的觀察方向
B：測砧面的觀察方向
P：光學平行鏡片
G：塊規

圖 4.67　平行度檢驗

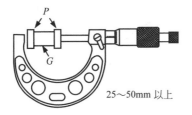

(a) 測砧面：平面，邊緣低 0.29μm
　　測桿面：平面，邊緣低 0.29μm
(b) 測砧面：平面，邊緣低 0.29μm
　　測桿面：傾斜面，傾斜 0.29μm×2
(c) 測砧面：平面，邊緣低 0.29μm×2
　　測桿面：傾斜曲面 0.29μm×3
(d) 測砧面：平面，邊緣低 0.29μm×2
　　測桿面：傾斜面 0.29μm×2

圖 4.68　平行度檢驗實例

②精測塊規檢驗

利用精測塊規夾於測微器砧座間，塊規與砧座的接觸位置，如圖 4.69 所示，按 1～5 的順序測量，並且算出其最大差數值，此即為平行度。另外亦可利用兩塊差值為 0.25mm 的塊規，分別測量其尺寸，其測量差值應為 0.25mm，若有誤差，則其誤差值可代表活動砧座之平行度。

③測軸進給精度測量

將標準校正規及精測塊規配成若干尺寸，以測微器測量，比較真實值及讀數值，求得誤差量，可得知精度等級。標準校正規及精度測量如圖 4.70 所示。

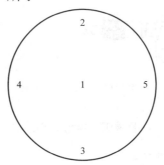

圖 4.69　精測塊規與測量砧座接觸位置

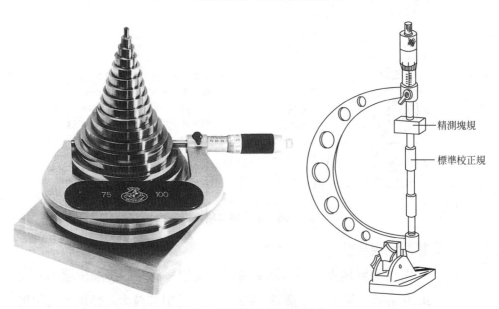

圖 4.70　標準校正規及精度測量

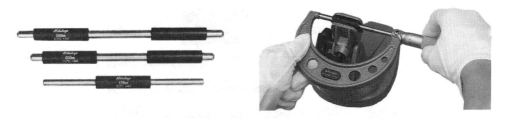

圖 4.70　標準校正規及精度測量 (續)

9. 內側測微器

⑴直接測量

　內側測微器可分為三大類：

①棒型測微器

　　如圖 4.71 所示，(a)為單桿式，每隔 25mm 有一組；(b)為棒型測微器及延伸桿式，可以換裝不同延伸桿，增加測量範圍。

②卡儀型測微器

　　如圖 4.72 所示，此類測微器測量範圍最小為 5mm，爾後每隔 25mm 有一組。卡儀型測微器由於測量軸線與量具軸線未重合，僅能做到平行，故不符合測量原理，活動測爪若偏轉角度，則會造成測量誤差；但是因為有卡爪的設計，於小內徑測量時，較為方便。

(a) 單桿式

圖 4.71　棒型測微器

(b) 棒型測微器及延伸桿式

圖 4.71　棒型測微器 (續)

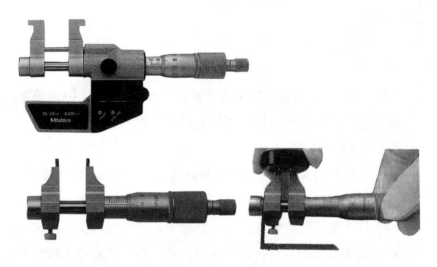

圖 4.72　卡儀型內徑測微器

③內三點接觸型測微器

　　內三點接觸型測微器，利用三點可以定出圓心的原理測量工件內徑，其內部利用錐度控制測爪的進退，如圖 4.73 所示，(a)為錐度控制測爪構造圖，(b)為尺寸歸零環規，(c)為內三點測微器。圖 4.74 為可更換測爪式測微器及其測爪用途。

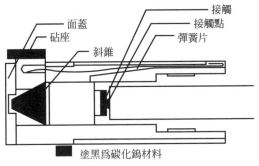

面蓋
砧座
斜錐
接觸
接觸點
彈簧片

塗黑為碳化鎢材料

(a) 內部構造圖

(b) 尺寸校正環規

(c) 內三點測微器

圖 4.73　內三點接觸型測微器

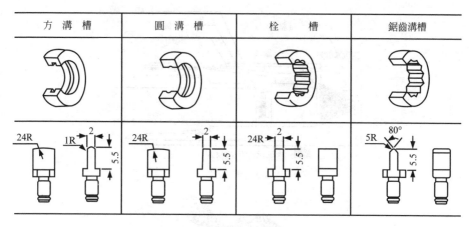

方 溝 槽	圓 溝 槽	栓 槽	鋸齒溝槽

圖 4.74　可更換測爪式測微器及測爪用途

⑵間接測量

　間接測量即轉移度量，必須藉輔助量具將欲測量的尺寸轉移出來，再以測微器測得實際尺寸。這些輔助量具並非測微器，只是一轉移尺寸的量具。

①小孔規

　如圖 4.75 所示，可適用於小孔、槽的尺寸轉移，其內部心軸為錐度，當錐度往下移時，其測頭會往外張，將小孔的尺寸轉移至小孔規上。

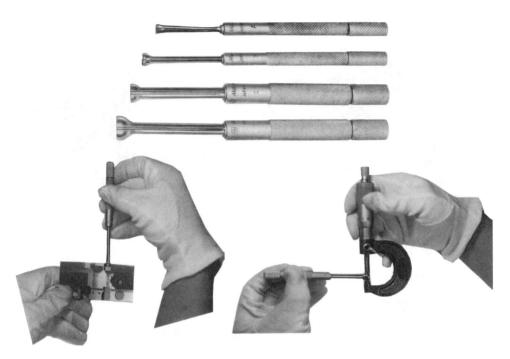

圖 4.75　小孔規與轉移尺寸讀測

②伸縮規

　　如圖 4.76 所示，適用於大孔徑的轉移，首先將伸縮規置於孔內，調整出孔徑後，再將伸縮規固定，以外側分厘卡測量伸縮規的長徑。

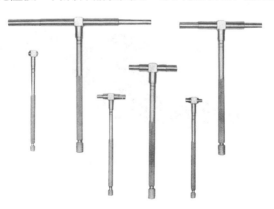

圖 4.76　伸縮規與孔徑轉移

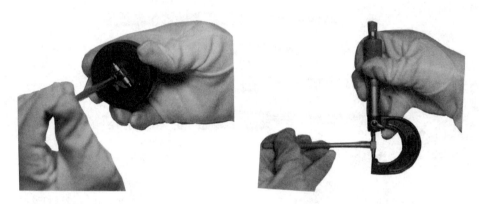

圖 4.76　伸縮規與孔徑轉移 (續)

10. 特殊測微器

(1)刀刃測微器 (blade micrometer)

　　測量砧座採刀刃型，並且不隨測軸旋轉，故適用於狹窄溝槽直徑、凹槽深度及鍵槽深度等部分的測量，如圖 4.77 所示。

(2)點測頭測微器 (pointed micrometer)

　　測量砧座採 15°或 30°的錐度，圓錐夾半徑 0.3mm，適用於螺紋底徑、細溝槽、鍵槽及鑽頭鑽腹的測量，此類測微器，兩點測頭很尖銳，故為了避免刺傷工件表面，測量壓力要加以適當控制，點測頭測微器及使用例如圖 4.78 所示。

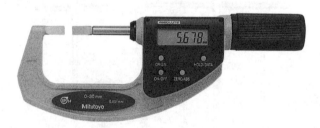

圖 4.77　刀刃型測微器

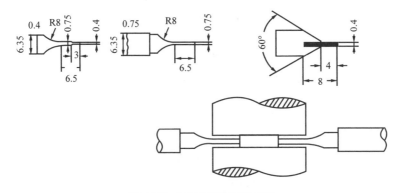

圖 4.77　刀刃型測微器 (續)

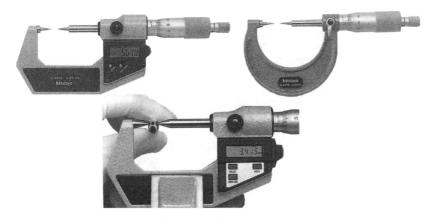

圖 4.78　點測頭測微器

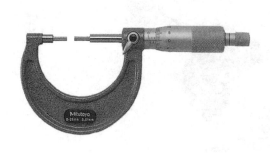

圖 4.79　栓軸測微器

(3)栓軸測微器 (spline micrometer)

專門設計來測量栓軸尺寸,其測頭砧座外徑僅為 2mm,可以測量栓軸直徑及鍵槽或其他測軸砧座不易到達的部位,如圖 4.79 所示。

(4)管測微器 (tube micrometer)

專門設計來測量管厚尺寸,固定砧座採用球型砧座或圓柱砧座,活動砧座採用平型砧座或球型砧座,適用於管壁厚度、環圈厚度的測量,如圖 4.80 所示為管測微器、不同型式的砧座及使用實例。

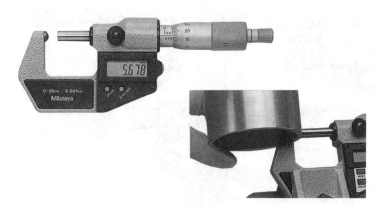

圖 4.80　管測微器及使用例

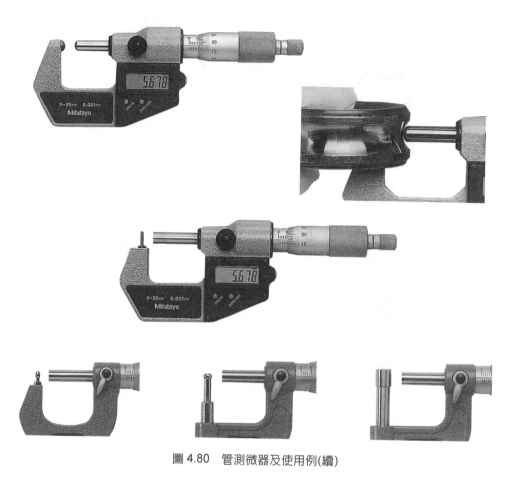

圖 4.80　管測微器及使用例(續)

(5)萬能測微器 (uni-micrometer)

砧座可以更換,其外型有圓桿型、平板型及 V 型板三種,若將砧座夾持具移去,即變為高度規使用,適用於管壁、槽寬、汽缸壁或槽緣距離等測量,如圖 4.81 所示。

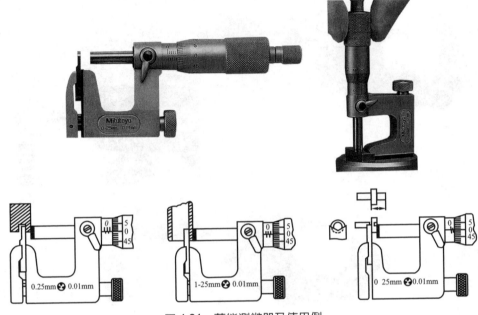

圖 4.81　萬能測微器及使用例

(6)輪轂測微器 (hub micrometer)

專門設計來測量輪轂的厚度，其卡型測弓的幅度很小，其目的在於能穿過軸孔，測量輪轂厚度，如圖 4.82 所示。

圖 4.82　輪轂測微器及使用例

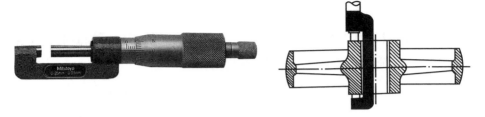

圖 4.82　輪轂測微器及使用例 (續)

(7)薄板測微器 (sheet metal micrometer)

專門設計來測量薄金屬板的厚度，弓架至測軸的縱深有 150mm、300mm、600mm 等幾種規格，如圖 4.83 為縱深 150mm 與 50mm 的薄板測微器。

圖 4.83　薄板測微器

(8)線徑測微器 (wire micrometer)

專門設計來測量線徑，砧座之下方有滑槽，故工件可橫置於滑槽架上，使測量容易進行，如圖 4.84 所示。

圖 4.84　線徑測微器及使用例

(9)罐縫測微器 (can seam micrometer)

專門設計測量罐頭接縫厚度及深度，其測量範圍為 0～13mm，測量深度為 0～5mm，如圖 4.85 所示。

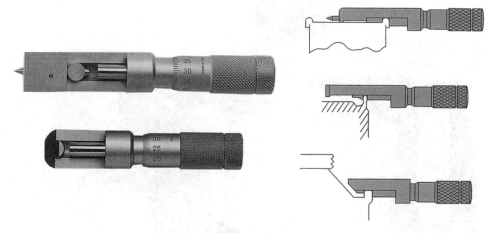

圖 4.85　罐縫測微器

(10)溝槽測微器 (groove micrometer)

專門設計來測量孔溝槽的位置、寬度等尺寸，溝槽測爪的厚度為

0.75mm，因此如圖 4.86 所示，當測爪的內緣或外緣與溝槽接觸時，分別要將讀測尺寸加上一倍溝槽厚度或二倍溝槽厚度。

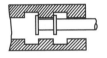

(a) 內緣測量

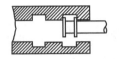

(b) 外緣測量讀數加 1.5mm

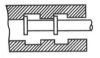

(c) 從緣到緣的測量讀數加 0.75

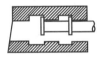

(d) 從緣到緣的測量讀數
加 0.75mm

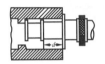

(e) 用可調位盤測量讀數
加 1.5mm 及 d

(f) 用可調定位盤測外徑讀數
加 0.75mm 及 d

圖 4.86　溝槽測微器

⑾低測量壓力測微器 (low force micrometer)

專門設計來測量塑膠等軟性材料，以定壓指針來維持一低測量壓力，如圖 4.87 所示。

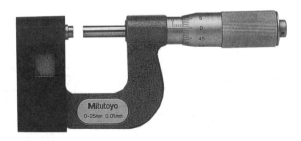

圖 4.87　低測量壓力測微器

⑿V 形砧座測微器 (V-anvil micrometer)

V 形砧座測微器用於測量 3 或 5 槽刀具，例如 3 或 5 槽的端銑刀、奇數槽螺絲攻、鉸刀等刀具。奇數槽的刀具外徑可以直接讀出；使用單線法可測量出讀數值，再代入公式可以換算出螺絲攻節徑。

3槽V砧座測微器的砧座夾角為60度，其主軸螺桿之螺距為0.75mm；

5槽V砧座測微器的砧座夾角為108度，其主軸螺距為0.559mm。

因此，奇數槽的刀具外徑可直接讀測出。

使用單線時測量螺絲攻節徑，如圖4.88所示。

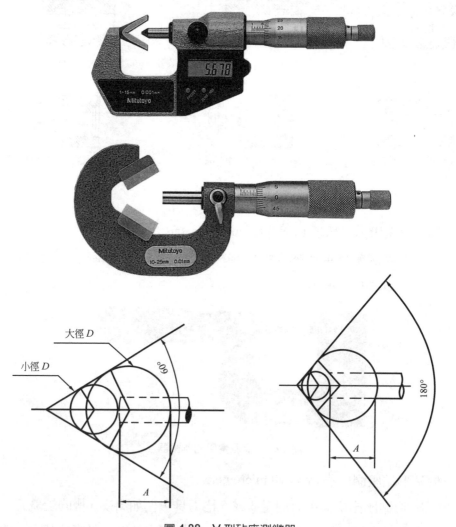

圖4.88　V型砧座測微器

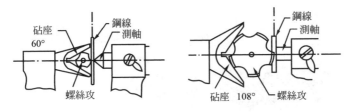

圖 4.88　Ｖ型砧座測微器 (續)

E：欲測量的螺絲攻節圓直徑

M'：Ｖ砧座測微器讀數

P：螺絲攻螺距

d：鋼線直徑 60°牙角$\rightarrow d = 0.557\,P$，55°牙角$\rightarrow d = 0.564\,P$

D：螺絲攻外徑

換算中間值為：

　　三槽螺絲攻　　$M = 3M' - 2D$

　　五槽螺絲攻　　$M = 2.2360\,M' - 1.23606\,D$

惠氏 (55°) 螺紋換算公式為：

　　$E = M - 3.16567\,d + 0.96049\,P$

公制 (60°) 螺紋換算公式為：

　　$E = M - 3\,d + 0.866025\,P$

⒀螺紋測微器 (screw thread micrometer)

　　專門設計來測量螺紋節圓直徑，其砧座有 60°公制螺紋牙角與 55°惠氏螺紋牙角兩種，測量時直接可讀出節圓直徑尺寸，其砧座可分為固定砧座式與可換砧座式兩種，如圖 4.89 所示。

⒁萬能測微器 (universal micrometer)

　　此型測微器配上不同的測量砧座，可以作多種用途使用，具備了前述幾種特殊測微器的功能。如圖 4.90 所示為萬能測微器及可更換的八種測量用途的砧座。

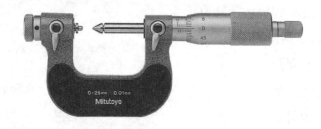

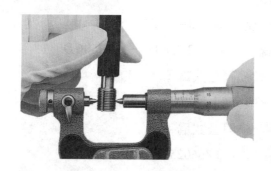

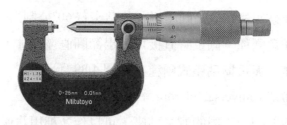

圖 4.89　螺紋測微器

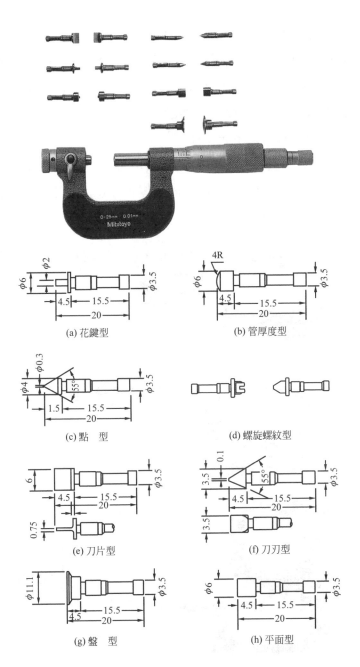

(a) 花鍵型

(b) 管厚度型

(c) 點　型

(d) 螺旋螺紋型

(e) 刀片型

(f) 刀刃型

(g) 盤　型

(h) 平面型

圖 4.90　萬能測微器

⒂盤式測微器 (disc type micrometer)

專門設計來測量跨齒距離，測量齒距時，選定跨齒數，兩盤式砧座
與齒輪齒面相切，此時的跨齒距離係為切於基圓上之切線與兩齒輪
面之交點的距離，如圖 4.91 所示。

⒃齒輪測微器 (gear micrometer)

專門設計來測量齒輪，兩鋼珠測頭用來接觸與齒輪中心對稱的齒
溝，同時鋼珠測頭可以更換不同直徑，以適用於不同齒距模數的齒
輪，如圖 4.92 所示。

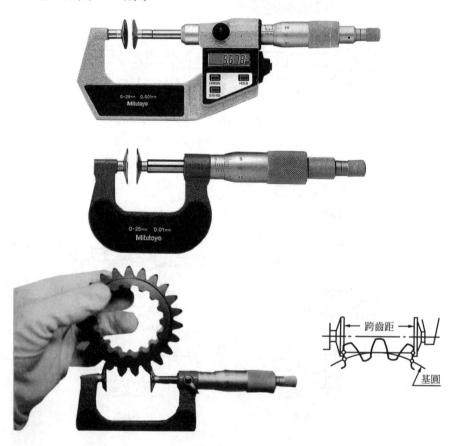

圖 4.91　盤式測微器

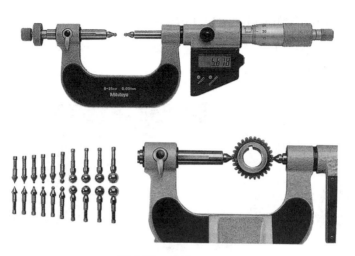

圖 4.92　齒輪測微器

(17)極限測微器 (limit micrometer)

設計來做界限規使用，先分別以塊規設定最大尺寸與最小尺寸，將工件作 GO 與 NOT GO 的檢驗，如圖 4.93 所示。

圖 4.93　極限測微器

⒅針盤式測微器 (dial indicator micrometer)

此型測微器固定砧座裝附一指示量錶,可由量錶直接讀數,作比較式測量,如圖 4.94 所示。

圖 4.94　針盤式測微器

⒆測微器頭 (micrometer head)

設計來作精細微調的測量工作,採游標與螺紋微分原理製成的測微器頭,其精度可達 0.001mm;某些測微器頭同時附加粗調與精調兩組微調裝置,使調整更形方便;某些測微器頭更以數字顯示,使測量迅速、準確,如圖 4.95 所示。

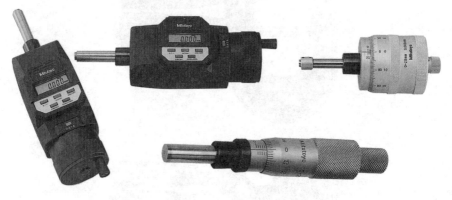

圖 4.95　測微器頭

⒇深度測微器 (depth micrometer)

　專門設計來測量工件深度尺寸，可安裝更換式心軸桿，以適用於工件不同深度的測量，更換心軸桿必須以專用之塊規來歸零深度測微器；深度測微器及深度計校正器使用例，如圖 4.96 所示。

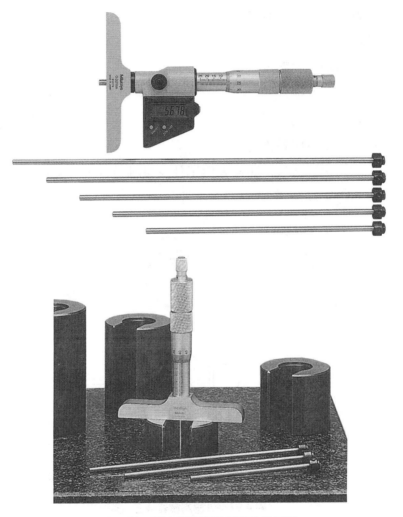

圖 4.96　深度測微器及深度計校正器

11. 測微器誤差分析

   測微器的誤差來源有五：

   (1)測微器本身的誤差

   　①主軸螺桿螺紋導程誤差。

   　②主軸與砧座面垂直度誤差。

   　③砧座平面度誤差。

   　④砧座面平行度誤差。

   　⑤套筒真圓度誤差。

   　⑥內外套筒刻劃誤差。

   (2)不符合測量原理的誤差

   　①外側測微器之量具測軸未與工件測量軸重合，若偏差 θ 角，則誤
   　　差如圖 4.97 所示。

$$\varepsilon = L-l = L-L\cos\theta$$
$$= L(2\sin^2\frac{\theta}{2}) \qquad 當\,\theta\rightarrow0，\sin^2\frac{\theta}{2}\approx(\frac{\theta}{2})^2$$
$$\approx 2L(\frac{\theta}{2})\approx\frac{L}{2}\,\theta^2$$

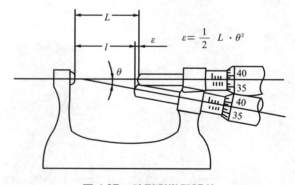

$$\varepsilon = \frac{1}{2}\,L\cdot\theta^2$$

圖 4.97　外側測微器誤差

②卡儀型外側測微器之移動卡儀偏轉θ角，則誤差如圖 4.98 所示。

$\varepsilon = L - l = R \tan \theta$　當$\theta \to 0$，$\tan \theta \approx 0$
　$\approx R\theta$

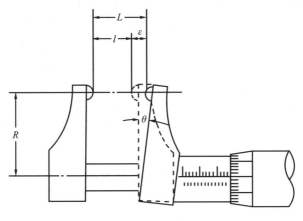

圖 4.98　卡儀型測微器誤差

③棒型內側測微器，當測量圓內孔時，若棒型測桿未與工件測軸重
　合時，會造成如圖 4.99 所示的誤差。

　a. 為得到較正確值為小的尺寸，誤差量為：

$\Delta L = l - L \cos \theta$

　b. 為得到較正確值為大的尺寸，誤差量為：

$\Delta L = l - L$　　$(l = L \cos \theta)$
　　$= L - l \cos \theta$
　　$= L(1 - \cos \theta)$

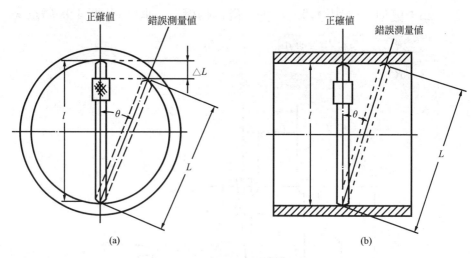

圖 4.99　棒型測微器誤差

(3)視差

內外套筒上的刻劃由於不在同一平面上，故會產生視覺誤差，誤讀出較大或較小的尺寸，尤其附有游標微分的測微器，因為要檢視重合刻劃，所以若視線未與刻劃面垂直，就會受視差的影響，誤讀尺寸。近代所發展的電子數字型測微器，則可免去此項視覺誤差的產生。

(4)測量溫度變化引起的誤差

量具、標準校正規與測量工件會隨溫度的變化而發生熱脹冷縮的情形，尤其是大型的量具或工件，其變化情形更是明顯，故為了避免溫度變化引起誤差，應該：

①控制理想的測量環境，室溫維持在 20℃。

②儘量減短手與量具或工件的接觸時間。

③戴絕熱手套。

④工件加工完應先冷卻然後再進行測量。

⑸測微器夾持位置錯誤引起的誤差

　大型的測微器,本身具有相當的重量,使用時若未能將其架持穩固
　或架設在支持點上,將導致弓型的卡架或長棒型的測桿變形彎曲,
　則會影響其測量結果,造成誤差,如圖 4.100 所示,(a)為外側測微
　器,(b)為內側測微器。

	零　誤　差	測弓變形誤差	
夾持方式			

(a) 外側測微器

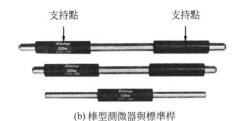

支持點　　　　　支持點

(b) 棒型測微器與標準桿

圖 4.100　　測微器夾持點

習題 4.5

1. 繪圖說明測微器的構造。

2. 說明測微器的原理。

3. 說明測微器的規格。

4. 說明測微器歸零的步驟。

5. 說明棘輪停止器的功能。

6. 說明測微器的檢驗步驟。

7. 試分類內側測微器的種類。

8. 說明下列特殊測微器的功用。

　　① 刀刃型測微器　　　⑤ 線測微器

　　② 點測頭測微器　　　⑥ 界限測微器

　　③ 栓軸測微器　　　　⑦ 定壓測微器

　　④ 管測微器　　　　　⑧ 槽寬測微器

9. 試分析測微器的誤差來源。

10. 說明電子式測微器的優點。

4.6　高度規

　　精度要求高的測量工作為了使測量軸線與量具軸線儘量重合或平行，一般都採用基準平板，將量具與工件都放在平板上，作劃線或度量的工作。如此可使測量工作符合測量定理，因此設計出一種量具，其測量軸線與底座垂直，測量時將量具與工件置於平板上，如此可以保證量具軸線與工件軸線能平行或重合，此種量具即為高度規。

1. 高度規的型式

　(1)游標高度規

　　採用游標微分原理，其各部分構造如同游標卡尺，僅尺的一端裝置垂直底座，使刻度尺與底座為垂直狀態，標尺上附加測爪，可以劃線或作基準尺寸測量。如圖 4.101 所示，(a)為 HM 型游標高度規，係採用德國 Morzol 公司設計的滑槽游標卡尺製成，(b)為 HT 型游標高度規，為精密高度測量所使用的量具，刻度板係裝於主樑滑槽中，並且附有螺旋微動裝置，可以很準確的歸零高度規。

　(2)量錶式高度規

　　採用量錶輪系放大原理，利用主樑上齒條與小齒輪的配合，將高度值顯示出來。如圖 4.102 所示，(a)為量錶刻度式高度規，(b)為量錶數字式高度規，採用量錶與數字齒輪來顯示測量值，主樑為雙軸式，並且附雙向計數器，可以在測量行程中任何高度歸零，作階段測量。

　(3)電子數字式高度規

　　電子數字式高度規，由一個小齒輪機構、齒條及圓盤式光電編碼器所組成，小齒輪機構與高度規主樑上的齒條嚙合，當測爪在主樑上滑動時，小齒輪機構就轉動，帶動圓盤式編碼器旋轉，將滑動量以數字顯示出來。此類電子數字高度規可以在任何高度歸零，並且測量值可以直接讀出，如圖 4.103 所示，圖(a)為數字直接顯示，圖(b)為光電測微編碼機構。

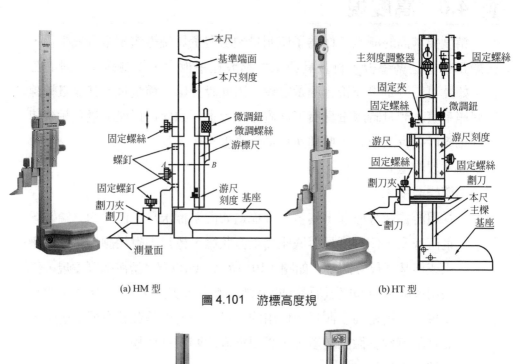

(a) HM 型　　　　　　(b) HT 型

圖 4.101　游標高度規

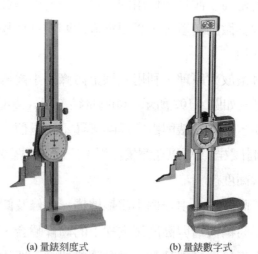

(a) 量錶刻度式　　　　(b) 量錶數字式

圖 4.102　量錶式高度規

(a) 數字式

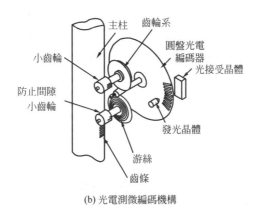

(b) 光電測微編碼機構

圖 4.103　電子數字式高度規

(4)磁感式高度規

　　磁感式高度規，由安裝於測量軸線上的磁性物質與感測磁性正弦波
的計數器所組成，感測計數器於測量軸線上移動，由於磁極是以

NS、SN、NS……排列，此種同極相鄰的排列，分別使磁力線正極
與負極呈正弦波變化，計數器計數此種正弦波變化的次數，磁性距
離若可劃分至一最小單位，即可提高此種磁感式高度規的精密度，
使此種微分裝置達實用階段，測頭部分可換裝電子測頭，以維持一
定測量壓力輸入測量值，磁感式高度規，如圖 4.104 所示。

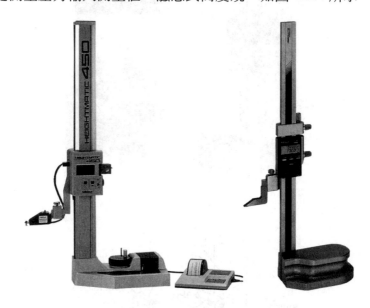

圖 4.104   磁感式高度規

2. 高度規的使用

(1)歸零

①將高度規置於平板，基座與平板密接。

②將劃刀面下降輕輕接觸平板，使劃刀面與平板密接，同時觀察零
　線是否重合。

③若為 HT 型游標高度規，並且未在零線重合，則將刻度主板固定
　螺絲放鬆，以微調螺絲上昇或下降到刻度板，使零線與游標尺零
　線重合，然後將刻度主板鎖緊，完成歸零手續。

④若為量錶式只需將錶盤刻度旋轉使零線重合；若為電子數字式量
　錶只需將歸零按鈕按下，完成歸零手續。

⑵劃刀測量面調整

　劃刀測量面的調整，直接關係測量結果，一般調整時全憑測量感
　覺，容易造成誤差，因此可藉助下列附件：

①接觸式感知器

　為一電池與顯示燈迴路，當劃刀面與金屬工件接觸時，電池迴路
　接通，顯示燈亮起，如圖4.105所示，為接觸式感知器，使用實例。

圖4.105　劃刀測量面調整

②槓桿式量錶

　高度規歸零時，槓桿式量錶也歸零，爾後測量時，每一個測量面
　都轉移至槓桿式量錶之零點，如此可以偵測出測量高度面，如圖
　4.106 所示。

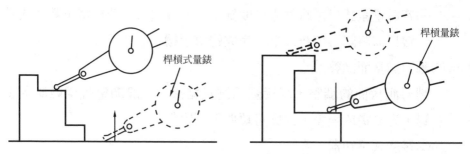

圖 4.106　槓桿式量錶調整測量面

3. 高度規的用途

(1)劃線

　　將工件與高度規放於平板上，調整高度規至所要的高度，推動高度
規使劃刀的某一固定邊刃，在工件表面刻劃出刻痕，如圖 4.107 所示。

圖 4.107　劃線

(2)高度測量

　　如圖 4.108 所示，圖(a)為測量工件的階級高度，圖(b)為以塊規輔助，

測量工件階級頂面的高度。

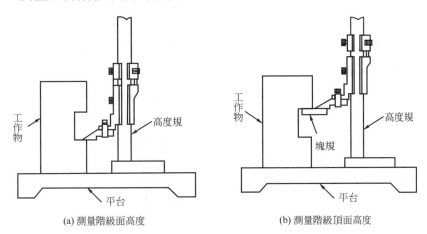

工
作
物 高度規

高度規

工作物

塊規

平台

平台

(a) 測量階級面高度

(b) 測量階級頂面高度

圖 4.108　高度測量

(3)角度測量

　　將萬能量角器按裝於高度規上，可以將萬能量角器的功能，轉移至
高度規上，如圖 4.109 所示。

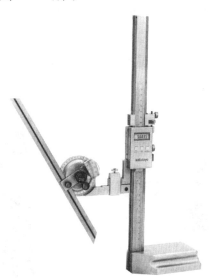

圖 4.109　角度測量

(4)比較式測量

　　將槓桿式量錶裝於高度規上，比較精測塊規與被測工件之高度，得
　　知被測工件的尺寸，此時高度規之功能轉移為比較式的檢驗台座，
　　如圖 4.110 所示。

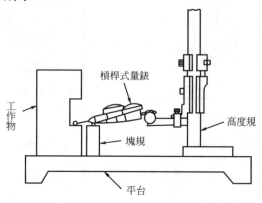

圖 4.110　比較式測量

(5)孔心距測量

　　將測爪換裝孔中心測頭，則高度規可以測量孔心距，如圖 4.111 所示。

(6)孔深測量

　　將孔深測桿按裝於高度規，即可測量孔深、凹槽深度，如圖 4.112
　　所示。

圖 4.111　孔心中測頭與孔心距測量

圖 4.112　孔深測桿與孔深測量

(7)劃圓弧

　　將圓弧劃線桿裝於高度規，劃線桿上裝有游標刻度尺，可以調整圓心與劃針之距離，即可精確得繪出圓弧，如圖 4.113 所示。

4. 精測塊規式高度規

　　精測塊規組合成階級尺寸，將此階級尺寸置於一垂直主樑上，並且以一高精度的測微器上升或下降精測塊規組，因此在精測塊規的階級面上可以轉移出精確的高度尺寸。精測塊規式高度規如圖 4.114，(a)為標準型，(b)為以電子數字顯示型的精測塊規式高度規。

(1)精測塊規式高度規之優點

　　①為塊規組合成的階級尺寸，測量時不須扭合塊規，因此使用方便快速，並且具備相當高的精度。

　　②使用時不須用手直接接觸塊規，因此經由操作者體溫，導致塊規膨脹的影響減低至最少。

　　③高精度的測微器可以精確得調整測量面，刻度讀取方便，並且有

數字顯示整數尺寸,使用時無人為誤差。

(2)精測塊規式高度規之構造

精測塊規式高度規之構造包括本體、底面支點、階級塊規組、測微器測頭、固定刻度、計數顯示器、調整鈕、固定鈕等部分,如圖4.115所示。

①本體

本體為支撐內部機構的裝置,因此結構設計著重強度、穩定,使用的材料都經過完善的熱處理,使材質正常化、不變形。

②底面支點

底面支點採用三點支撐的設計,支撐點都鑲有碳化鎢耐磨塊,並且精密研製成平面。

圖 4.113   劃圓弧

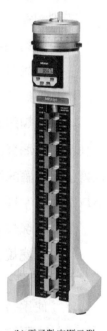

(a) 標準型   (b) 電子數字顯示型

圖 4.114   精測塊規式高度規

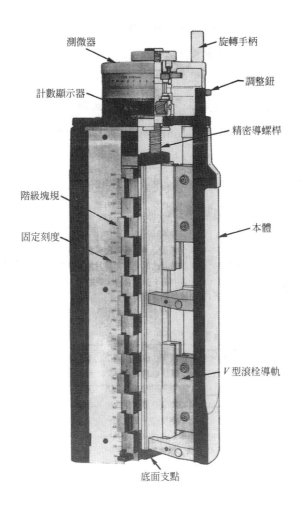

測微器　　　　　　　旋轉手柄

調整鈕

計數顯示器

精密導螺桿

階級塊規

固定刻度

本體

V型滾栓導軌

底面支點

圖 4.115　精測塊規式高度規

③階級塊規組

塊規組有採用單排式或雙排式，單排式每片塊規長 10mm，雙排
式每片塊規長 20mm，整組塊規由精密的導螺桿所控制，並且由
精密的 V 型滾柱導軌所導引。

④測微器測頭

測微器測頭採用導程為 0.5mm 的螺桿，其圓周刻度盤分為 500 等

　　　分，因此測量精度可達 0.001mm，由於零線刻度盤與刻度盤在同
　　　一平面，因此沒有視差的存在。

　　⑤零線刻度盤

　　　零線刻度盤可以將鎖緊鈕放鬆，旋轉零線刻度盤，使高度規歸
　　　零，其刻度與測微器刻度盤等高，因此可排除視差。

　　⑥計數顯示器

　　　計數顯示器可以顯示 0.01mm ～10mm 的尺寸。

⑶精測塊規式高度規的使用

　　①歸零

　　　精測塊規式高度規與被測工件是架設在基準平板上使用，使用前
　　　高度規要先行歸零，如圖 4.116 所示。

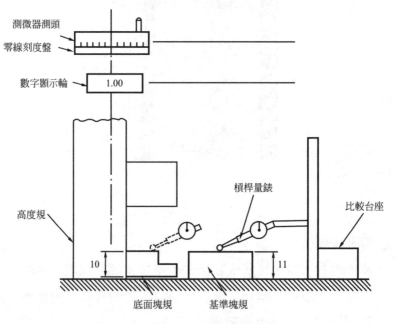

圖 4.116　精測塊規式高度規之歸零

歸零的方式爲：

a. 將高度規、標準塊規、槓桿式量錶架設於平板。

b. 使用槓桿式量錶將標準塊規的尺寸 11mm，轉移至槓桿式量錶的零點上。

c. 將槓桿式量錶的零點高度轉移至高度規測量面上，10mm。

d. 旋轉測微器測頭，使整組塊規組上昇 1mm，數字顯示輪爲 1.00，原先 10mm 之測量面上昇爲 11mm。

e. 觀察高度規之零線刻度盤是否與零刻劃重合，若不重合，則調整零線刻度盤，完成歸零操作。

②轉移式測量值的量取

精測塊規式高度規都是採用轉移式測量，即工件高度 H 以槓桿式量錶轉移至精測塊規式高度規上，再讀數出高度規的值，如圖 4.117 所示。

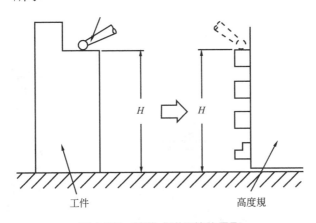

圖 4.117　轉移式測量值的量取

⑷高度規的附件

高度規附件包括增高塊及補助塊規夾具，如圖 4.118 所示，(a)爲增高塊，可將精測塊規式高度規架高增加使測量範圍，有 150mm，

300mm，及 600mm 三種規格；(b)為補助塊規夾具，用於內徑測微器及缸徑規設定零位尺寸。

(5)萬能精密高度規

此型高度規設計來測量垂直及水平面的距離，因此稱為萬能式。一般用來檢查 CNC 工具機或高精度的工具機，如圖 4.119 所示。

5. 線性高度規

線性高度規採用線性編碼器的原理，當測頭在主樑上移動時，此線性編碼器，可以感測出精確的移動量。此類高度規一般都加裝了微處理器，使功能更為增強，底座加裝氣浮軸承，平移穩定，因此具備下列優點：

(1)測量數值讀取方便。

(2)高量測精度。

(3)檢驗快速。

(4)量測數據資訊化。

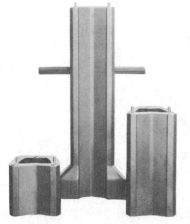
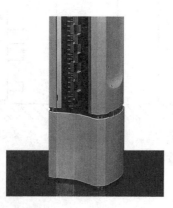

(a) 增高塊

(b) 補助塊規夾具

圖 4.118　高度規附件

圖 4.119　萬能精密高度規

①微處理器線性高度規之構造

線性高度規之構造由下列各部分所組成：

a. 基座組

為一直立之鑄鐵基座所構成，其底座為三片鎢鋼圓盤所構成，並且加裝空氣軸承，以便於氣浮移動整台高度規至測量位置；機體測量軸與基座底面呈垂直，使量測軸線垂直於承置平板；安裝電源供應器或電池組以提供使用電源；安裝小型空氣壓縮機以提供氣浮氣壓源。

b. 量測組

量測組包括線性導軌，光學線性尺或線性編碼器，使測頭於測量軸線上平滑的移動，並且精確的測量位移量；電氣驅動裝置可以按鍵控制方式驅動測頭延測量軸線上移動。

c. 測頭組

為了增加線性高度規的使用性能，測頭設計成各種不同的型式，以適應不同工件；電子測頭更附加定壓裝置，可維持一定的測量壓力，自動輸入測量值。

d. 微處理器組

微處理器組即數據處理機，可輸入測量值，以計算法計算出測量值，使高度規可直接測量亦可間接測量，增加高度規的使用功能。此型高度規外型圖及其使用實例如圖 4.120 所示。

圖 4.120　微處理器線性高度規

②線性高度規附件

為了增加線性高度規的功能，線性高度規附件包括各種型式的測頭及增高塊，如圖 4.121 所示。

a. 球型測頭

　　測頭前端為球體，其外徑為 Sϕ2，Sϕ3，Sϕ10 等尺寸。

b. 盤型測頭

　　測頭前端為圓體，其外徑為ϕ14，ϕ20，ϕ30 等尺寸。

c. 深度測頭

　　測頭前端為深度測桿，測桿長度可調整，以測量不同的深度。

d. 電子測頭

　　測頭前端加裝電子測頭，附有定壓輸入裝置，當測頭接觸工件
表面，即自動將測頭值輸入。

(a) 測　頭

(b) 增高塊

圖 4.121　線性高度規附件

習題 4.6

1. 說明高度規的型式。

2. 說明電子數字式高度規的原理。

3. 說明高度規的歸零要領。

4. 說明高度規的劃刀測量面調整要領。

5. 說明高度規的用途。

6. 說明精測塊規式高度規的構造。

7. 說明精測塊規式高度規的優點。

8. 說明精測塊規式高度規的使用要領。

9. 說明線性高度規的測量原理與使用上的優點。

10. 說明線性高度規的構造。

■ 4.7　精測塊規

1. 精測塊規的由來

　　精測塊規的使用，起源於瑞典兵工廠的技術領班 (Hjalmar Ellustrom) 為了尺寸檢驗與測量的方便，製造出兩面互相平行的鋼料測量塊，來檢驗工件尺寸與校正工具機，這種多段塊規棒，使用效果非常好，但是只有特定的尺寸才能使用。當時服務於同單位的喬漢生 (C.E. Johanson) 就基於此種鋼塊尺寸組合的觀念，發展出一套塊規組合，經由不同的塊規可以組合成任意的尺寸，以為校驗或測量的基準，當時製造出 0.5mm～24.5mm，1.01mm～1.49mm，25mm～100mm 三種系列的塊規組合，總共 102 塊，表面經過拋光與研磨的加工，使用在來福槍的檢驗與製造上非常實用，但是這種塊規由於造價昂貴，因此，並未被工業界普遍採用。這種稱為 JO 規的量具一直到美國標準局量規部門 (William E. Hoke) 將製造方式改為機械加工、機械研磨，才使得塊規的發展有了重要的突破，普遍為機械工業生產製造上的檢驗標準。由於精測塊規組是由喬漢生 (Johanson) 最先製造出來，因此又稱為喬漢生規或 JO 規。

2. 精測塊規的材料與製造

　　精測塊規為一種精密的量規，因此，所選用的材料必須具備下列特性：

　(1)硬化能力良好，材料硬化均勻。

　(2)熱處理後變形少，材料性質安定。

　(3)耐磨性強。

　(4)耐銹蝕性強。

　(5)密著性強，扭合效果良好。

　(6)低膨脹係數，不易受溫度影響。

　(7)材料價格低廉。

(8)機械加工容易，尤其是研磨效果要良好。

　　合於上列條件的材料有高碳鉻的合金鋼及含鉻、鎳元素的不銹鋼，同時爲了增加塊規的抗磨性，亦有將塊規表面鍍鉻處理。

　　粉末冶金的加工技術發明以後，將碳化鎢或碳化鉻的粉末冶金材料加壓燒結後，研磨成片狀，附加在塊規上，用於耐磨或刀具接觸面，以增加塊規的使用壽命與精度。亦有將石英石當成塊規材料，此類塊規使用時組合效果特別好，尺寸正確，若有刮損亦不會引起毛邊影響組合尺寸，同時熱膨脹係數小，受溫度變化的影響小，使用效果良好。

　　現代材料科技進步，亦有採用陶瓷材料製成的塊規，因爲可以抗銹蝕，耐磨性優於鋼製塊規，不受磁性影響，使用效果良好。

　　精測塊規的製造程序可分爲下列四階段：

　①機械加工成形

　　將塊規材料加工至一定尺寸，並預留 0.013mm 的細加工裕度。

　②熱處理

　　將塊規半成品，施以淬火、回火處理，並進行時效處理，其目的使塊規硬化，並且消除內應力，一般是深冷至超低溫數次，並且放置半年以上。

　③研磨加工

　　將熱處理過的塊規材料，施以研磨加工，再精磨至完工尺寸。

　④尺寸校驗

　　將研磨後的塊規，以光波干涉儀來作尺寸檢驗，並按其精度加以分級。

3. 精測塊規的規格

　精測塊規的規格可分類爲：

　(1)成組塊規

　　成組塊規將一系列不同厚度的塊規組合成一組，使用塊規時，選擇適當的塊數組合成所需的尺寸，使用起來甚爲方便，一般可分爲 1mm 基數與 2mm 基數兩種。成組塊規如圖 4.122 所示。1mm 基數塊規組如表 4.8 所示，2mm 基數塊規如表 4.9 所示，英制塊規組如表 4.10 所示。

塊規組所擁有的塊數愈多，使用上組合尺寸愈靈活，運用上愈方便，1mm 基數的塊規組，由於較 2mm 基數的塊規組爲薄，加工較不容易，同時研磨時 2mm 基數的塊規較不易變形，因此造價較 1mm 基數的塊規便宜，近來廣泛被採用。

圖 4.122　成組塊規

表 4.8　1mm 基數塊規組合

每組個數	等級	標準	尺寸		尺寸階級
112	00 0 1 2	JIS/ISO/DIN	1pc 9pcs 49pcs	1.0005mm 1.001～1.009mm 1.01～1.49mm	0.001mm 0.01mm 0.5mm 25mm
	1 2 3 B	FS	49pcs 4pcs	0.5～24.5mm 25～100mm	

表 4.8　1mm 基數塊規組合 (續)

每組個數	等級	標準		尺寸	尺寸階級
103	00 0 1 2	JIS/ISO/DIN			
	00 0 I II	BS	1pc 49pcs 49pcs 4pcs	1.005mm 1.01～1.49mm 0.5～24.5mm 25～100mm	0.01mm 0.5mm 25mm
	1 2 3 B	FS			
87	00 0 1 2	JIS/ISO/DIN	9pcs 49pcs 19pcs 10pcs	1.001～1.009mm 1.01～1.49mm 0.5～9.5mm 10～100mm	0.001mm 0.01mm 0.5mm 10mm
	1 2 3 B	FS			
76	00 0 1 2	JIS/ISO/DIN	1pc 49pcs 19pcs 4pcs 3pcs	1.005mm 1.01～1.49mm 0.5～9.5mm 10～40mm 50～100mm	0.01mm 0.5mm 10mm 25mm
56	00 0 1 2	JIS/ISO/DIN	1pcs 9pcs 9pcs 9pcs 24pcs 4pcs	0.5mm 1.001～1.009mm 1.01～1.09mm 1.1～1.9mm 1～24mm 25～100mm	0.001mm 0.01mm 0.1mm 1mm 25mm
	1 2 3 B	FS			

表 4.8　1mm 基數塊規組合 (續)

每組個數	等級	標準		尺寸	尺寸階級
47	00 0 1 2	JIS/ISO/DIN	1pc 9pcs 9pcs	1.005mm 1.01～1.09mm 1.1～1.9mm	0.01mm 0.1mm 1mm 25mm
	1 2 3 B	FS	24pcs 4pcs	1～24mm 25～100mm	
	00 0 1 2	JIS/ISO/DIN	1pc 18pcs 9pcs	1.005mm 1.01～1.19mm 1.1～1.9mm	0.01mm 0.1mm 1mm 10mm
	00 0 I II	BS	9pcs 10pcs	1.0～9mm 10～100mm	
32	00 0 1 2	JIS/ISO/DIN	1pc 9pcs 9pcs	1.005mm 1.01～1.09mm 1.1～1.9mm	0.01mm 0.1mm 1mm 10mm
	00 0 I II	BS	9pcs 3pcs 1pc	1～9mm 10～30mm 60mm	
18	00 0 1 2	JIS/ISO/DIN	9pcs 9pcs	0.991～0.999mm 1.001～1.009mm	0.001mm 0.001mm
16	00 0 1 2	JIS/ISO/DIN	3pcs 2pcs 10pcs 1pcs	1.0～1.5mm 2mm, 3mm 5～50mm 25.25mm	0.25mm 5mm

表 4.8　1mm 基數塊規組合 (續)

每組個數	等級	標準		尺寸	尺寸階級
10	00 0 1 2	JIS/ISO/DIN	3pcs 2pcs 5pcs	1.0～1.5mm 2mm, 3mm 5～25mm	0.25mm 5mm
10	0 1	JIS/ISO/DIN	3pcs 7pcs	1～1.5mm 2.0, 3.0, 5.0, 10.0, 15.0, 20.0, 25.0mm	0.25mm
	2 3	FS			
9	00 0 1 2	JIS/ISO/DIN	9pcs	1.001～1.009mm	0.001mm
	00 0 I II	BS			
9	00 0 I II	JIS/ISO/DIN	9pcs	0.991～0.999mm	0.001mm
9	0 1 2	JIS/ISO/DIN	9pcs	0.1, 0.15, …0.5mm	0.05nn
8	0 1 2	JIS/ISO/DIN	8pcs	25～200mm	25mm

表 4.9　2mm 基數塊規組合

每組個數	等級	標準		尺寸		尺寸階級
112	00 0 1 2	JIS/ISO/DIN	1pc 9pcs 49pcs	2.0005mm 2.001～2.009mm 2.01～2.49mm		0.001mm 0.01mm 0.5mm 25mm
	1 2 3 B	FS	49pcs 4pcs	0.5～24.5mm 25～100mm		
88	00 0 I II	BS	1pc 9pcs 49pcs 19pcs 10pcs	1.0005mm 2.001～2.009mm 2.01～2.49mm 0.5～9.5mm 10～100mm		0.001mm 0.01mm 0.5mm 10mm
88	00 0 1 2	JIS/ISO/DIN	1pc 9pcs 49pcs	2.0005mm 2.001～2.009mm 2.01～2.49mm		0.001mm 0.01mm 0.5mm 10mm
	1 2 3 B	FS	19pcs 10pcs	0.5～9.5mm 10～100mm		
46	00 0 1 2	JIS/ISO/DIN	9pcs 9pcs 9pcs	2.001～2.009mm 2.01～2.09mm 2.1～2.9mm		0.001mm 0.01mm 0.1mm 1mm 10mm
	00 0 I II	BS	9pcs 10pcs	1～9mm 10～100mm		
33	00 0 1 2	JIS/ISO/DIN	1pc 9pcs 9pcs	2.005mm 2.01～2.09mm 2.1～2.9mm		0.01mm 0.1mm
	00 0 1 II	BS	9pcs 5pcs	1～9mm 10, 20, 30, 60, 100mm		

表 4.10　英制塊規組合

每組個數	等級	標準		尺寸	尺寸階級
82	1 2 3 B	FS	1pc 9pcs 49pcs 19pcs 4pcs	.10005″ .1001～1.009″ .101～.149″ .05～.950″ 1～4″	 .001″ .001″ .05″ 1″
81	1 2 3 B 00 0 I II	FS BS	9pcs 49pcs 19pcs 4pcs	.1001～.1009″ .101～.149″ .05～.950″ 1～4″	.0001″ 0.001″ .05″ 1″
49	00 0 I II	BS	9pcs 9pcs 9pcs 9pcs 9pcs 4pcs	.1001～.1009″ .101～.109″ .11～.19″ .01～.09″ .1～.9″ 1～4″	.0001″ 0.001″ .01″ .01″ .1″ 1″
35	00 0 I II 1 2 3 B	BS FS	1pc 9pcs 9pcs 10pcs 6pcs	.1005″ .1001～.1009″ .101～.109″ .100～.190″ .200, .300, .500, 1, 2, 4″	 .0001″ .001″ .01″
9	1 2 3 B	FS	9pcs	.0625, .100, .125″ .200, .250, .300″ .500, 1, 2″	

(2)單件塊規

　　塊規製成特定的厚度，在特定的狀況，因爲不需配對結合，故使用較方便，並且較準確，其規格尺寸如表 4.11 爲公制單件塊規，表

4.12 爲英制單件塊規。

表 4.11　公制單件塊規

尺寸	尺寸	尺寸	尺寸	尺寸	尺寸
0.5mm	1.14mm	1.48mm	2.17mm	2.6mm	18.0mm
0.991	1.15	1.49	2.18	2.7	18.5
0.992	1.16	1.5	2.19	2.8	19.0
0.993	1.17	1.6	2.20	2.9	19.5
0.994	1.18	1.7	2.21	3.0	20.0
0.995	1.19	1.8	2.22	3.5	20.5
0.996	1.20	1.9	2.23	4.0	21.0
0.997	1.21	2.0	2.24	4.5	21.5
0.998	1.22	2.0005	2.25	5.0	22.0
0.999	1.23	2.001	2.26	5.5	22.5
1.0	1.24	2.002	2.27	6.0	23.0
1.0005	1.25	2.003	2.28	6.5	23.5
1.001	1.26	2.004	2.29	7.0	24.0
1.002	1.27	2.005	2.30	7.5	24.5
1.003	1.28	2.006	2.31	8.0	25.0
1.004	1.29	2.007	2.32	8.5	30
1.005	1.30	2.008	2.33	9.0	40
1.006	1.31	2.009	2.34	9.5	50
1.007	1.32	2.01	2.35	10.0	60
1.008	1.33	2.02	2.36	10.5	75
1.009	1.34	2.03	2.37	11.0	80
1.01	1.35	2.04	2.38	11.5	90
1.02	1.36	2.05	2.39	12.0	100
1.03	1.37	2.06	2.40	12.5	125
1.04	1.38	2.07	2.41	13.0	150
1.05	1.39	2.08	2.42	13.5	175
1.06	1.40	2.09	2.43	14.0	200
1.07	1.41	2.10	2.44	14.5	250
1.08	1.42	2.11	2.45	15.0	300
1.09	1.43	2.12	2.46	15.5	400
1.10	1.44	2.13	2.47	16.0	500
1.11	1.45	2.14	2.48	16.5	
1.12	1.46	2.15	2.49	17.0	
1.13	1.47	2.16	2.5	17.5	

表 4.12　英制單件塊規

尺寸	尺寸	尺寸	尺寸	尺寸	尺寸
.05″	.102″	.117″	.132″	.147″	.50″
.0625″	.103″	.118″	.133″	.148″	.55″
.100″	.104″	.119″	.134″	.149″	.60″
.1005″	.105″	.120″	.135″	.150″	.65″
.10005″	.106″	.121″	.136″	.160″	.70″
.1001″	.107″	.122″	.137″	.170″	.75″
.1002″	.108″	.123″	.138″	.180″	.80″
.1003″	.109″	.124″	.139″	.190″	.90″
.1004″	.110″	.125″	.140″	.10 ″	.95″
.1005″	.111″	.126″	.141″	.21 ″	1.0″
.1006″	.112″	.127″	.142″	.25 ″	2.0″
.1007″	.113″	.128″	.143″	.30 ″	3.0″
.1008″	.114″	.129″	.144″	.35 ″	4.0″
.1009″	.115″	.130″	.145″	.40 ″	
.101″	.116″	.131″	.146″	.45 ″	

(3)超薄塊規

　　超薄塊規用於 1mm 以內尺寸度量，或特定尺寸度量，使用較方便，但是塊規愈薄，愈不容易製造，並且變形的可能愈大，因此價格較貴，其尺寸厚度有 0.10mm，0.15mm，0.20mm，0.25mm，0.30mm，0.35mm，0.40mm，0.45mm 等。

(4)長距塊規

　　長距塊規用於長距離的測量，使用起來較方便，其長度有 125mm，150mm，175mm，200mm，250mm，300mm，400mm，500mm，600mm，700mm，750mm，800mm，900mm，1000mm 等尺寸，如圖 4.123 爲長距塊規。

(5)耐磨護塊

　　爲了延長塊規的使用壽命，將碳化鎢研磨成耐磨塊規護片，每組護片塊數爲兩塊，其尺寸有 1mm，2mm 或 0.05″，0.10″。如圖 4.124 所示，爲耐磨護塊組。

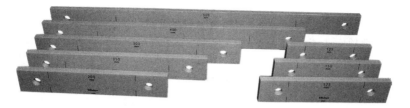

圖 4.123　長距塊規

圖 4.124　耐磨護塊組

4. 精測塊規等級

　　塊規的等級可以分成四級：

(1)00 級：為實驗室塊規，是主宰尺寸的標準塊規，及用於光學測定的高精密實驗室。

(2)0 級：為檢驗塊規，量具實驗室以此作為比較式檢驗設定尺寸的標準，各種量規、樣規製造尺寸的標準。

(3)1 級：為工作塊規，適用於工具室或現場機械工作檢驗，用於機件檢驗、機具設定或劃線工作、機械歸零、儀器調整等。

(4)2 級：為現場工作塊規，用於檢驗、劃線等直接工作。

　　塊規分級的標準以精度來劃分等級，表 4.13 為按基本尺寸及塊規等級分類塊規精度。

表 4.13　塊規等級與精度

公制 (微米)

尺寸(mm) / 等級	00	0	1	2
25 及以下	±0.05	±0.10	±0.20	±0.40
25～30	±0.10	±0.15	±0.32	±0.75
30～40	±0.10	±0.16	±0.35	±0.80
40～50	±0.10	±0.18	±0.40	±0.80
50～60	±0.15	±0.20	±0.45	±1.00
60～70	±0.15	±0.22	±0.50	±1.10
70～80	±0.15	±0.24	±0.55	±1.20
80～90	±0.20	±0.26	±0.60	±1.30
90～100	±0.20	±0.28	±0.65	±1.40
100～125		±0.50	±1.00	±2.00
125～150		±0.60	±1.20	±2.40
150～175		±0.70	±1.40	±2.80
175～200		±0.80	±2.60	±3.20
200～250		±1.0	±2.00	±4.00
250～300		±1.2	±2.40	±4.80
300～400		±1.6	±3.20	±6.40
400～500		±2.0	±4.00	±8.00

英制 (百萬分之一英吋)

尺寸 / 等級	00	0	1	2
1″ 及以下	+ 2 − 2	+ 4 − 2	+ 8 − 4	+ 10 − 6
2″	+ 4 − 4	+ 8 − 4	+ 16 − 8	+ 20 − 12
3″	+ 5 − 5	+ 10 − 5	+ 20 − 10	+ 30 − 18
4″	+ 6 − 6	+ 12 − 6	+ 24 − 12	+ 40 − 24

5. 精測塊規的外形

　　成組塊規的外形有兩種：

　⑴長方形

　　　其尺寸為 9mm×30mm 或 9mm×35mm，此長方形塊規組因為製造容
　　易，故價格較便宜，其橫截面寬 9mm，故在測量空間受限制的位
　　置，使用較方便，長方形塊規組如圖 4.125 所示。

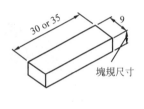

圖 4.125　長方形瓷金塊規

　⑵正方形

　　　其尺寸為 24.1mm×24.1mm 或 25mm×25mm，此正方形塊規組因為
　　截面積大、耐磨損，故使用壽命長，同時中間加工出小孔，便於以
　　中心桿結合塊規，於工作現場測量甚為方便，使用範圍較長方形塊
　　規廣泛。此型塊規組發源於美國，以機械工作現場使用方便著稱，
　　如圖 4.126 為正方形塊規及其組合使用情形。

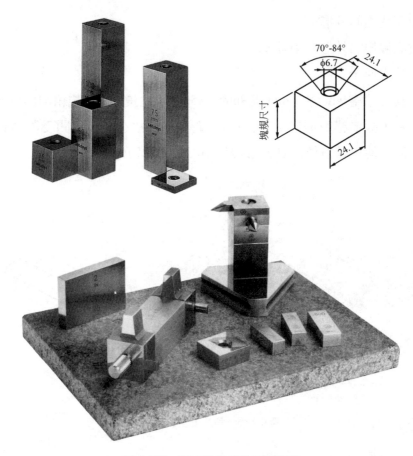

圖 4.126 正方形塊規及使用情形

6. 精測塊規附件

塊規附件為增加塊規使用功能而設計,尤其在尺寸轉移方面必須借助塊規附件,使塊規組合時,尺寸密接,不致於脫落,並且所得的尺寸更準確。

⑴長方形塊規組附件如圖 4.127 所示,其各部功用如下:

①夾規鋼框

將塊規夾緊的一種裝置,其上螺栓採用快速鬆脫的裝置,可以增

加調整速度，其夾持具距離有 60mm、100mm、160mm、250mm
等尺寸。

②柄基座

用來支持夾規鋼框，配合平板使用，可轉變為高度規的功能。

③半圓顎夾

用於檢驗工件的內徑尺寸。

④平行顎夾

用於檢驗工件的外徑尺寸。

⑤劃線尖頭

用於工件表面劃線。

⑥中心尖頭

用於劃圓時當圓心支點使用。

⑦三角直邊規

用於檢驗工件平面度。

(a) 夾規鋼框

(b) 柄基座

圖 4.127　　長方形塊規附件

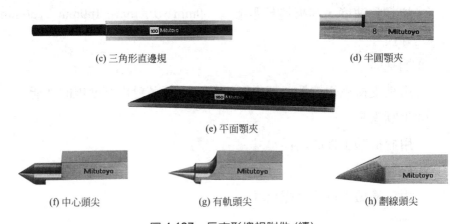

(c) 三角形直邊規　　　　　　　　　　　　(d) 半圓顎夾

(e) 平面顎夾

(f) 中心頭尖　　　　　　　(g) 有軌頭尖　　　　　　　(h) 劃線頭尖

圖 4.127　長方形塊規附件 (續)

⑵正方形塊規組附件如圖 4.128 所示，其各部分功用如下：

①結合圓桿

　將塊規組結合的一種圓桿，如圖 I 為可調距離型，H 為固定距離型。

②柄基座

　用來架持塊規組使用，配合平板，可轉變為高度規的功能。如圖 F。

③半圓顎夾

　用於檢驗工件內徑尺寸，如圖 A。

④平行顎夾

　用於檢驗工件外徑尺寸，如圖 B。

⑤劃線頭尖

　用於工件表面劃線，如圖 C。

⑥中心頭尖

　用於劃圓當圓心支點使用，如圖 D。

⑦結合螺栓

　用於結合塊規組使用，如圖 E。

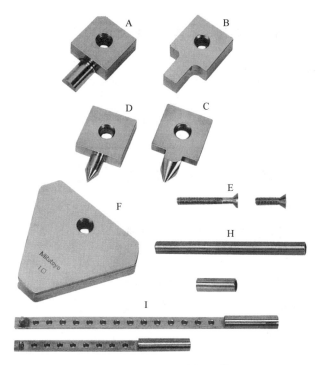

圖 4.128　正方形塊規附件

7. 精測塊規的使用

　(1)塊規組合原則

　　　①組成某一特定尺寸，塊規數愈少愈佳。

　　　②盡可能選取厚的塊規尺寸。

　　　③按組合尺寸之最小位數，選取塊規。

　　　④逐次按組合尺寸次小位數，選取塊規，逐一決定塊規值。

例　利用 112 塊組的塊規，組合 123.3265 的尺寸，試決定各塊規厚度。

解　按塊規組合原則

$$123.3265$$
$$-\ \ \ 1.0005 \text{————————第 1 塊}$$
$$122.326$$
$$-\ \ \ 1.006 \text{————————第 2 塊}$$
$$121.32$$
$$-\ \ \ 1.32 \text{————————第 3 塊}$$
$$120$$
$$-\ \ 20 \text{————————第 4 塊}$$
$$100 \text{————————第 5 塊}$$

　　共選用 5 塊塊規

(2)塊規結合方法

　　兩片塊規的結合，必須非常的密合，使分量塊規的尺寸之和等於全量塊規的尺寸，即 A 塊規與 B 塊規經過結合後的尺寸要等於 A + B 的尺寸。爲了達到正確結合的目的，其結合方法有兩種：

①旋轉法：結合的步驟如圖 4.129 所示。

　　a. 將兩片塊規擦拭乾淨的測量面靠在一起。

　　b. 將兩片塊規輕施壓力並且做圓周方向旋轉。

　　c. 將已結合的塊規用輕而且平穩的力量推出一半塊規的距離，如此，可以檢驗塊規是否平穩地密接。

　　d. 以輕微壓力將塊規推滑回去，使其完全扭合密接。

　　e. 此種方法較適合於厚塊規的結合，薄塊規旋轉時容易發生彎曲，故不適合採用此法。

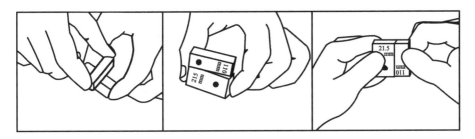

圖 4.129　旋轉法結合塊規

②堆疊法：結合步驟如圖 4.130 所示。

    a. 兩手分別以姆指與食指握持兩片欲結合的塊規，使兩塊規接觸了 3mm 左右的長度。

    b. 輕施推力使兩件塊規接觸面積增加。

    c. 在垂直方向，施以拉力以檢查塊規是否結合穩固。

    d. 輕輕移滑塊規，使兩片上下整齊重疊密接。

    e. 此種方法較適合於薄塊規的結合，若兩結合塊規過薄，可先將此塊規與一厚塊規結合，便於以手固定，再結合另一薄塊規，結合完畢再分離厚塊規。

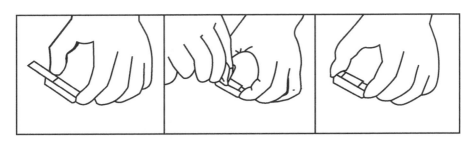

圖 4.130　堆疊法結合塊規

⑶塊規組合的步驟

    ①依照塊規組合原則，決定塊規尺寸與塊規塊數。

    ②將塊規拿出按組合順序整齊放於平台上。

③以適當的清潔液清潔塊規測量表面。

④以光學平鏡檢查塊規測量表面是否有毛邊。

⑤若有毛邊則按正規方式以礪石去除毛邊。

⑥將塊規結合面塗上極少量之油脂,如黃油或凡士林油,使油膜均勻蓋於塊規表面。

⑦很輕巧得將兩塊規面接觸,依照塊規厚薄的情形,選擇塊規結合方法,將塊規結合成特定尺寸。

⑧將結合好的塊規放置於恆溫板上,調整塊規溫度至測量溫度再使用。

⑷塊規毛邊檢查的步驟

①以適當的清潔液清潔塊規測量表面。

②於氦光燈下,將光學平鏡與塊規測量表面接觸。

③於塊規測量表面上,很輕細得移動光學平鏡,此時會有干涉條紋出現,如圖 4.131 所示。若沒有干涉條紋,可能有大的毛邊或灰塵污染塊規測量表面。

④很輕柔得使光學平鏡加壓於塊規測量表面,此時若干涉條紋會消失,則表示塊規測量表面無毛邊出現;若干涉條紋部分存在,很輕柔得來回移動光學平鏡,如果於測量表面上同一位置產生干涉條紋,則塊規測量面上有毛邊;如果於光學平鏡上同一位置產生干涉條紋,則光學平鏡上有毛邊。

圖 4.131　干涉條紋

(5)塊規毛邊去除步驟

①將塊規及礪石以溶劑清洗，把灰塵及油膜清除乾淨。

②將塊規放於礪石上，使測量表面與礪石研磨面接觸，以輕柔的壓力來回移動塊規十次，或者以一橡皮壓於塊規上，以維持一定的研磨壓力，如圖 4.132 所示。

③研磨後的塊規以光學平鏡檢查，如果毛邊仍然存在，則重覆第 2 項的操作；如果毛邊過大，無法以磨石去除，則報廢此塊規。

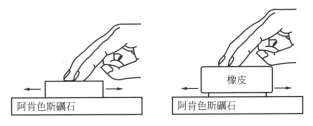

圖 4.132　塊規研磨

8. 精測塊規的維護與保養

(1)一般注意事項

①塊規要存放盒內，盒蓋必須封緊。

②塊規應儘量在無塵埃處使用，慎防磁化，以免金屬屑吸夾於塊規接觸面之間。

③避免人手接觸塊規，汗水及指紋應避免接觸塊規面。

(2)使用前的準備工作

①按選擇的尺寸，將塊規取出，仔細檢查是否有毛邊、刮痕、銹蝕等，受損的塊規不可使用，以免損傷塊規。

②塊規上的油脂應以石油精或溶劑清洗乾淨，再用乾淨的法蘭絨布、鹿皮擦拭乾淨，測量時注意清除金屬屑，以免刮擦塊規表面。

③使用時於底面鋪上軟墊，以免塊規摔落，取用塊規，不可數個塊規，一起抓取，以免塊規之間發生碰撞。

④每次使用之前，皆需擦拭乾淨，以免沾附切削劑、灰塵或金屬切屑。

(3)使用時的注意事項

①避免以手碰觸塊規兩端精測面，以防止汗水銹蝕塊規，應該戴手套以軟頭鑷子取用塊規。

②注意室溫的維持，塊規不可握持過久，以免體溫影響塊規精度。

③塊規組合時，若組合失敗，無法密接，則其間必定夾有灰塵或油跡，必須以法蘭絨布或鹿皮擦拭，不可強行加壓結合。

④高精度測量時，物體溫度應降至20℃始可測量，同時剛扭合的塊規不可立即使用。

(4)使用後的維護

①度量完畢，應立即將塊規分開，以免密接太久密接黏合力加大，不易分離，則只好以強制方法分離，而損傷塊規。

②若塊規有毛邊或突起的撞痕，應使用塊規修整石，加以修整，並以光學平鏡加以檢查。

③塊規使用後，應以四氯化碳、苯、煤油等溶劑清洗，再塗上防銹油或凡士林油脂，放入盒內保存。

(5)塊規保養工具組

塊規保養工具組包括絕熱手套、防銹油、溶劑筒、光學平鏡、氣刷、阿肯色斯礪石、瓷金磨石、擦拭紙、人造皮墊等組件。

光學平鏡係用於檢查塊規測量面是否為平面。

阿肯色斯礪石係用於研磨鋼質塊規之平面。

瓷金磨石係用於研磨瓷金塊規之平面。

塊規保養工具組及使用情形，如圖 4.133 所示。

包括：
防鏽油
阿肯色斯磨石
光學平鏡
氣刷
溶劑筒
手套
人造皮墊
拭擦紙

圖 4.133　塊規保養工具組及使用情形

9. 校正塊規

校正塊規是以固定塊組合成階級尺寸，以做為量具的歸零或者校正之用。

⑴卡尺校正塊規

如圖 4.134，可以做為游標卡尺、針盤卡尺及高度規的校正與歸零之用。

圖 4.134　卡尺校正塊規

⑵內徑測微器校正塊規

如圖 4.135，可以做為桿式內徑測微器的歸零之用。

圖 4.135　內徑測微器校正塊規

(3)工具機精度校正塊規

　　如圖 4.136，專門為檢驗工具機或座標測量機精確度之用。

圖 4.136　工具機精度校正塊規

(4)深度測微器校正塊規

　　如圖 4.137，專門為深度測微器的歸零與校正之用。

圖 4.137　深度測微器

10. 精測塊規的用途

(1)精密劃線

　　將塊規與塊規附件組合成精密圓規、高度規,配合平板做精密的劃
　　線,如圖 4.138 所示。

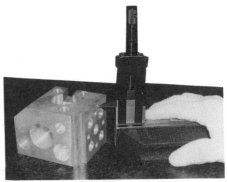

圖 4.138　精密劃線

(2)外側尺寸測量

　　可以做外側尺寸或組合成界限規做外側尺寸測量,如圖 4.139 所示。

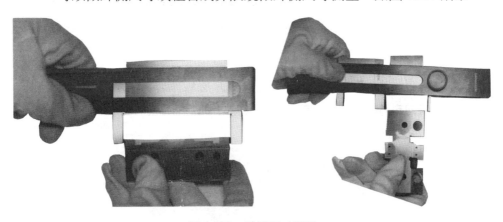

圖 4.139　外側尺寸測量

(3)內側尺寸測量

　　可以做內側尺寸或槽寬尺寸的測量,如圖 4.140 所示。

圖4.140　內側尺寸測量

(4)刻劃檢驗

組合塊規及塊規附件可以做量具的刻劃檢驗，如圖4.141所示。

圖4.141　刻劃檢驗

(5)深度測量

將塊規置於欲測量的槽中，以三角直邊規架於其上，觀察光線透出量，即可知槽深是否等於塊規高度，如圖4.142所示。

圖4.142　深度測量

⑹卡板的檢驗

可調式卡板尺寸的調整，係以精測塊規來分別調整最大極限尺寸與最小極限尺寸，如圖 4.143 所示。

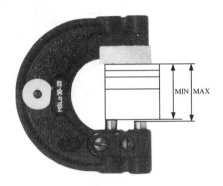

圖 4.143　卡板的檢驗

⑺游標卡尺的檢驗

塊規配合夾持附件，可以檢驗游標卡尺的精度，包括外側測量與內側測量，如圖 4.144 所示。

圖 4.144　游標卡尺檢驗

⑻測微器的檢驗

以單件塊規來檢驗測微器的精度，如圖 4.145 所示。

⑼錐度檢驗

配合正弦桿、量錶或標準圓桿、測微器可以做錐度規檢驗，如圖 4.146 所示。(a)為利用正弦桿檢驗錐度規，(b)為利用外側測微器檢驗錐度規。

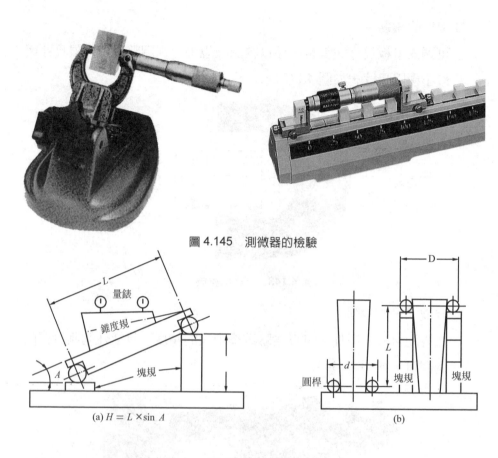

圖 4.145 測微器的檢驗

圖 4.146 錐度檢驗

⑩比較式測量

利用比較式檢驗台座,或量錶架與平板,將精測塊規之高度先轉移至量錶之零點上,再將量錶移至工件表面,由錶針之偏差量得知工件測量尺寸,如圖 4.147 所示。

⑾直接測量

直接測量係利用塊規對工件或工具機刀具做歸零設定,如圖 4.148 所示,圖(a)為銑刀中心設定測量,(b)為車削長度設定測量,(c)為銑削深度設定測量。

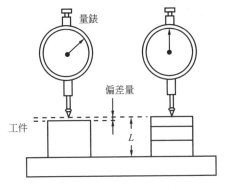

圖 4.147　比較式檢驗

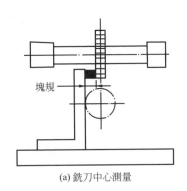

(a) 銑刀中心測量

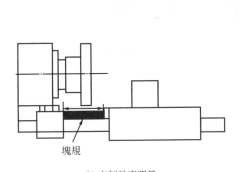

(b) 車削長度測量

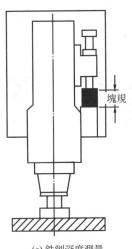

(c) 銑削深度測量

圖 4.148　直接測量

11. 精測塊規的精度檢驗

精測塊規精度喪失的原因有：

(1)塊規材料的不穩定，塊規變形。

(2)正常使用塊規表面的磨損。

(3)不正常使用與保存所造成的損壞，如塊規撞擊、刮痕、銹蝕等情形。

　　爲了維護塊規的精度及使用的準確性，因此，塊規應該做定期的精度檢驗，以確保測量的正確性及量具的使用壽命。精測塊規的精度檢驗方法如下：

①外觀檢驗

　以放大鏡檢查塊規表面，是否有刮痕、毛邊等瑕疵。

②平面度檢驗

　以光學平面鏡檢查塊規平面狀況，由干涉條紋色帶的形狀，檢驗出平面度，如圖 4.149 所示。

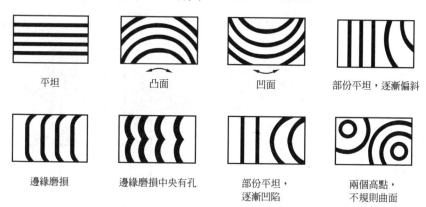

圖 4.149　平面度檢驗

③平行度檢驗

　將欲檢驗的塊規與同大小的標準塊規放在平板上，以光學平鏡觀察比較所產生條紋數及條紋次序即可測知塊規的平行度，如圖 4.150 所示，塊規 KL 邊較 PQ 邊為低，偏差量為 $2\frac{1}{2}$ 條色帶，即 $0.7345\mu m$。

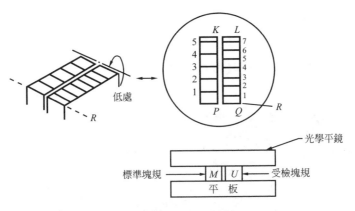

圖 4.150   平行度檢驗

④塊規比較儀檢驗

塊規比較儀配合比較檢驗台及雷射測頭,針對塊規作長度比較式測量,校正塊規的組合尺寸,塊規比較儀如圖 4.151 所示。

圖 4.151   塊規比較儀

⑤塊規干涉儀檢驗

將塊規置於光波干涉檢驗儀，以 He-Ne 雷射光源作塊規長度比較檢驗，檢測出塊規長度值，如圖 4.152 所示。

圖 4.152　塊規干涉儀

習題 4.7

1. 說明精測塊規材料必須具備的特性。

2. 說明精測塊規的製造程序。

3. 說明精測塊規的種類。

4. 說明精測塊規的等級及其用途。

5. 說明塊規附件的內容及其功用。

6. 試述精測塊規組的組合原則。

7. 試述精測塊規的兩種結合方式，並比較之。

8. 說明精測塊規密接的原因。

9. 試述精測塊規的用途。

10. 試述精測塊規精度檢驗的方式。

◻ 4.8　指示量錶

1. 指示量錶概說

　　指示量錶又稱為機械式針盤量錶，為利用齒輪系與槓桿原理，將微小距離變化量，以針盤量錶的方式顯現出來的一種量具，此類量具由於可以利用輪系放大，同時指針顯示閱讀容易，所以被廣泛使用。

2. 指示量錶的分類

　　指示量錶可依下列方式加以分類：

⑴依測軸運動方式

　　①普通式指示量錶：可以感測直線距離尺寸，如圖 4.153(a)所示。

　　②槓桿式指示量錶：可以感測微小弧線距離，當此弧線非常短時，近似於直線距離尺寸，如圖 4.153(b)所示。

　　普通式指示量錶工件測量軸線要與量錶測軸重疊，但是在某些狀況下，因工件形狀的原因，普通指示量錶無法架設在工件被測部位，因此利用槓桿式指示量錶，以達到測量的目的。

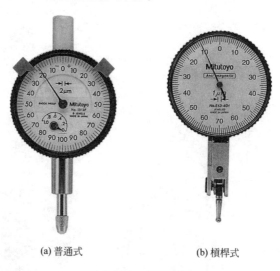

(a) 普通式　　　　　　　(b) 槓桿式

圖 4.153　指示量錶

⑵依錶面刻劃種類

　①連續型：錶面刻劃從零點開始，以增量刻劃方式連續至整個圓
　　周，如圖 4.154(a)所示。

　②平衡型：錶面刻劃從零點開始，以增量刻劃方式向正與負兩方向
　　延伸，至中間點，如圖 4.154(b)所示。

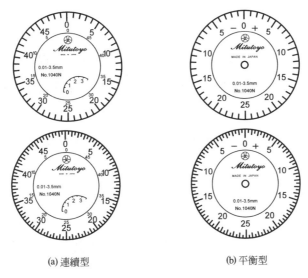

(a) 連續型　　　　　　　(b) 平衡型

圖 4.154　指示量錶錶面刻劃

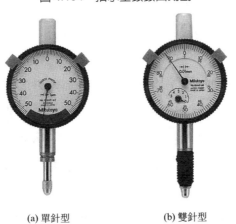

(a) 單針型　　　　　(b) 雙針型

圖 4.155　指示量錶

(3)依指針數分類

①單針型：錶面只有一支指針，通常作微小尺寸的測量，配上平衡型錶面，如圖 4.155(a)所示。

②雙針型：錶面有兩支指針，長針表示刻劃數目，短針表示長針旋轉圈數，通常作長距離測量，配上連續型錶面，如圖 4.155(b)所示。

3. 指示量錶的構造與原理

(1)普通式指示量錶

普通式指示量錶是以小齒條推動一組輪系，將齒條移動的直線距離，以指針顯示出來的一種機械式量具，如圖 4.156 所示。各部位名稱如下：

①測頭組：為指示量錶與工件接觸的裝置，依被測物形狀的不同，有各類型的設計，安裝在心軸前端。

②心軸組：心軸上有齒條，其前端裝置測頭，架設在平移軸套上，後端並加裝防塵套。

③齒輪組：為齒條傳動至第 1 小齒輪，大齒輪傳動至第 2 小齒輪這組複式輪系。

④指針組：第 1 小齒輪軸為短針軸，短針每一刻劃代表長針旋轉的圈數；第 2 小齒輪軸為長針軸，長針每一刻劃代表此指示量錶之精度。

⑤刻劃盤：刻劃盤上分別刻劃出長針與短針的指示量。此刻劃盤可旋轉作量錶歸零，同時外環加裝界限指針作界限指示。

⑥游絲組：游絲齒輪與第 2 小齒輪嚙合，藉著此游絲的力量推動心軸，以維持一定的測量壓力，同時藉著游絲彈力消除因齒輪間隙所造成的回程誤差。

⑦錶殼組：為指示量錶的基架，測頭組、心軸組、指針組、刻劃盤、

游絲組均裝置於此基架內，背部並加裝耳座，以利量錶的架設。

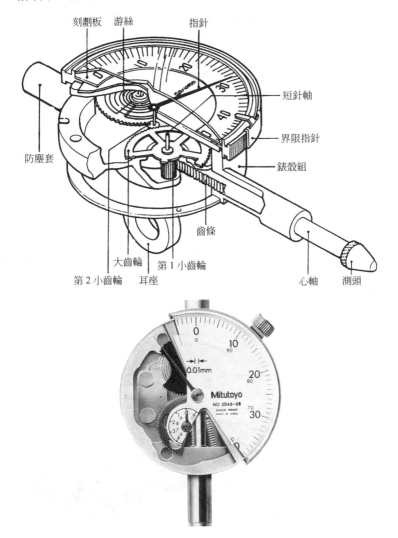

圖 4.156   普通式量錶

(2)槓桿式量錶

　槓桿式量錶是以槓桿式測頭感知微小移動量，帶動扇形齒輪旋轉，
推動一組輪系，將微小移動量以指針顯示出來的一種機械式量具，

如圖 4.157 所示，各部位名稱如下：

①測頭組：為槓桿式量錶與工件接觸的裝置，前端為球狀測頭，並且可以依測量位置的不同偏轉角度。

②齒輪組：測頭的另一端為扇形齒輪，傳動至第 1 小齒輪，冠狀齒輪再傳動至第 2 小齒輪，轉動指針的複式輪系。

③指針組：第 2 小齒輪軸上按裝指針，指示測量刻劃。

④刻劃盤：刻劃盤上刻有指示刻劃，同時可以旋轉作錶盤歸零。

⑤游絲組：游絲與第 2 小齒輪軸固鎖，藉此游絲的力量，傳至槓桿測頭，以維持一定的測量壓力，同時藉著游絲的彈力消除齒輪間隙所造成的誤差。

⑥錶殼組：為槓桿式量錶的基架，前項的構件均裝置於基架內，背部並加裝固定用鳩尾槽，以利量錶的架設。

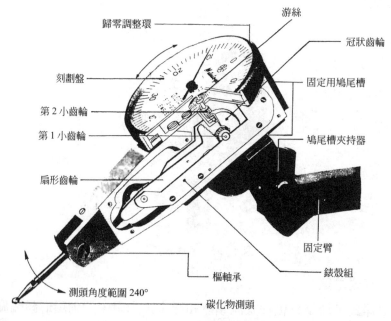

圖 4.157　槓桿式量錶

⑶電子式指示量錶

　　電子式指示量錶以光電式測微裝置偵測測頭移動量,光電式測微裝置分為旋轉式與直進式兩種解碼器,測頭位移量經由傳動使光柵板位移,由光電偵測器偵測出測量值;其他結構部分與直進式指示量錶或槓桿式量錶相同,電子式量錶測微裝置如圖 4.158 所示。

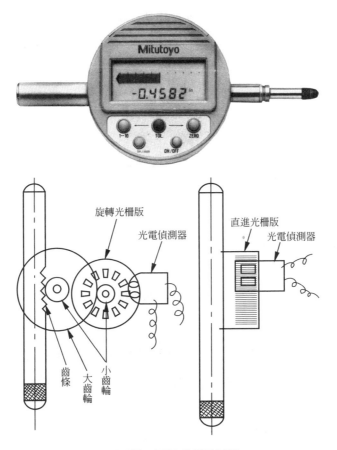

圖 4.158　電子式指示量錶

4. 指示量錶的放大機構

　　指示量錶可讀測出微量尺寸，全靠量錶內部的放大機構，常用的放大
機構有下列三種：

　(1)槓桿放大

　　槓桿式放大機構如圖 4.159 所示，(a)為單式槓桿，其放大倍數為 b/a，
θ_1 與 θ_2 兩圓心角相等，但是所對應的圓弧長度比為 $b:a$，因此在 θ_1
對應之圓弧可放大為 θ_2 對應之圓弧；(b)為複式槓桿，其放大倍數為
$b_1/a_1 \times b_2/a_2$，因此在 θ_1 對應之圓弧可放大為 θ_3 所對應之圓弧。

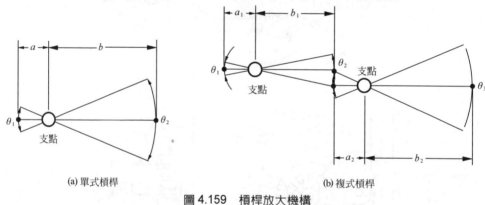

(a) 單式槓桿　　　　　　　　　　　　　　　(b) 複式槓桿

圖 4.159　　槓桿放大機構

　(2)齒輪系放大

　　齒輪系放大機構如圖 4.160 所示，(a)普通式量錶，(b)為槓桿式量錶。
可以將測頭微小的移動量放大後，以針盤顯示出來。

　(3)刻度盤放大

　　指示量錶刻度盤的直徑若加大，則指針亦必須加常，同時刻度盤的
圓周亦加大，則刻劃可以更細，因此測軸微小的移動量，都可以由
針盤顯示出來，如圖 4.161 所示。

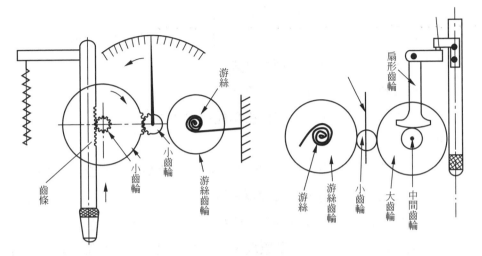

圖 4.160　齒輪放大機構

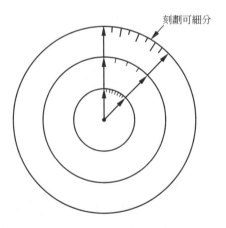

圖 4.161　刻度盤放大

5. 指示量錶的優缺點

　　指示量錶已廣泛得使用於各種測量及檢驗，其優缺點如下：

　　⑴優點

　　　①內部為齒輪放大機構，堅固耐用、精度不易受震動的影響。

　　　②測量範圍受齒條的有效運動距離的限制，因此在測量範圍內皆可

以測量，超過測量範圍則無法使用。

③量錶指針有雙針型與單針型，分別適用於長距離或短距離的測量。

④使用方便，不需特殊使用技術。

⑤維護費用低廉，使用價值高。

⑥使用範圍廣泛，加裝附件後功能更爲增強。

(2)缺點

①放大機構採用齒輪系，齒輪之齒隙無法避免，會影響測量精度，尤其是長距離測量，累積誤差更大。

②齒輪系長期使用後會磨損，直接影響測量精度。

③量錶架設若不符合測量原理，即被測軸線與量具測軸未重疊，會造成誤差。

④測軸與套筒之間的間隙與摩擦力，會造成小齒輪與齒條之間產生傳動誤差。

⑤指針與輪系中的軸承，若磨損則會造成誤差。

6. 量錶附件

(1)測頭

指示量錶的測頭種類可分類爲：

①平式測頭：用於圓球、圓柱及圓錐等曲面外徑的測量。

②點式測頭：用於槽底、齒根等接觸面空間受限制的測量。

③球式測頭：用於內圓、管壁、球形、弧面的測量。

④標準測頭：適用於平面與外圓的測量。

⑤伸展測頭：適用範圍與標準測頭相同，僅測頭長度略長，以適用於不同的測量場合。

⑥圓弧測頭：適用於凸曲面及圓形工件的測量。

⑦桿式測頭：測頭桿可以彎曲，適用於狹窄水平槽的平面檢驗。

如圖 4.162 所示分別為鋼接觸測頭，特殊材料測頭的分類。

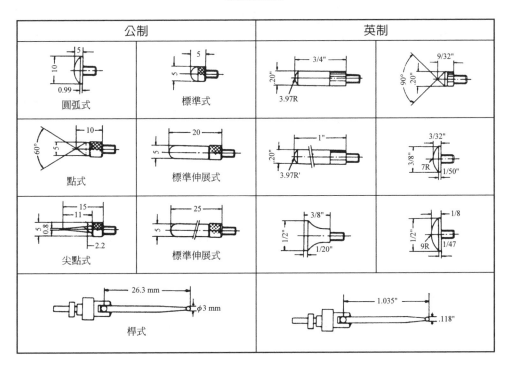

鋼接觸測頭①

鋼接觸測頭②

(a)

圖 4.162 測頭型式及材料分類

碳化物、紅寶石、藍寶石、接觸點、公制千分錶用。

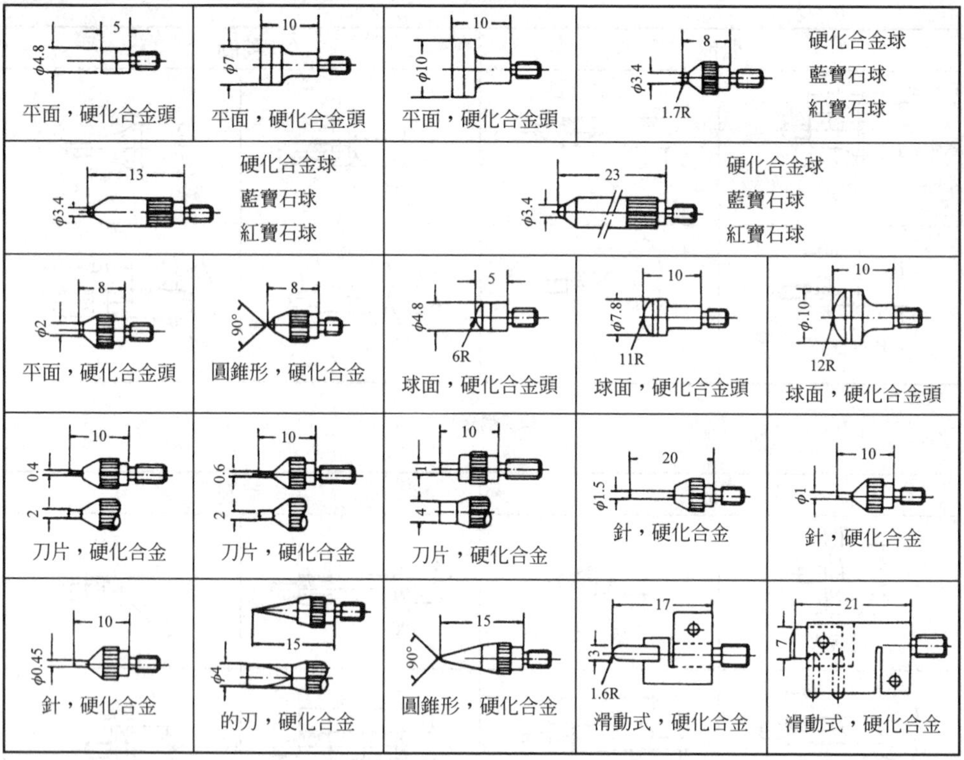

				硬化合金球 藍寶石球 紅寶石球
平面，硬化合金頭	平面，硬化合金頭	平面，硬化合金頭		

(b) 特殊材料測頭

圖 4.162　測頭型式及材料分類 (續)

⑧特殊測頭：用於一般測頭無法使用的特殊部位，例如圖 4.163 所示。

⑵背板

量錶背板用來結合量錶與夾持具之用，其種類如圖 4.164 所示。

⑶槓桿式量錶附件

槓桿式量錶附件如圖 4.165 所示，(a)為測頭、夾持桿、旋轉夾、中心夾、萬向夾持桿，(b)為槓桿式量錶附件應用實例。

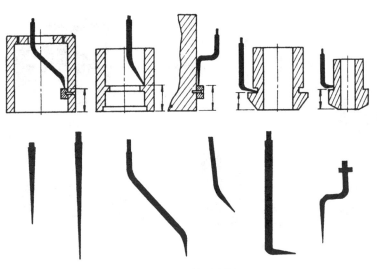

圖 4.163　特殊測頭

凸耳背板　　　　磁性背板

平面背板　　　　可調背板

圓栓背板　　　　螺孔背板

圖 4.164　量錶背板種類

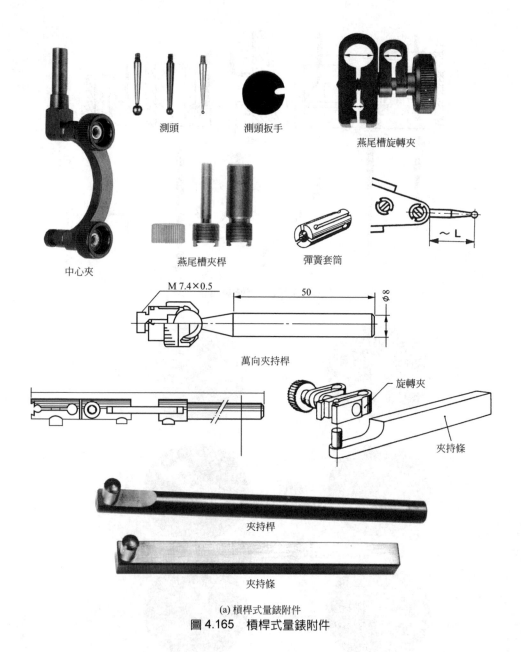

測頭

測頭扳手

燕尾槽旋轉夾

中心夾

燕尾槽夾桿

彈簧套筒

M 7.4×0.5　　50　　$\phi 8$

~ L

萬向夾持桿

旋轉夾

夾持條

夾持桿

夾持條

(a) 槓桿式量錶附件

圖 4.165　槓桿式量錶附件

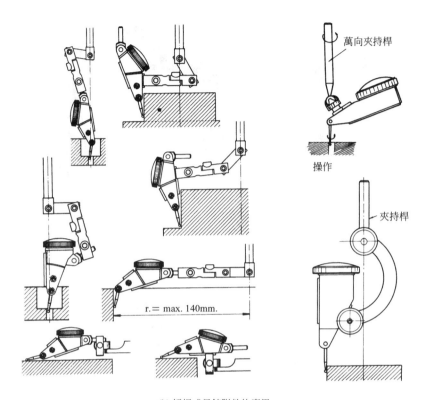

萬向夾持桿

操作

夾持桿

r.= max. 140mm.

(b) 槓桿式量錶附件的應用

圖 4.165　槓桿式量錶附件 (續)

(4)量錶台座

指示量錶必須架設在磁性座或基準平台上使用，其型式可分為：

①磁性座：利用磁性基座架設量錶，有些附加微調裝置，如圖 4.166 所示。

②比較台座：比較台座可以很準確得架設量錶，使量錶測軸垂直於基準平台，如圖 4.167 所示。

③轉移台座：轉移台座使用於轉移度量，可以提供尺寸轉移測頭精確的平移功能。如圖 4.168 所示。

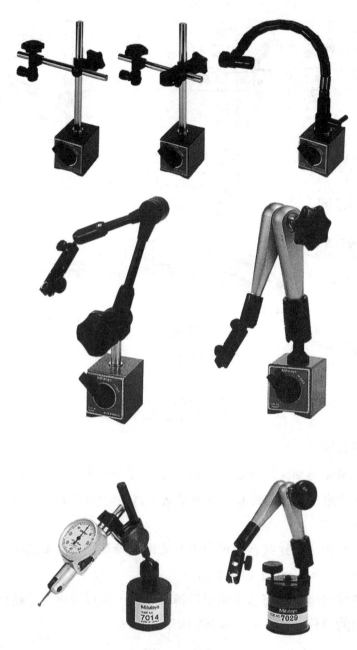

圖 4.166　磁性座與使用例

圖 4.167   比較台座與使用實例

微調鈕

圖 4.168   轉移台座

(5)提桿裝置

測頭的提升必須靠提桿裝置，以方便測量工作的進行，可分為提升
槓桿與提升快線兩種，如圖 4.169 所示。

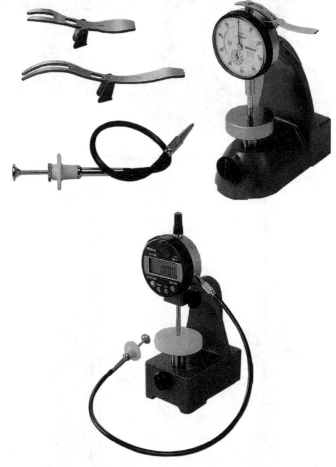

圖 4.169　提桿裝置

(6)指示量錶特殊裝置

①普通式指示量錶

a. 防水裝置：如圖 4.170 所示，量錶密封在錶殼內，具防水功能，

使用功能增加。

b. 雙面刻劃：如圖 4.171 所示，量錶雙面皆有刻劃盤，便於讀數
刻劃尺寸。

圖 4.170　防水型指示量錶

圖 4.171　雙面刻劃指示量錶

c. 端面測頭：如圖 4.172 所示，量錶測頭在背部端面，加裝槓桿附件後，功能更爲增加。

圖 4.172　端面測頭型指示量錶

②槓桿式指示量錶

依測桿中心線量錶錶面之相對位置，如圖 4.173 所示，可分類爲：

a. 水平式：測桿中心線與錶面呈水平狀況。

b. 垂直式：測桿中心線與錶面呈垂直狀況。

c. 平行式：工件量測面與錶面呈平行狀況。

d. 萬向式：工件量測面與錶面無固定方向。

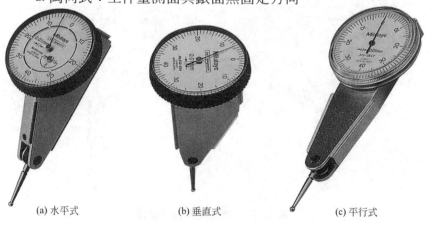

(a) 水平式　　　　　(b) 垂直式　　　　　(c) 平行式

圖 4.173　槓桿式量錶

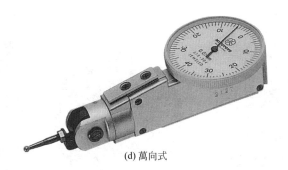

(d) 萬向式

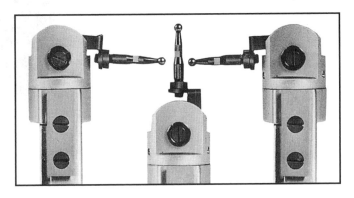

圖 4.173　槓桿式量錶 (續)

③電子式指示量錶

　　電子式指示量錶係採用旋轉式或直進式解碼器，偵測測頭移動
量，以電子液晶數字顯示出來，其電源供應方式有內藏電池式
與外部電源式兩種；液晶顯示式出測頭位移量，如圖 4.174 所
示。

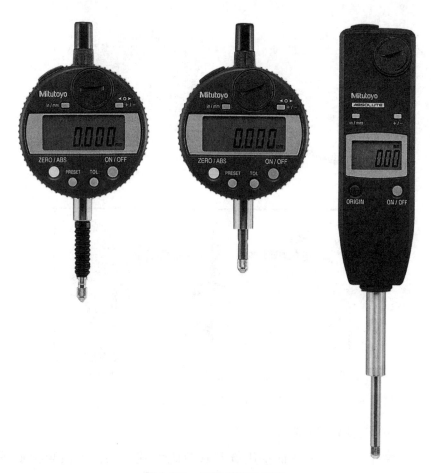

圖 4.174 電子式指示量錶

7. 特殊規格指示量錶

(1)厚薄指示量規

用於測量工件厚度，依顯示方式可分為電子數字式與指針式兩種，
可更換不同的砧座增加測量功能，如圖 4.175 所示。

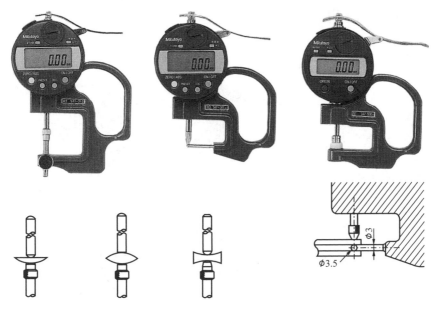

圖 4.175　厚薄指示量規

(2)比較式指示量規

　用於比較式測量，砧座位置可以調整，以便於以精測塊規歸零量
錶，再作比較式測量，如圖 4.176 所示。

圖 4.176　比較式指示量規

⑶外徑指示量規

　　用於溝槽或難以靠近部位工件外徑的測量，如圖 4.177 所示。

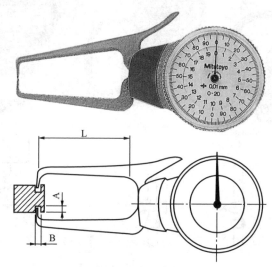

圖 4.177　外徑指示量規

⑷內徑指示量規

　　用於溝槽或難以靠近部位工件內徑的測量，如圖 4.178 所示。

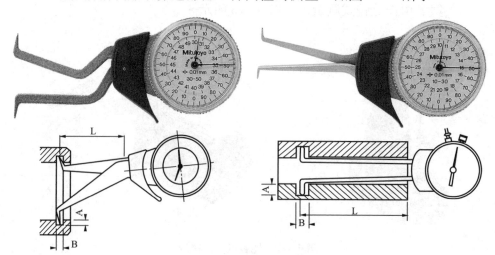

圖 4.178　內徑指示量規

(5)張力指示量規

　　用於測量工件張力值，例如繼電器與微動開關之接點張力值、精密彈簧之張力值，如圖 4.179 所示。

圖 4.179　張力指示量規

(6)內徑比較規

　　用於內徑值的比較式測量，可更換不同型式的測頭，作各種內徑工件之測量，例如內螺牙之節圓直徑、內圓槽之直徑，如圖 4.180 所示。

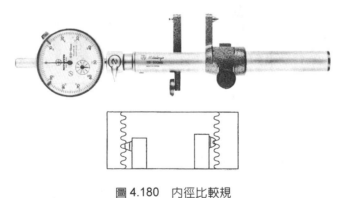

圖 4.180　內徑比較規

(7)量錶快測規

　　用於圓柱型工件之外徑快速測量，兩測量砧座製作成易於夾合工件之倒角，如圖 4.181 所示。

圖4.181　量錶快測規

(8)深度指示量規

　　用於測量工件深度，可以換裝不同測桿，以適用於測量不同深度的工件，如圖4.182所示。

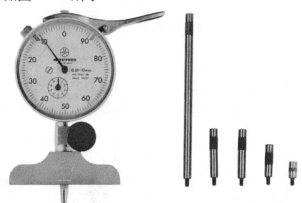

圖4.182　深度指示量規

(9)溝槽指示量規

　　用於內孔溝槽位置、溝槽寬度的測量，如圖4.183所示。

圖4.183　溝槽量錶規

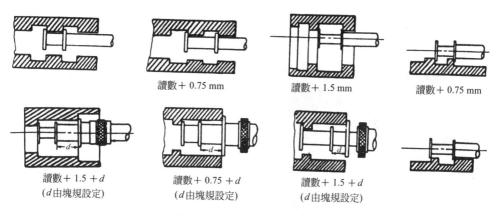

| 讀數＋ 0.75 mm | 讀數＋ 1.5 mm | 讀數＋ 0.75 mm |

| 讀數＋ 1.5 ＋ d
(d由塊規設定) | 讀數＋ 0.75 ＋ d
(d由塊規設定) | 讀數＋ 1.5 ＋ d
(d由塊規設定) |

圖 4.183   溝槽量錶規 (續)

⑽缸徑指示量規

　用於測量內孔直徑，依工件內孔尺寸選擇測桿軸安裝於測桿前端，並以歸零環歸零尺寸，作內孔直徑測量，如圖 4.184 所示。

圖 4.184   缸徑指示量規

⑾小孔徑指示量規

　用於小孔徑的測量，附加砧座及環規，增加使用功能，如圖 4.185

所示。

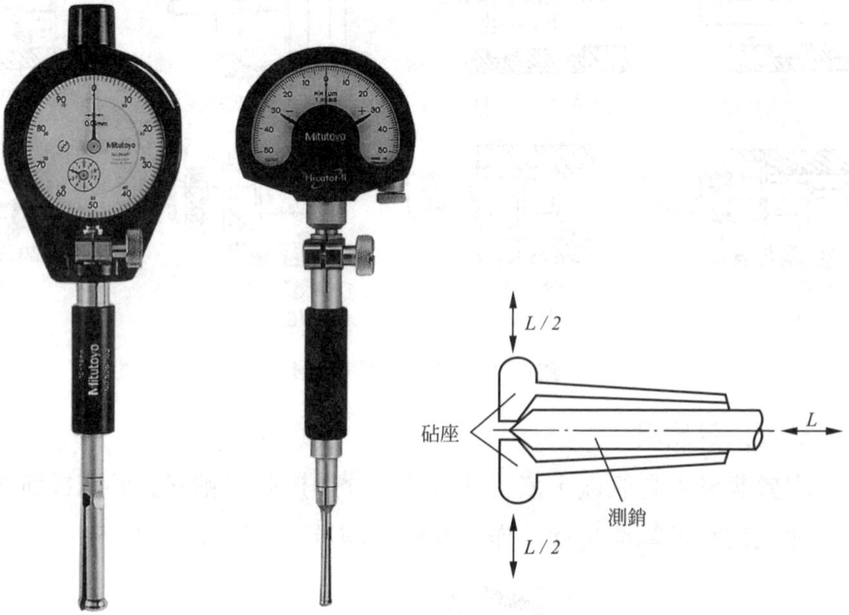

圖 4.185　小孔徑量指示量規

(12)內三點指示量規

用於內孔的測量，如圖 4.186 所示。

圖 4.186　內三點指示量規

8. 指示量錶的使用分析

　(1)正確使用要領

　　　普通式量錶的測量軸線必須垂直於工件測量面，若未垂直則會造成

　　餘弦誤差，即量錶顯示值並非實際測量值，如圖 4.187 所示，(a)為

量錶正確架設方式，(b)為量錶偏斜 θ 角時，產生餘弦誤差，正確值應等於量錶讀數值乘 $\cos\theta$。

槓桿式量錶測量軸線必須與工件測定面垂直，故測量槓桿要與測定面平行，同時由於測量槓桿頭端的運動軌跡為弧線，而實際要測量的長度為此弧線所對應的弦長，故當測量槓桿偏轉角度 θ 值愈小時，此圓弧才近似於弦長，所以槓桿式量錶只適用於短距離的測量，通常在 2mm 以內。如圖 4.188 所示，(a)理想架設方式，測槓中心線與側量面平行，呈 0 度，(b)次理想架設方式，測槓中心線與測量面呈 12 度以上，可避免平涉狀況發生，(c)當 θ 角愈小時 $\overset{\frown}{AB} = \overline{AB}$，測量值愈準確。

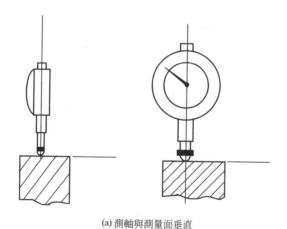

(a) 測軸與測量面垂直

圖 4.187　普通式量錶使用要領

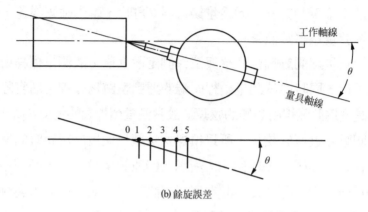

(b) 餘旋誤差

圖 4.187　普通式量錶使用要領(續)

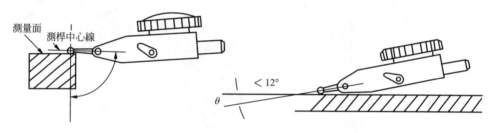

(a) 理想架設方式　　　　　　　　　　　(b) 次理想架設方式（θ＜ 12°，不干涉為原則）

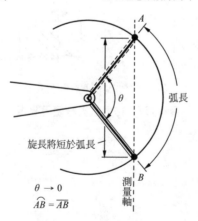

$$\theta \to 0$$
$$\widehat{AB} = \overline{AB}$$

(c) θ 角度愈小愈準確

圖 4.188　槓桿式量錶使用要領

⑵指示量錶測量的誤差

　　指示量錶測量的誤差可以下例說明：

例 一指示量錶架於比較式檢驗台，如圖 4.189 所示，以 25.000mm 塊
規歸零，再以 25.020mm 的塊規測量，量錶若沒有誤差應顯示
0.020mm，但是只顯示 0.019mm，因此誤差為 0.001mm，其誤差百
分比為：

　　　　0.001/0.020×100%＝ 5%

因此工件一若量錶偏轉量為 0.010，則其尺寸誤差為：

　　　　0.010×5%

工件二若量錶偏轉量為 0.001，則其尺寸誤差為：

　　　　0.001×5%

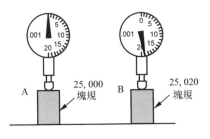
(a) 量表誤差測量

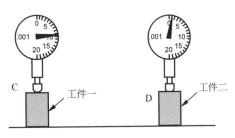
(b) 比較式測量

圖 4.189　指示量錶測量誤差

討論 工件一與工件二之測量，此誤差為 5%之量錶，量錶指針偏轉量
愈大，則尺寸誤差愈大，因此在比較式檢驗時，應選用適當之塊
規歸零量錶，使量錶在測量時，偏轉量愈小，尺寸愈準確。

例 一英制指示量錶之誤差為 2%，放置於平板上，如圖 4.190，(a)為直
接測量，工件之公差尺寸為±0.003″，量錶顯示量為 0.747″~0.753″，
但是量錶本身誤差為 2%，因此誤差量為：

　　　　0.750″×2%＝ 0.015″

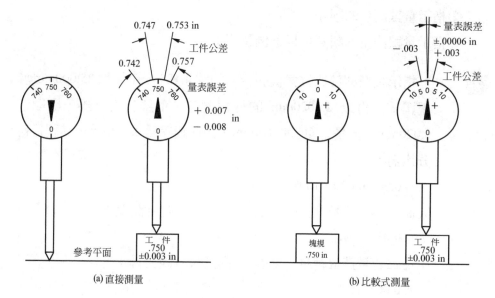

(a) 直接測量　　　　　　　　　　(b) 比較式測量

圖 4.190　指示量錶使用誤差

此量錶誤差的範圍遠大於工件公差範圍，因此量錶採用直接測量並不妥當。(b)為比較式測量，先以精測塊規歸零量錶，工件公差尺寸為±0.003″，量錶本身所引起的誤差為：

$$0.006″×2\%＝0.00012″$$

此量錶誤差範圍遠小於工件公差範圍，以此種比較式測量較為準確。

討論　　直接測量時量錶本身的誤差會影響測量，測量值愈大，誤差愈大。間接測量由精測塊規先將量錶歸零，量錶指針偏轉量愈小愈準確。

⑶指示量錶使用實例

例

　　一指示量誤差為 2%，分別以直接測量方式與間接測量方式，導
引刀具溜座切削階級桿，如圖 4.191 所示。(a)為直接測量，量錶
誤差量為 50.050×2% ＝ 1.001mm，階級桿長度為 50.050±
0.5005mm，直接測量因為量錶長距離測量的累積誤差，使測量值
愈長誤差量愈大。(b)為間接測量，量錶誤差量為 0×2% ＝ 0mm，
階級桿長度為 50.050±0mm，間接測量是以精測塊規來歸零量錶，
同時使量錶誤差量為零，因此階級桿長度測量非常準確。

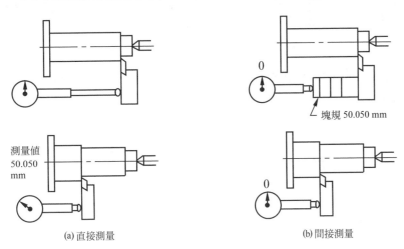

(a) 直接測量　　　　　　　　　　　　(b) 間接測量

圖 4.191　指示量錶使用例

9. 指示量錶的用途

指示量錶的用途如下：

⑴工件的調整或夾持的輔助量具，例如調整工件偏心量、對準工件中
心，如圖 4.192 所示。

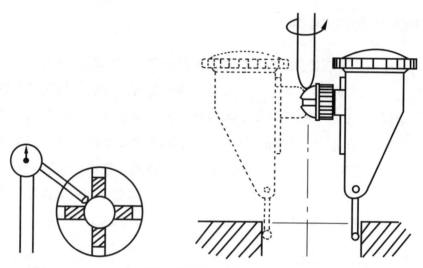

圖 4.192　量錶調整工件中心偏心量

(2)工具機的檢驗,例如檢驗床台的水平精度、主軸的轉動精度,如圖 4.193 所示。

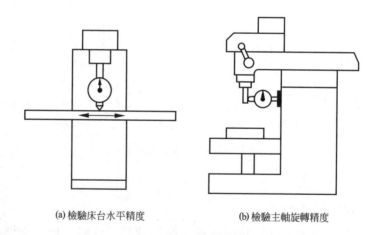

(a) 檢驗床台水平精度　　　　　　(b) 檢驗主軸旋轉精度

圖 4.193　工具機檢驗

(3)工件的真圓度、同心度、垂直度的檢驗,如圖 4.194 所示。

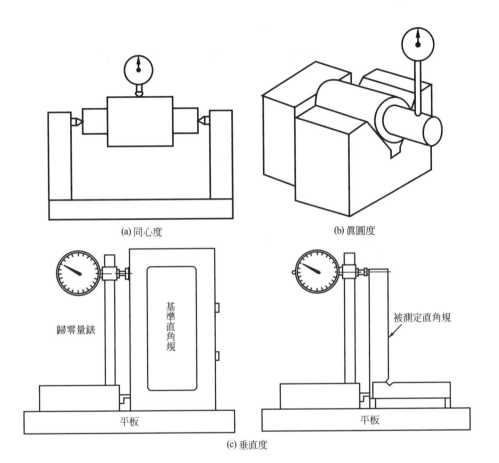

(a) 同心度

(b) 真圓度

歸零量錶

基準直角規

平板

被測定直角規

平板

(c) 垂直度

圖 4.194　工件同心度、真圓度、垂直度檢驗

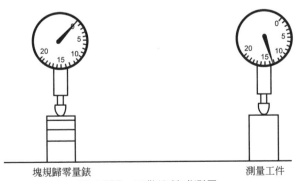

塊規歸零量錶

測量工件

圖 4.195　工件比較式測量

⑷工件比較式測量，如圖 4.195 所示。

⑸轉移式度量，將工件高度轉移至量錶零點，於高度量規工作轉移式
　度量，如圖 4.196 所示。

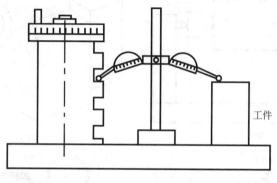

工件

圖 4.196　轉移式度量

習題 4.8

1. 試分類指示量錶,並說明其測量特點。
2. 試繪簡圖說明普通式指示量錶之構造。
3. 試說明槓桿式指示量錶之構造。
4. 試說明指示量錶之放大機構。
5. 試說明指示量錶之優缺點。
6. 試說明指示量錶的正確使用要領。
7. 試說明指示量錶的誤差對指示量錶使用上的限制,並解釋原因。
8. 試說明指示量錶的用途。
9. 試說明量錶快測規的用途。
10. 試說明缸徑規的用途。

■ 4.9　樣規

1. 樣規概述

　　機械工業製造程序中，工件的檢驗工作關係著互換性，直接影響大量生產的成敗，雖然有量具可以作直讀式的檢驗，但是使用起來，速度慢，同時使用的誤差亦無法避免，進而導致生產減緩，成本提高。因此生產檢驗工作，必須選用樣規來作檢驗，其原因乃是基於樣規具有下列的優點：

(1)誤差量少：因為樣規為固定式，使用時不需調整、讀數，故量具誤差與人為誤差均很少。

(2)操作快速：由於檢驗判定容易，故使用方便、快速。

(3)檢測精確：工件檢驗效果良好，達成產品互換性的要求。

(4)降低成本：因為檢驗容易，產品具備互換性，並且可以大量生產，因此降低了工件的製造成本。

(5)價格經濟：已有標準化的樣規，因此價格便宜。

2. 樣規的種類

　　樣規可依下列方式加以分類：

(1)以精度等級分類

　　①工作樣規：用於生產現場，製造人員於製造過程中檢驗工件。

　　②檢驗樣規：用於品質管制部門，品管人員用以檢驗工件成品。

　　③標準樣規：用於工具檢驗室，檢驗或校正工作樣規或檢驗樣規。

(2)以使用狀況分類

　　①內側測量：指測量工件的內徑、內側的長度、寬度、高度等尺寸，屬一維空間測量。

　　②外側測量：指測量工件的外徑、外側的長度、寬度、深度等尺寸，屬一維空間測量。

③輪廓測量：指測量工件的特殊形狀，如圓角、螺紋牙型、齒輪外
　　形等形狀，屬二維空間測量。

④空間測量：指測量工件上多項尺寸及其間相對位置，如螺紋、錐
　　度、栓軸、栓槽等尺寸，屬於三維空間測量。

3. 塞規

　塞規用以檢驗孔之內徑尺寸，依其構造可分類如下：

⑴圓筒型塞規

　　圓筒型塞規可以分為單頭型、雙頭型、線型，為界限規的型態，所以
　　分為通過端與不通過端。通過端控制孔的最小尺寸，圓筒長度較長；
　　不通過端控制孔的最大尺寸，圓筒長度較短。標準化的圓筒型塞規，
　　利用錐度或夾持握柄來結合塞規，以方便使用，如圖 4.197 所示。

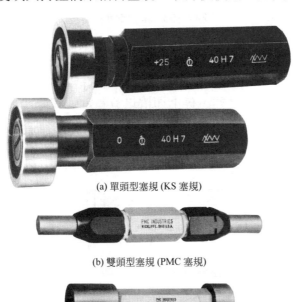

(a) 單頭型塞規 (KS 塞規)

(b) 雙頭型塞規 (PMC 塞規)

(c) 線徑塞規 (PMC 塞規)

圖 4.197　圓筒型塞規

(2)平口型塞規

平口型塞規因為檢驗孔徑的尺寸較大，故並未作成實體圓，而將圓截面的兩側切去，成平口刀狀，以減輕重量。可分為單頭型、板型；通過端平口較厚，不通過板平口較薄，分別控制孔之最小尺寸與最大尺寸，如圖 4.198 所示。

　　　　(a) 單頭型　　　　　　　　　　　　　　　　　(b) 板型

圖 4.198　平口型塞規

(3)長桿型塞規

長桿型塞規用於檢驗大孔內徑，通過桿控制孔之最小尺寸；不通過桿控制孔之最大尺寸，桿上切槽以資區別。如圖 4.199 所示。

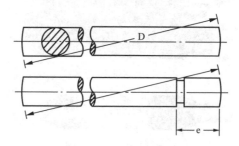

圖 4.199　長桿型塞規

4. 環規

環規用以檢驗軸之外徑尺寸，通過環控制軸之最小尺寸，不通過環控制軸之最大尺寸，其外型均壓花，以方便握持；不通過環切槽以資識別，如圖 4.200 所示。

圖 4.200　環規 (PMC 環規)

5. 卡規

　　卡規用於檢驗工件的外徑、長度、厚度等尺寸，其型式可分為固定型與可調型兩種。

　⑴固定型卡規

　　　固定型卡規有單口型、雙口型、U 型、複合型，如圖 4.201 所示，通過端控制工件最大尺寸，不通過端控制最小尺寸，複合型具備外側與內側測頭，可作內徑與外徑檢驗。

(a) 單口型

(b) 雙口型

圖 4.201　固定型卡規 (mauser)

(2)可調型卡規

可調型卡規之測量砧座可以調整，因此使用彈性較固定卡規為大，在調整範圍內，任何界限尺寸均可於精密測量室內，以精測塊規設定，如圖 4.202 所示。

圖 4.202　可調型卡規 (mauser 卡規)

6. 長度樣規

長度樣規檢驗工件長度，操作方便，並且判定準確快速，一般製作成樣板型，其上刻有尺寸公差線，分別代表長度的最大尺寸與最小尺寸，測量時只須檢視工件端面落於刻劃之間，即表示合格長度，如圖 4.203 所示。

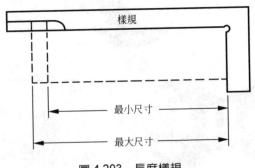

圖 4.203　長度樣規

7. 深度樣規

深度樣規用於檢驗工件或螺牙深度，可分為樣圈型、樣柱型兩種，其上有最大尺寸與最小尺寸刻劃面，工件端面落於刻劃面之間，表示工件深度合格,如圖 4.204 所示爲用於檢查螺牙長度之樣圈與樣柱。

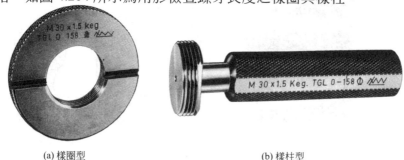

(a) 樣圈型　　　　　　　　　　　(b) 樣柱型

圖 4.204　深度樣規 (KS 深度樣規)

8. 錐度樣規

錐度樣規用於檢驗工件的錐孔與外側錐度,可分爲錐度樣圈與錐度樣柱。檢驗錐度工件是否正確有下列兩步驟:

⑴表面接觸檢驗

　　本方法檢驗錐度是否正確,將紅丹均勻塗於錐桿工件、錐度樣柱上,然後分別和錐度樣圈、錐孔工件結合,旋轉圈後回復原位,平穩得分離樣規與工件,然後觀察工件或樣栓上的紅丹是否均勻地被擦去,即可判知錐桿、錐孔是否正確。

⑵界限樣規檢驗

　　本方法檢驗錐度是否正確,以錐度樣規檢驗工件,觀察工件端面是否位於樣規指示標線內,若位於標線內,即表示錐度長度合格,如圖 4.205 所示。

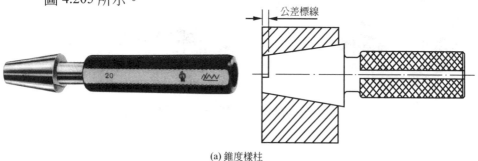

(a) 錐度樣柱

圖 4.205　錐度樣規

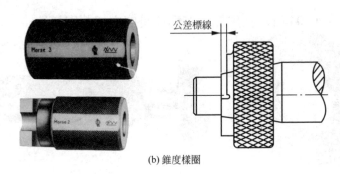

(b) 錐度樣圈

圖 4.205　錐度樣規 (續)

9. 栓軸與栓槽樣規

　　栓軸與栓槽的檢驗，由於加工件的測量部位涉及空間尺寸的測量，因此利用栓軸樣柱與栓槽樣圈，如圖 4.206 所示。

圖 4.206　栓軸樣柱與栓槽樣圈 (KS 樣柱與樣圈)

10. 螺紋樣規

　　螺紋樣規用以檢驗內外螺紋，如圖 4.207 所示，(a)為螺紋樣柱，分為

單頭型與雙頭型,(b)為螺紋樣圈,螺紋檢驗亦涉及空間尺寸的測量,利用
螺紋樣規,可以判定螺紋外徑、底徑、牙角及節距的尺寸是否正確。

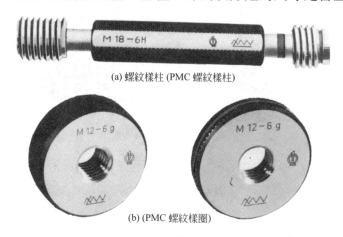

(a) 螺紋樣柱 (PMC 螺紋樣柱)

(b) (PMC 螺紋樣圈)

圖 4.207   螺紋樣規

11. 輪廓樣規

　　輪廓樣規用於檢驗工件的輪廓,包括工件圓弧、螺絲牙型、齒輪齒型
等輪廓,如圖 4.208 所示,(a)為半徑規,(b)為螺牙規。

(a) 半徑規   (b) 螺牙規

圖 4.208   輪廓樣規

12. 厚薄樣規

　　厚薄樣規用於檢驗工件的間隙或槽寬,係一組不同厚度的鋼片所組
成,測量時以感覺來判定厚薄樣規的組合厚度是否與被測間隙相等,厚薄
樣規如圖 4.209 所示。

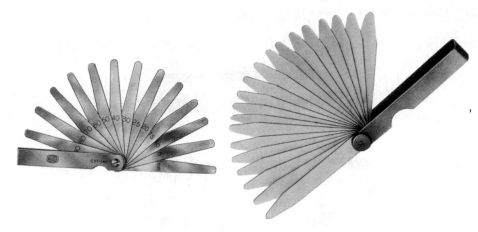

圖 4.209　厚薄樣規

13. 鑽頭或鋼線樣規

鑽頭或鋼線樣規用於檢驗鑽頭直徑或鋼線直徑，係由硬化鋼片上不同的比對孔徑所組成，測量時亦是以感覺力來選擇適當的比對孔，樣規如圖 4.210 所示。

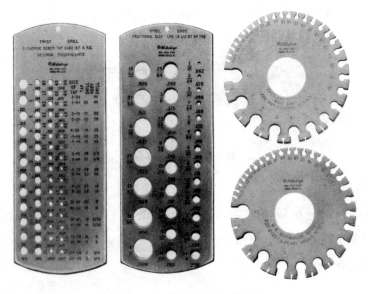

圖 4.210　鑽頭或鋼線樣規

14. 樣規磨耗裕度與製作公差

　　樣規使用時，通過端每次都與工件接觸，極易發生磨耗；不通過端與工件接觸的次數較少，磨耗較少。因此為了增加樣規的使用壽命，樣規都增加磨耗裕度。一般通過端附加磨耗裕度，不通過端並未附加磨耗裕度，其原因為通過端若沒有磨耗裕度，一旦磨耗會造成檢驗錯誤，將不合格件判定為合格件；而不通過端若磨耗，僅會將工件公差縮小，將合格件判定為不合格件，並不會造成錯誤檢驗，使用時與工件接觸少，磨耗少，故未加磨耗裕度。

　　樣規製作公差的大小必須視檢驗工件的精度與製造條件而定，若製作公差小，則樣規的製作精度高，製造不容易，造價昂貴，合格工件檢驗通過比率高，減少合格件被誤判為不合格件的比率；若製作公差大，則樣規製作精度低，製造容易，造價便宜，合格工件檢驗通過比率低，增加合格件被誤判為不合格件的比率，如此會增加加工成本，因為把合格工件判定為不合格而報廢。

　　因此樣規製作公差與磨耗裕度訂立時，為了達成合格工件被認定為合格的目的，同時希望將高百分比的合格件判定為合格，樣規製作公差及磨耗裕度都取工件製作公差的 5%～10%，此比率取得愈小愈能達到高百分比合格件判定的目的。國際標準組織所訂的標準公差，其中IT01～IT04 為樣規製作公差。

　　製作一孔工件檢驗用之樣柱，不通過樣柱僅須製作公差，通過樣柱則須製作公差與磨耗裕度。

　　製作公差若取工件公差的 10%。

　　磨耗裕度若取工件公差的 5%。

⑴若不通過端樣柱正好製造到最大尺寸，通過端樣柱正好製造到最小尺寸，則此樣柱可以達到 95%合格件判定的結果，僅有 5%合格件

被判為不合格，隨著使用的次數增加通過端柱漸漸磨耗，合格件判定率漸漸增加為 96%、97%、98%、99%、100%，即沒有一件合格被判定為不合格，此時須注意如果再磨耗一點時，即造成通過樣柱尺寸過小，有不合格件被判定為合格件，此對樣柱即須更換，因為可能造成錯誤檢驗的情形。

(2)若不通過端樣柱正好製造到最小尺寸，通過端樣柱正好製造到最大尺寸，則此對樣柱可以達到 75%合格件判定的結果，有 25%合格件被判定為不合格，隨著使用次數增加通過端樣柱漸漸磨耗，合格件判定率漸漸增加為 76%、77%、78%、79%、80%，仍有 20%合格件被判定為不合格，此時通過端樣柱尚有 10%的公差供磨耗，若此10%也磨耗盡，此樣柱可以達到 90%的合格件判定，再磨耗時則須更換樣柱。

(3)因此我們可以知道，如果製作公差與磨耗裕度分別取 10%與 5%，合格判定率將介於 95%～75%之間，視樣柱製作之實際尺寸而定，若百分比取得愈小，其合格判定率愈高，樣規公差與磨耗裕度如圖4.211 所示。

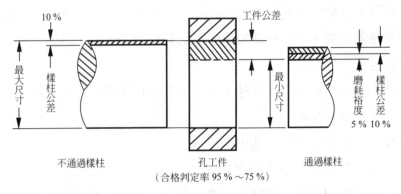

圖 4.211　樣規公差與磨耗裕度

例　　若一孔工件之孔徑尺寸為φ50±0.02mm，欲製作一樣柱來檢驗此工件，若磨耗裕度訂為工件公差的 5%，樣柱之公差訂為工件公差的 10%，試決定此樣柱之尺寸：

　　　工件公差：0.04mm

　　　磨耗裕度：0.002mm

　　　樣柱公差：0.004mm

　　　通過端尺寸：49.98 $\begin{array}{c}+0.006\\+0.002\end{array}$ mm

　　　不通過端尺寸：50.02 $\begin{array}{c}+0.000\\-0.004\end{array}$ mm

　　檢驗軸工件所使用的樣圈，其公差與磨耗裕度所考慮的因素與孔工件相同，只是尺寸方向相反。

15. 樣規的使用與維護

　　(1)要按檢驗性質，選擇適當精度的樣規，工作樣規用於現場加工的工件，檢驗樣規用於品質管制部門的檢驗，標準樣規用於歸零量具或檢驗樣規、工作樣規之用。

　　(2)檢驗前，工件之鐵屑及毛邊要排除，略加薄油膜於測量面，以感覺進行檢驗測量。

　　(3)不可用力過大，強行使樣規通過工件。

　　(4)樣規存放於乾燥場所，維持室溫 20℃，並且防止受潮。

　　(5)使用完畢應擦拭乾淨，表面塗上防銹油脂，以利儲存。

習題 4.9

1. 試說明樣規的優點。
2. 試以精度等級分類樣規。
3. 試說明塞規的種類。
4. 試說明卡規的種類。
5. 試說明界限樣規的原理，爲何分爲通過端與不通過端？
6. 試說明錐度樣規的使用步驟。
7. 試說明樣規磨耗裕度及製作公差訂立的原則。
8. 試說明樣規的使用與維護原則。

▣ 4.10 電子測微器

1. 電子測微器概說與測微原理

　　精密測量儀器用於長度測量，所利用的測微原理有游標原理、測微器原理、量錶放大原理、精測塊規原理、光波干涉原理，測量精度愈來愈高。近代由於電子科技的進步，使得量具進入電子化，採用電子感知器、放大儀錶所組合成的電子測微器為最具代表性的電子化量具。

　　電子測微器又稱為電子比測儀，採用比較式測量的方式作精密測量，其基本原理乃是將微小的尺寸變化量，藉著電子感知器的感測，轉變為微小感應電流的變化量，然後送至放大儀錶裝置，經由放大、比較、顯示的過程，將微小尺寸顯示出來，如圖 4.212 所示。

　　電子感知器係由一觸桿機構聯動磁鐵心，當磁鐵心移動時，磁力線切割線圈，線圈即產生感應電流，將此感應電流送至電子放大顯示裝置，將觸桿移動量顯示出來。由於觸桿機構與磁性物係利用磁力線感應方式，無摩擦與慣性的作用，故非常得靈敏精確。

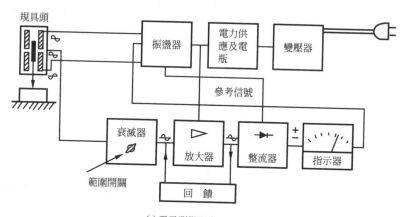

(a) 電子測微器之電路原理

圖 4.212　電子測微器原理

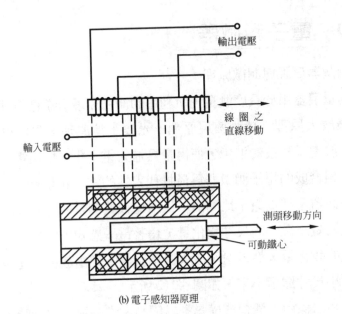

輸出電壓

線圈之
直線移動

輸入電壓

測頭移動方向

可動鐵心

(b) 電子感知器原理

圖 4.212   電子測微器原理（續）

2. 電子測微器的優點

(1)靈敏性高

電子感知器測頭可以感知微小測頭移動量，並且切割磁力線圈，轉變為感應電流，由於磁感應非常靈敏，加以慣性小、摩擦力小，故感測靈敏性高。

(2)重現性高

電子感知器的感測信號直接輸出至放大器，沒有連桿機構、齒輪系、齒隙及傳動誤差均排除，故重現性高。

(3)精確度高

電子測微器經校正後，其精密度及準確度均非常高。實測值與真實值之偏差極小。

(4)放大倍數高

電子測微器放大倍數可以更改電子放大器內部構件，作任意程度的放大，一般均設有若干倍數的調整，最高的放大率可達 100000：1。
而機械式放大則受機構本身、製造技術、間隙誤差的影響，使放大
倍率受限制。

⑸測量壓力小

電子測微器由於感應靈敏，測量壓力非常小，故使用於軟性材料
時，測量誤差小，重現性高。

⑹反應速率快

電子測微器的電子放大器反應速率快，可以立即顯示測頭移動量。

⑺操作方便

使用方法簡單，附加自動顯示裝置，操作更行快速與準確。

⑻保養維護容易

電子測微器正常使用下，由於摩擦及損耗均很小，故儀器使用壽命
長，保養費用低。

3. 電子測微器組成

電子測微器包括電子測頭、電子放大器兩大部分，及比較式測量台座
附件，如圖 4.213 所示。

圖 4.213　電子測微器組成

(1)電子測頭

電子測頭分為直進式測頭與槓桿式測頭兩種，直進式測頭用於量具
軸線與被測物軸線重合的測量工作，槓桿式測頭用於量具軸線與被
測物軸線無法重合的測量場合，如槽面或內孔的測量。

圖 4.214 為電子測頭的種類，(a)為槓桿式，(b)為直進式，(c)為直進式
附加電磁力提舉裝置，(d)為直進式附加防水及螺旋微調裝置。

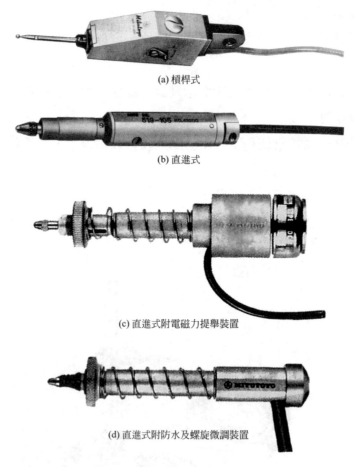

(a) 槓桿式

(b) 直進式

(c) 直進式附電磁力提舉裝置

(d) 直進式附防水及螺旋微調裝置

圖 4.214　電子測頭

圖 4.215 為槓桿式與直進式電子測頭內部構造。

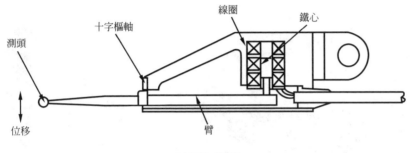

(a) 槓桿式測頭

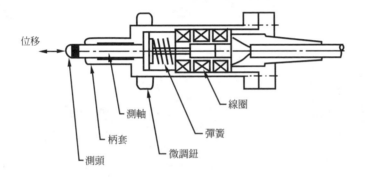

(b) 直進式測頭

圖 4.215　電子測頭內部構造

⑵電子放大器

　電子放大器內部電路的功能，係將電子測頭感應出的電流加以放
大，並將其意義由顯示器顯示出來。

　圖 4.216 為電子放大器，(a)為指針型放大器，(b)為數字型放大器，(c)
為多測頭型放大器。

　電子放大器的功能模式包括：

　①單一測頭模式：選擇單一測頭作比較式測量。

　②雙測頭加模式：選擇 A ＋ B 功能，作 A，B 測頭移動量之和的顯示。

　③雙測頭減模式：選擇 A － B 功能，作 A，B 測頭移動量之差的顯示。

(a) 指針型

(b) 數字型

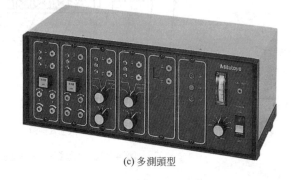

(c) 多測頭型

圖 4.216　電子放大器

④多點測頭模式：每一測頭接一電子放大器，放大器上有顯示燈，
　指示尺寸正常、尺寸過大或尺寸過小。
　電子放大器的操作模式包括：
　a. 指針歸零模式：用於標準尺寸設定時，電子測頭歸零之用。
　b. 顯示範圍模式：用於選擇顯示範圍，以配合不同的放大比率。
(3)測量台座
　測量台座係架設電子測頭之用，小型工件只使用比較式測量台，大
　型工件則須使用轉移式測量台座並且配合平板使用，測量台座如圖

4.217 所示。

(a) 比較式測量台

(b) 轉移式測量台

圖 4.217　測量台座

4. 電子測微器使用要領

　　電子測微器的使用如圖 4.218 所示，(a)為小型工件，利用直進式測頭、比較式測量台，作比較式測量，(b)為大型工件，利用槓桿式測頭，轉移測量台及平板，作轉移式測量。

電子測微器使用要領：

(1)按測量原理架設測頭：直進式測頭的測量軸線要垂直於砧座面；槓桿式測頭的測桿要與被測平面平行。

(2)歸零電子放大器：以標準塊規或精密高度規歸零電子放大器。

(3)轉移測量：以提舉線將測頭提起，將被測物放於砧座上，將測頭轉移至被測物表面。

(4)讀數工件尺寸值：將電子放大器讀數讀出，此即為被測物之尺寸與標準塊規之差值。

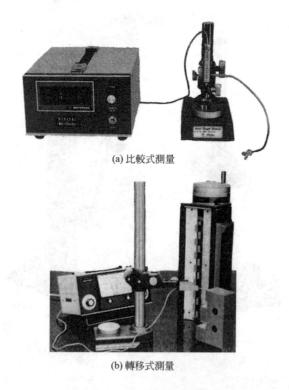

(a) 比較式測量

(b) 轉移式測量

圖 4.218　電子測微器的使用

表 4.14　電子測微器用途

測量種類	工件	測量方法
單點 比較測量		使用單測頭，作比較測量。
雙點 階級測量		利用 $A-B$ 方式測量階級面。
雙點外徑 偏心測量		利用 $A-B$ 方式測量偏心量。
雙點 外徑測量		利用 $A+B$ 方式測量外徑，與工件之垂直 位置無關。
雙點平均 外徑測量		利用 $(A+B)/2$ 方式測量平均外徑。

表 4.14　電子測微器用途 (續)

測量種類	工件	測量方法
雙點 厚度測量		 利用 $A+B$ 方式測量厚度。
多點測量		 利用多點測量多個部位。

5. 電子測微器的用途

　　電子測微器的用途如表 4.14 所示，分別可以單測頭、雙測頭或多測頭的方式測量工件。雙測頭方式當兩測頭的指向為同方向時，採用 $A - B$ 測頭模式；當兩測頭的指向為相對或相背時，採用 $A + B$ 測頭模式。

習題 4.10

1. 試說明電子測微器的原理。
2. 試說明電子測微器的優點。
3. 試說明電子測微器的構造。
4. 試說明電子測微器的使用要領。
5. 試說明電子測微器的用途。

■ 4.11　氣壓測微器

1. 氣壓測微器的原理

　　氣壓測微器係利用空氣流量與氣壓測頭和被測工件之間的間隙成正比的特性，來達到測微效果的一種量具，一般可以分為兩種型態：如圖 4.219 所示。

　⑴壓力式：利用氣壓錶的壓力大小，顯示測頭與被測工件之間的間隙大小。當測頭與工件之間的間隙為零時，壓力錶上之壓力為最大，當間隙增大時，壓力錶之壓力則減少。

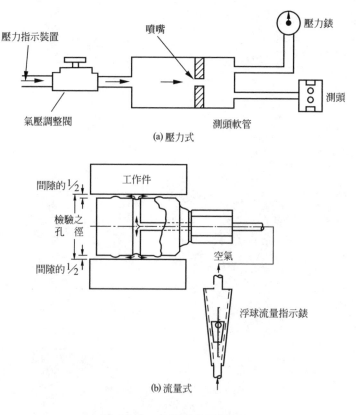

(a) 壓力式

(b) 流量式

圖 4.219　氣壓測微器原理

(2)流量式：利用流量顯示裝置，顯示測頭與被測工件之間的間隙。當間隙為零時，則空氣流量為零，當有間隙產生時，則流量漸增。

2. 氣壓測微器的優點

氣壓測微器的優點有下列幾項：

(1)使用範圍廣：平面、槽孔、圓棒、錐度、偏心度、同心度皆可以測量。

(2)量具壽命長：測頭與工件並未直接接觸，磨損少，測頭使用壽命長。

(3)操作簡單：使用者不需具備特殊技術，即可操作，檢驗迅速。

(4)測量精確：用於比較檢驗效果良好，檢驗精確。

(5)放大倍率高：放大效果可高達 40000：1，並且使用效果良好。

(6)使用場合廣：使用場所是工廠現場或檢驗室或精密測量室，均可輕易的安裝、架設使用。

(7)測量成本低：等壓測微器最初成本低廉，使用及維護費用少，測量成本少。

3. 氣壓測微器的基本構件

氣壓測微器基本構件包括：氣壓供應系統、氣壓調理系統、壓力或流量指示錶、氣壓感測頭、標準設定規。如圖 4.220 所示。

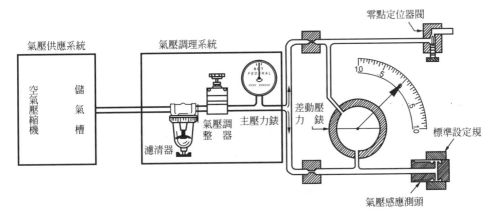

圖 4.220　氣壓測微器基本構件 (federal)

(1)氣壓供應系統：包括空氣壓縮機及儲氣槽，供應穩定的氣壓源。

(2)氣壓調理系統：包括空氣濾靜裝置、除濕裝置、空氣乾燥裝置及氣壓調整裝置，供應品質良好的氣壓源。

(3)壓力或流量錶：以壓力錶或流量浮子顯示測量結果。

(4)氣壓感測頭：用以感測被測工件之尺寸。

(5)標準設定規：用以歸零氣壓測微器。

4. 氣壓測微器系統型式

氣壓測微器系統型式可分類為：

(1)壓力式

利用空氣壓力或壓力差的大小，而達到測量的目的，如圖 4.221 所示，(a)為背壓式，係利用布頓式管，管壓變化時，管撓曲度改變，帶動槓桿機構，推動扇形齒輪，帶動指針轉動，指示測量結果。(b)為壓差式，係採用平衡膜片感測壓力變化量，由壓力錶的指示量，指示測量結果。

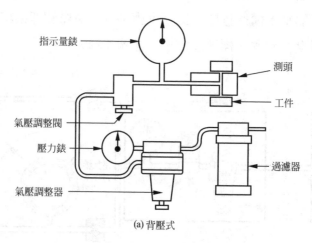

(a) 背壓式

圖 4.221　壓力式氣壓測微器

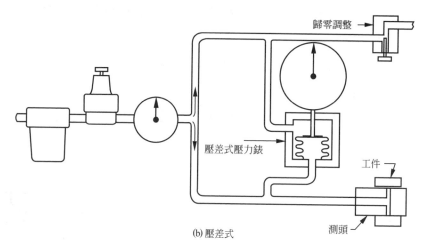

(b) 壓差式

圖 4.221　壓力式氣壓測微器 (續)

(2)流量式

利用空氣流量的變化量,測知測量結果。如圖 4.222 所示,壓力指
示器在一錐度的玻璃管中移動,指示器愈往上移,玻璃管截面積愈
大,空氣流動量愈多,以此來指示量規測頭與被測物的間隙量。

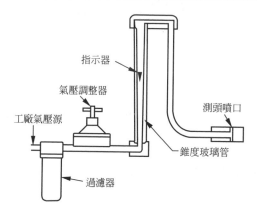

圖 4.222　流量式氣壓測微器

5. 氣壓測微器的測頭與應用

氣壓測微器均採用比較方式測量工件,即先以標準物歸零測頭後再進

行工件測量，以區分出合格與不合格工件，其測頭與應用分類說明如下：

(1)直接接觸式

本測頭之氣壓直接與工件接觸，可分為：

①單噴點測頭

如圖 4.223 所示，可以測量高度、深度、平面度、曲面、直角度、外徑等尺寸。

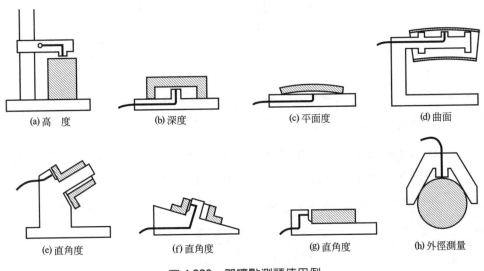

(a)高　度　　　(b)深度　　　(c)平面度　　　(d)曲面

(e)直角度　　　(f)直角度　　　(g)直角度　　　(h)外徑測量

圖 4.223　單噴點測頭使用例

②雙噴點測頭

本測頭由兩直徑方向的噴點所組成，使用時定位工件更為方便準確，減少對半技術人員的依賴，如圖 4.224 所示，可以測量工件外圓、內圓及厚度。

③多噴點測頭

本測頭提供徑向多噴射點，適用於圓內徑與外徑的測量，如圖 4.225 所示。

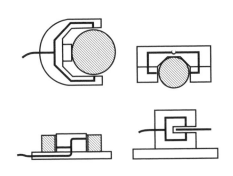

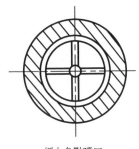

徑向多點噴口

圖 4.224　雙噴頭測頭使用例　　　圖 4.225　多噴點測頭測量內圓

(2)間接接觸式

　本測頭由控測點與工件作間接接觸，空氣壓力不與測量工件直接接觸，空氣柱塞由彈簧推動，當探測桿移動時，聯動柱塞閥，精確地控制噴口的氣體流量，並且顯示於氣壓錶上，此種測頭的移動量為 0.0001″，放大倍率可達 2000：1。

　間接接觸式測頭可用於垂直度、高度、同心度、外徑、深度、平面度、內徑的測量，如圖 4.226 所示。

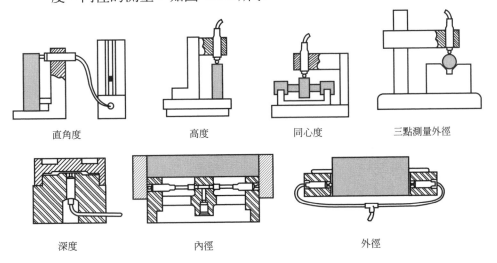

　　直角度　　　　　　高度　　　　　　同心度　　　　三點測量外徑

　　深度　　　　　　　內徑　　　　　　　外徑

圖 4.226　間接接觸式測頭使用例

習題 4.11

1. 試說明氣壓測微器的原理。
2. 試說明氣壓測微器的優點。
3. 試說明氣壓測微器壓力式系統之構造。
4. 試說明氣壓測微器流量式系統之構造。
5. 試說明氣壓測微器的種類。
6. 試說明氣壓測微器的用途。

🔲 4.12　線性尺

1. 線性尺概述

　　線性尺又稱為光學尺，係利用光電線性編碼器的測量原理，將游尺位移量偵測出來的一種量具。可以分類為：長距離測量的線性尺、短距離測量的線性量規，前者可安裝於工具機床台，增加工具機使用的精密度與準確度，後者可依需要安裝於工件各測量點，作輪廓測量或各監控點之移位量顯示。

　　閉路式數值控制工具機其回授信號亦是採用安裝於床台上的線性尺，來偵測工具機床台移動量，達到閉路控制的效果。

　　直角座標式測量機，其空間座標值的偵測亦是採用安裝於各軸上的線性尺，來偵測空間的座標位置。

2. 線性尺的原理

　　線性尺係由本尺、游尺、發光二極體及感光電晶體所組成，本尺與游尺均為光學玻璃製成，其表面很精細地刻劃出明暗間隔的光柵，主尺與游尺的光柵距離為一微小值。當游尺在主尺上滑動時，透明光柵對齊時，即可透過光線；透明光柵與暗帶光柵對齊時，即無法透過光線，如此形成明暗週期性的現象。

　　線性尺的測微原理即利用此明暗現象，以光電晶體，分四個相位每隔90度感測游尺移動量，形成正弦波輸出信號，送至計數器計數，直接顯示出指示量。

　　光電線性編碼器的構造依主尺與游尺位置分類，可分為整體型與分離型兩種，如圖 4.227 所示。

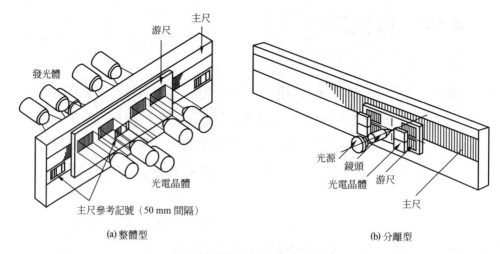

圖 4.227　線性編碼器內部構造

3. 線性尺的優點

線性尺的優點有下列數點：

(1)精密度與可靠度高

採用線性編碼器測微原理，尺寸精度及可靠度均高，效果理想。

(2)保養維護容易

主尺與游尺不直接接觸，無移動磨損，同時又有妥善的防油、防塵設計，以磁性吸引防塵鋼帶密封測桿滑道，故保養維護容易。

(3)安裝使用容易

在任何形式的工具機上安裝校準，均甚為方便容易。

(4)不受磁場影響

玻璃刻度尺和線性編碼器均只感測光，故可免除磁場的影響，可同時使用磁性夾盤夾持工件。

4. 線性尺裝置

線性尺裝置包括線性尺與記數顯示器，如圖 4.228 所示。

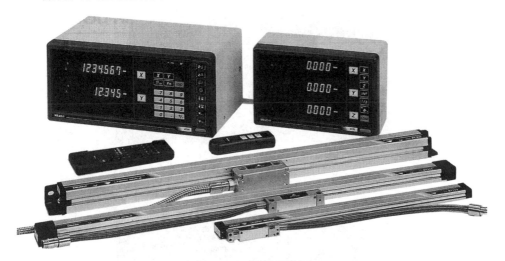

圖 4.228　線性尺裝置

(1)線性尺組合

線性尺組合包括光學線性尺之主尺組、游尺組、光電晶體組及電纜組等部分，其精度等級可區分為 AA 級及 A 級兩類，其誤差量分別為：

AA 級　$(3 + 6L/1000)\,\mu$m

A 級　$(5 + 8L/1000)\,\mu$m

$L=$測量範圍

(2)記數顯示器

記數顯示器有雙軸、三軸三種，分別可以顯示各軸數據尺寸，為增加測量的效率，記數顯示器均可連接至個人電腦，使測量工作更為方便。圖 4.229 為記數顯示器。

雙軸

三軸

圖 4.229　記錄顯示器

(3)線性量規

線性量規係將光電線性編碼器製作成測頭型態，使用時將線性量規架設於測量位置，以記數顯示器顯示測量結果，可用於特定形狀工件的測量，特定監控點的位移量顯示，廣泛應用於製程管制及安全偵測，線性量規如圖 4.230 所示。

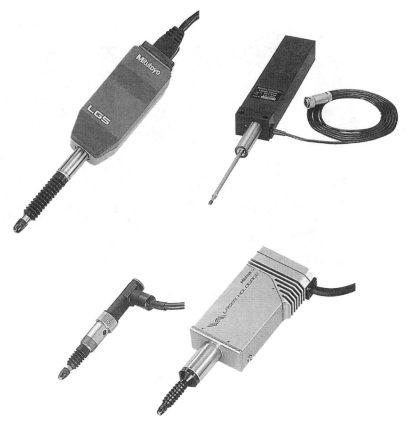

圖 4.230　線性量規

5. 線性尺的用途

線性尺的用途如下：

⑴提高工具機性能

線性尺裝於工具機床台以提高工具機的加工精度，安裝的機種如車床、銑床、鑽床、搪床、磨床、放電加工機……等工具機，如圖 4.231 所示。

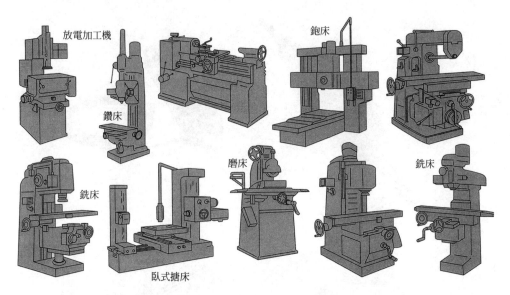

圖 4.231　安裝線性尺的工具機

(2)線性高度規

　　線性高度規光電線性編碼器安裝於垂直軸上，並且配合有電子測頭
　　及記數顯示器作高度測量，如圖 4.232 所示。

(3)座標測量機

　　三次元座標測量機其各座標軸上均安裝光學線性尺，於測量時測頭
　　的座標位置均由此三組光學線性尺偵測，再送至數據處理機計算，
　　座標測量機如圖 4.233 所示。

(4)線性量規的應用

　　線性量規廣泛應用於製程管制及安全偵測，應用實例如圖 4.234 所示。

圖 4.232　線性高度規

圖 4.233　座標測量機

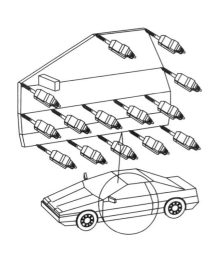

汽車車門外型測量

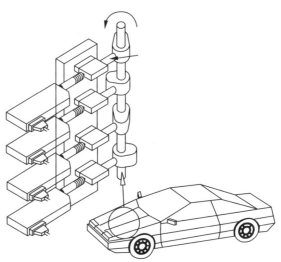

凸輪軸測量

圖 4.234　線性量規的應用實例

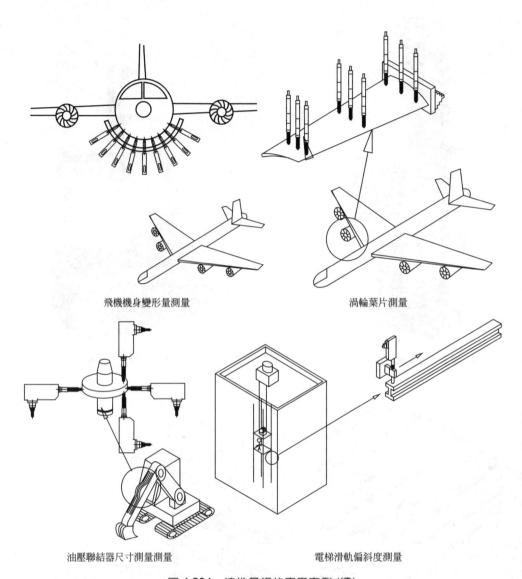

飛機機身變形量測量　　　　　　　　渦輪葉片測量

油壓聯結器尺寸測量測量　　　　　　電梯滑軌偏斜度測量

圖 4.234　線性量規的應用實例 (續)

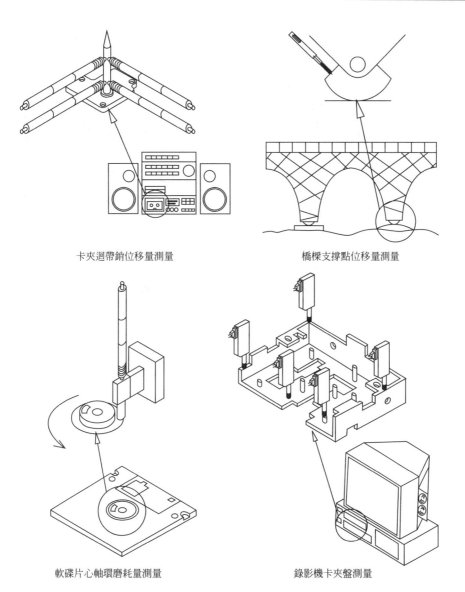

卡夾迴帶銷位移量測量

橋樑支撐點位移量測量

軟碟片心軸環磨耗量測量

錄影機卡夾盤測量

圖 4.234　線性量規的應用實例 (續)

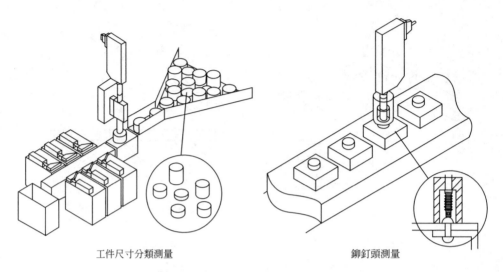

工件尺寸分類測量 鉚釘頭測量

圖 4.234 線性量規的應用實例 (續)

習題 4.12

1. 試說明線性尺的原理。

2. 試說明線性尺的優點。

3. 試舉例說明線性尺如何提高工具機的功能。

4. 試說明線性尺裝置的組合。

5. 試說明線性高度規的特點。

6. 試說明線性量規的特點與用途。

7. 試說明座標測量機如何以光學線性尺作軸向測量。

■ 4.13　雷射掃描測微器

1. 雷射掃描測微器的原理

　　雷射掃描測微器將雷射光射入一高速旋轉的正多邊形稜規反射鏡，經由掃描透鏡形成平行並且由上而下的掃描線，再以光電接收器，檢測出掃描線的接收量，若有被測工件遮擋部分掃描線，可測出其遮擋時間 T，掃描線掃描之速度 V 可由稜規反射鏡的轉速及其反射鏡面數計算得知，因此被測工件的外徑 D，可由下列公式得知：

$$D = V \times T$$

D：被測工件尺寸

V：掃描速度

T：掃描線被遮擋時間

2. 雷射掃描測微儀的組成

　　雷射掃描測微儀由雷射掃描器，光電接受器、電子訊號處理器所組成，雷射掃描測微系統如圖 4.235 所示。

3. 雷射掃描測微器測量模組

　　雷射掃描測微器的測量模組依其使用功能可分類為四項：

(1)普通測量模組

　　以雷射光整體涵蓋工件之橫向斷面以其所生成的中間暗帶，來測量工件尺寸，為雷射掃描測微器的基本功能，用於測量工件的外徑或寬度。

(2)邊緣亮帶模組

　　以雷射光涵蓋工件之間隙尺寸，以其所生成的邊緣亮帶，來測量工件所形成的間隙，例如滾軸間隙。

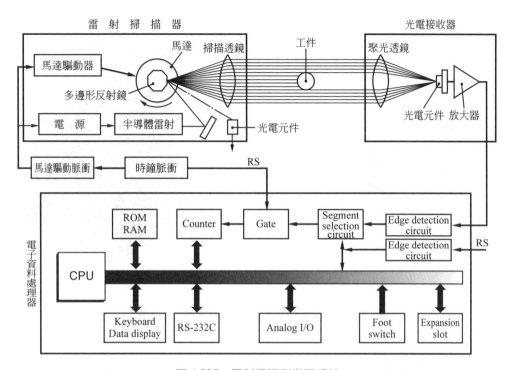

圖 4.235　雷射掃描測微器系統

(a) 雷射掃描測微器

圖 4.236　雷射掃描測微器及輔助測量夾具

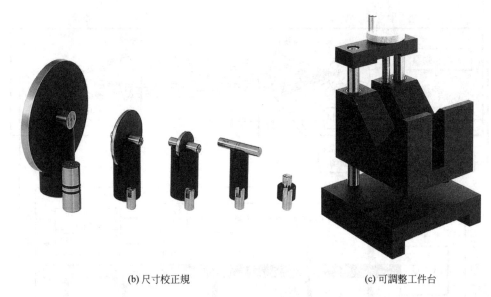

(b) 尺寸校正規　　　　　　　　　　　　(c) 可調整工件台

圖 4.236　雷射掃描測微器及輔助測量夾具 (續)

(3)邊緣暗帶模組

以雷射光涵蓋工件之邊緣，以其所生成的邊緣暗帶，來控制工件的邊緣位置移位距離的測量，例如材料邊緣控制。

(4)間斷尺寸模組

以雷射光整體涵蓋工件之橫向斷面，以其所生成的間斷亮帶，來測量工件的位置、尺寸及內徑，例如軸承內徑、外型輪廓。

雷射掃描測微器測量模組如圖 4.237 所示。

4.　雷射掃描測微器的應用

雷射掃描測微器測量模式可用於測量工件的外徑、內徑、間隙尺寸、定位尺寸及外形輪廓，可依需要選擇單組及雙組的配置，雷射掃描測微器的應用實例如圖 4.238 所示。

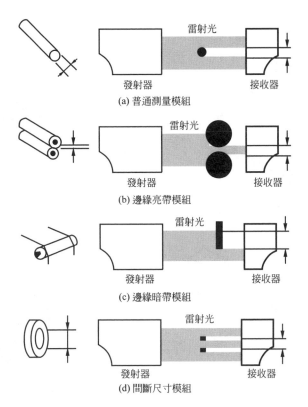

(a) 普通測量模組

(b) 邊緣亮帶模組

(c) 邊緣暗帶模組

(d) 間斷尺寸模組

圖 4.237　雷射掃描器測量模組

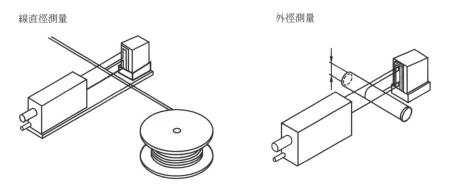

線直徑測量　　　　　　　　　　　　　　　外徑測量

圖 4.238　雷射掃描測微器的應用

薄膜平坦度測量

IC 接腳測量

滾子間隙測量

帶寬測量

外徑及真圓度測量

雙軸光纖纜線外徑測量

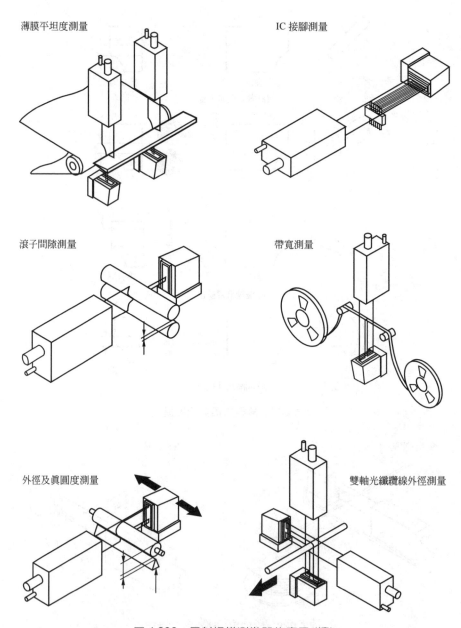

圖 4.238　雷射掃描測微器的應用 (續)

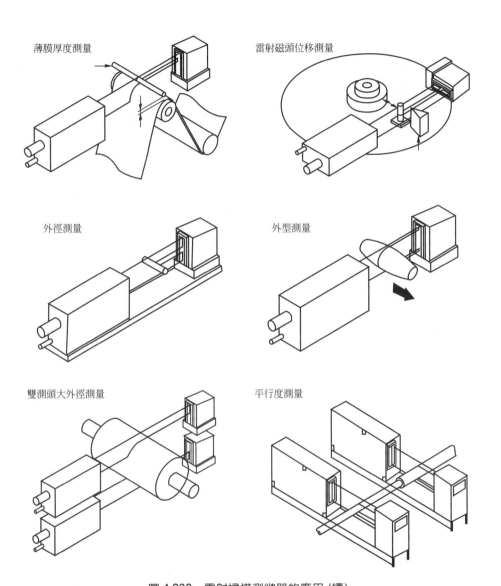

薄膜厚度測量

雷射磁頭位移測量

外徑測量

外型測量

雙測頭大外徑測量

平行度測量

圖 4.238　雷射掃描測微器的應用 (續)

5. 雷射掃描測微器誤差分析

　　雷射掃描測微器誤差發生的原因可分為：

　　(1)雷射掃描測微器機器誤差

　　　　是指雷射掃描測微器本身缺失所造成的誤差，可歸納為：

　　　　①馬達旋轉穩定性缺失所造成的誤差

　　　　②架設反射鏡、透鏡的機體變形所造成的誤差。

　　　　③掃描線由旋轉速度轉換成線速度時分佈不均所造成的誤差。

　　　　④測量儀未經尺寸校正規正確校驗所造成的誤差。

　　(2)工件架設不當的靜態誤差

　　　　是指不符合測量原理所造成的誤差，工件架設時工件測量面與雷射
　　　　掃描面未重合，造成工件直徑軸線與掃描面未垂直，其所夾之角度
　　　　即形成餘弦誤差如圖 4.239 所示。

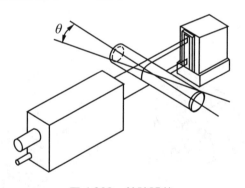

圖 4.239　餘弦誤差

　　(3)工件移動的動態誤差

　　　　是指工件測量時作平行於雷射掃描線掃描方向的移動，如此會造成
　　　　掃描線掃描速度的誤差，尤其是當被測工件要作軸向進給時，誤作
　　　　另二軸向的移動，形成動態的誤差如圖 4.240 所示。

(4)環境因素所造成的誤差

　　空氣的折射率隨其環境因素而改變，諸如溫度、空氣密度、塵埃、
　　雜質、濕度等因素，皆會影響光電元件的發射與接受性能，因此環
　　境因素應妥善控制，才能避免因環境因素改變所造成的誤差。

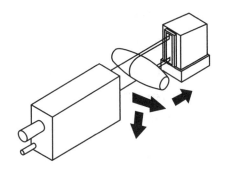

圖 4.240　工件移動的動態誤差

習題 4.13

1. 試說明雷射掃描測微器的原理。

2. 試說明雷射掃描測微器系統的組成。

3. 試說明雷射掃描測微器測量模組。

4. 試列舉單組配置雷射掃描測微器的應用實例。

5. 試列舉雙組配置雷射掃描測微器的應用實例。

6. 試分析雷射掃描測微器的誤差原因。

Chapter

5

角度與錐度測定

5.1　角度單位

　　角度大小源於圓的分格，其中將圓分為四等分圓心角，每一圓心角為一基本單位，稱為直角，也就是兩垂直線相互所夾的角度。

1. 六十進位系統

　　將直角分成 90 個單位，每單位稱為 1 度，每度又分成 60 分，每分又分成 60 秒，此即為六十進位系統的度，分，秒—(°，′，″)。

2. 百進位系統

　　將直角分成 100 個單位，每單位稱為 1 度，每度又分成 100 分，每分又分成 100 秒，此即為百進位系統的新度，新分，新秒—(g，c，cc)。

3. 弧度系統

　　角度係一個圓的分數度量，即以圓弧之弧長與圓之半徑的比值來代表其所對的圓心角：

$$\text{弧度} = \frac{\text{圓弧弧長}}{\text{圓之半徑}}$$

4. 密位系統

　　常用於軍事用途，取千分之 1 弧度為單位角度，即 1 密位。在實際應用上，取圓周的 6400 分之 1，為千分之 1 弧，即 1 密位。

5. 三角函數表示法

　　在實際度量時，亦有以三角函數代表角度的大小，常用的有正弦、餘弦及正切等函數。

5.2　角度與錐度的測定方法

　　角度與錐度的測定方法可分類為：

1. 直接度量

以量具直接測量，得知測量結果。

角度測量量具：

(1)量角器。

(2)組合角尺。

(3)直角尺。

(4)萬能量角器。

錐度測量量具：

(1)錐孔測微器。

(2)錐柱測微器。

2. 比較式測量

以量規作比較式檢驗，得知測量結果。

角度測量量具：

(1)萬能角度規。

(2)角度塊規。

(3)精密角度塊規。

(4)正弦桿。

(5)正弦板。

錐度測量量具：

(1)錐度樣圈。

(2)錐度樣柱。

3. 間接式測量

以量具及輔助量具，藉平面幾何的換算公式，由間接測量值推算出所欲測量之角度或錐度。

■ 5.3 量角器

量角器由一具有 180 度刻劃圓盤，與一可旋轉的指示葉片所組成，刻劃圓盤的精度為 1 度，故僅用於精度要求不高的角度測量或劃線的工作上，圖 5.1 所示為量角器外型，圖 5.2 為量角器使用例。

圖 5.1 量角器

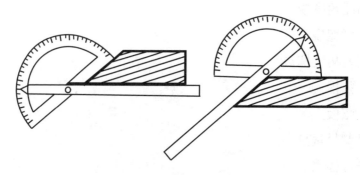

圖 5.2 量角器使用例

■ 5.4 組合角尺

組合角尺由直尺、直角規、中心規及角度規所組成，如圖 5.3 所示。各組構件的功用如下：

1. 直角規

   配合直尺作直角、深度、高度、水平與劃線等測量操作。

2. 中心規

   配合直尺在圓面或對稱物上求中心線。

3. 角度規

   配合直尺作角度測量或劃線工作。

4. 直尺

   可直接度量長度或配合測頭作測量。

   組合角尺可作普通量尺、直角規、高度規、深度規、水平規、中心規、量角規、垂直規等量具使用，使用例如圖 5.4 所示。

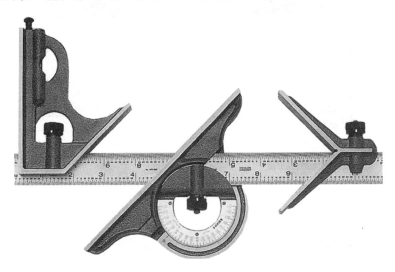

圖 5.3　組合角尺

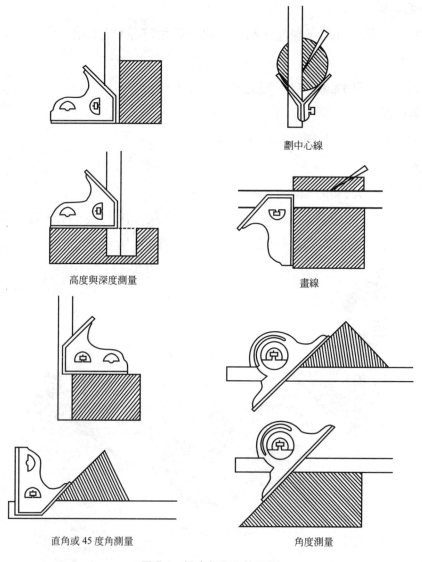

劃中心線

高度與深度測量

畫線

直角或 45 度角測量

角度測量

圖 5.4　組合角尺的使用例

■ 5.5　直角尺

直角尺用於劃線、直角度檢查及工件直角設定等測量工作。

1. 精密直角尺

精密直角尺內直角與外直角均可用來作直角檢查，依其垂直邊的外型可分為平面型、直座型、角邊型三種，如圖 5.5 所示。

平面型

直座型

角邊型

圖 5.5　直角尺 (mauser)

2. 精密量錶直角尺

精密量錶直角尺，可以由指示量錶顯示出來，垂直邊的外型可分為平面型與角邊型兩種，依工件狀況選用。角邊型精密量錶直角尺及使用實例，如圖 5.6 所示。

3. 圓筒直角規

圓筒直角規用於高精度的直角檢查，又稱為基準直角規，其外型為圓筒型柱體，於平板上檢驗高精度直角工件或作直角尺的直角度檢查，圓筒直角規及其使用實例，如圖 5.7 所示。

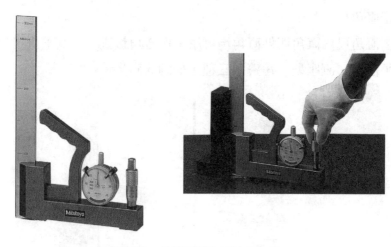

圖 5.6　角邊型精密量錶直角尺

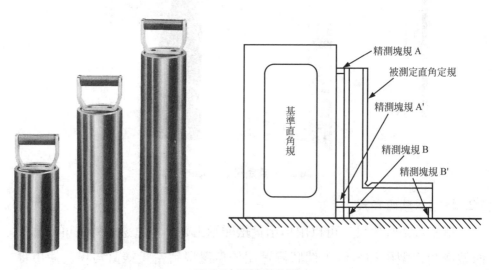

圖 5.7　圓筒直角規

5.6　萬能量角器

1. 萬能量角器的構造

萬能量角器的構造包括主尺刻度盤、游尺刻度盤、活動尺片、基座尺片、銳角附件等構件，如圖 5.8 所示。

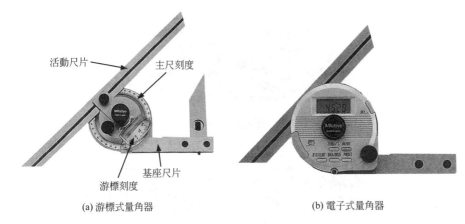

(a) 游標式量角器　　　　　　　　　(b) 電子式量角器

圖 5.8　萬能量角器

2. 萬能量角器的測微原理

　　萬能量角器的測微原理與直線測量之游標卡尺相同，萬能量角器採用長游標微分原理：

主尺與副尺共取長度 $L = 23°$
主尺等分數 $2N-1 = 23$
副尺等分數 $N = 12$
精度公式：$\dfrac{L}{(2N-1)N} = \dfrac{23°}{(2 \cdot 12-1) \times 12} = 5'$

　　萬能量角器的測量精度有 5′與 2′兩種，游尺刻度盤與主尺刻度盤皆作雙向的刻劃，分別作正向與反向的角度測量。圖 5.9 為萬能量角器之讀數值為 50°20′，游尺零點刻度介於 50°與 51°之間，游尺刻度 20′之刻線與主尺刻線重合，故測量值為 50°20′。

圖 5.10 為萬能量角器測量例，(a)正向測量，(b)反向測量。

圖 5.9　萬能量角器 50°20'

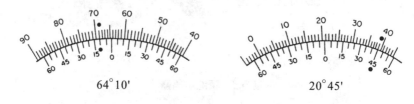

64°10'　　　　　　　　　　20°45'

圖 5.10　萬能量角器

3. 萬能量角器的用途

　　萬能量角器與銳角附件配合可以作廣泛的角度測量，如圖 5.11 所示。萬能量角器使用實例，如圖 5.12 所示。圖 5.13 為萬能量角器配合高度規、平板作角度測量。

4. 萬能量角器使用注意事項

　　⑴調整萬能量角器之外形，使活動尺片、基座尺片與被測表面接觸，接觸線愈長愈好，測量誤差也愈小。

　　⑵為符合測量原理，被測角度面要與萬能量角器角度面在同一平面上，若無法在同一平面上，亦應在兩互相平行的平面上。

　　萬能量角器使用實例，如圖 5.11 所示。為符合測量原理，工件測量面與量具測量面之關係如圖 5.14 所示。

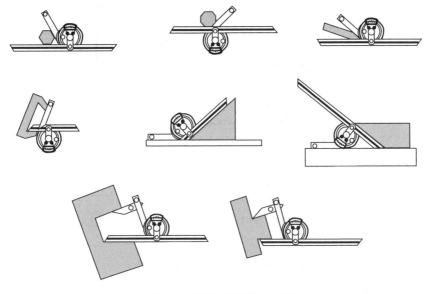

圖 5.11　萬能量角器使用實例

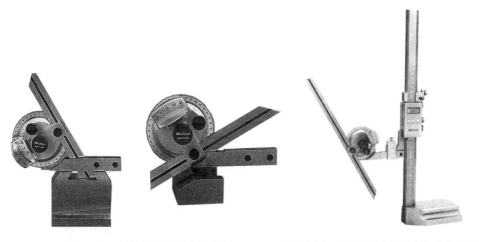

圖 5.12　萬能量角器使用實例　　　　圖 5.13　萬能量角器配合高度規使用

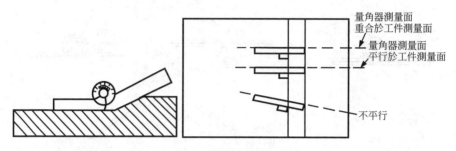

圖 5.14 工件測量面與量具測量面之關係

▣ 5.7 萬能角度規

萬能角度規係以鋼塊磨成若干角度塊，配合夾具的夾持，可以調整成任意角度，萬能角度規包括：

⑴三角規 3 塊：以 15°為單位，由 15°增至 90°。

⑵四角規 4 塊：以 1°為單位，每片四角規兩端均製成補角，由 83°增至 97°。

⑶四角規 3 塊：以 5′為單位，每片四角規兩端均製成補角，由 89°30′增至 90°30′。

⑷夾持具 3 件：結合角度規成測量角度。

萬能角度規之規格如表 5.1 所示。

表 5.1 萬能角度規之規格

角度規	尺寸規格
三角規 (15°)	15°～75°～90° 30°～60°～90° 45°～45°～90°
四角規 (1°)	83°～97°，84°～96° 85°～95°，86°～94° 87°～93°，88°～92° 89°～91°，90°～90°
四角規 (5′)	89°30'～90°30'，89°35'～90°25' 89°40'～90°20'，89°45'～90°15' 89°50'～90°10'，89°55'～90°5'

　　萬能角度規之組合使用例，如圖 5.15 所示，利用三角規 30° − 60 − 90°
與四角規 88° − 92°組合成 32°角度。

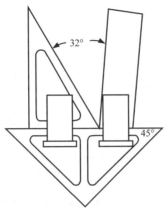

圖 5.15　萬能角度規使用例

5.8　角度塊規

　　角度塊規通常係成套出現，此種成套的塊規可以組合 0°～90°之間的
任何角度。角度塊規使用時，通常於平板上以量錶檢測塊規與工件組合時
的水平狀況，而得知工件之角度。

1. 角度塊規的規格

　　角度塊規的規格如表 5.2 所示，可分為 6、11、16 塊等組合，測量精
度分別為 1°，1′，1″，16 塊組角度塊規為了使用方便附加兩塊平行塊。

表 5.2　角度規的規格

測量精度	塊數	每塊角度
1 度	6 塊組	1, 3, 5, 15, 30 及 45 度
1 分	11 塊組	1, 3, 5, 15, 30 及 45 度
		1, 3, 5, 20 及 30 分
1 秒	16 塊組	1, 3, 5, 15, 30 及 45 度
		1, 3, 5, 20 及 30 分
		1, 3, 5, 20 及 30 秒

2. 角度塊規的使用

角度塊規的組合分為兩種：如圖 5.16 所示。

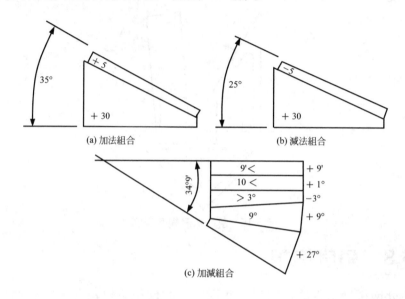

(a) 加法組合   (b) 減法組合

(c) 加減組合

圖 5.16 塊規組合

(1)加法組合：將塊規以正號相接。

(2)減法組合：將塊規以負號相接。

角度塊規架於工件表面以量錶檢驗工件角度是否等於塊規角度，圖 5.17 為磁性座偏轉角度，以角度塊規來設定偏轉值。

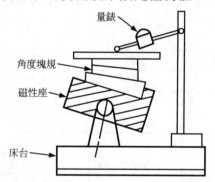

圖 5.17 以角度塊規設定磁性座偏轉角度

3. 角度塊規的優點

　(1)角度塊規結合面積較大，比精測塊規式角度規容易接合。

　(2)應用範圍廣，垂直與水平皆可使用。

　(3)不受架設 45°角的限制，使用較正弦桿方便快速。

4. 精密角度塊規

　精密角度塊規以精測塊規研磨成角度規的外型，其尺寸較角度塊規為小，是角度測量的標準，以此作為角度比較式測量的標準，用於游標量角器、角度樣板、光學角度規的校驗，以及精密工具機加工過程中的角度調整與測量。其規格表如表 5.3 所示。

表 5.3　精密角度塊規規格表

組別	塊數	精度等級	工作角度公稱值	間隔	塊數	I 三角型 II 四角型
1	94	0 與 1 級	10° 0'30"	1°	1	I
			10°, 11°, 12°, ..., 79°	10'	70	
			15° 10', 15° 20', 15° 30', 15° 40', 15° 50'	1'	5	
			15° 1', 15° 2', ..., 15° 9'	—	9	
			80°—81°—100°—99°	—	1	II
			82°—83°—98°—97°	—	1	
			84°—85°—96°—95°	—	1	
			86°—87°—94°—93°	—	1	
			88°—89°—92°—91	—	1	
			90°—90°—90°—90°	—	1	
			89° 10'—89° 20'—90° 50'—90° 40'	—	1	
			89° 30'—89° 40'—90° 30'—90° 20'	—	1	
			89° 50'—89° 59' 30"—90° 10'—90° 0' 30"	—	1	

表 5.3　精密角度塊規規格表(續)

組別	塊數	精度等級	工作角度公稱值	間隔	塊數	I 三角型 II 四角型
2	36	0 與 1 級	10°, 11°, ..., 20°	1°	11	I
			30°, 40°, 50°, 60°, 70°	10°	5	
			45°	—	1	
			15° 10', 15° 20', 15° 30', 15° 40', 15° 50',	10'	5	
			15° 1', 15° 2', ..., 15° 9'	1'	9	
			10° 0 30	—	1	
			80°—81°—100°—99°	—	1	II
			89° 10' —89° 20' —90° 50' —90° 40'	—	1	
			89° 30' —89° 40' —90° 30' —90° 20'	—	1	
			90°—90°—90°—90°	—	1	
3	7	0 級	15, 15° 0' 15", 15° 0' 30", 15° 0' 45" ,15° 1'	15"	5	I
			89° 59' 30" —89° 59' 45" —90° 0' 30" —90° 0' 45"	—	1	II
			90°—90°—90°—90°	—	1	
4	7	1 與 2 級	15° 10', 30° 20', 45° 30', 60° 40', 75° 50'	15° 10'	5	I
			50°	—	1	II
			90°—90°—90°—90°	—	1	

🔲 5.9　三角法測量角度

　　利用三角關係作角度測量的量具有正弦桿、正弦板、複合式正弦板等，皆是藉正弦函數計算出工件的角度。

1. 正弦桿

　(1)正弦桿的規格

　　　正弦桿的規格公制有 100mm，200mm，300mm 等尺寸，此距離為正直長方形桿上裝置的兩個圓柱體的中心距，如圖 5.18 所示。當正弦桿架設時，兩圓柱體的架設點距離，恆保持為規格尺寸。

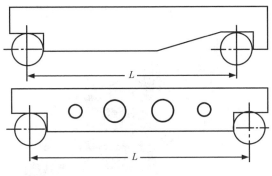

圖 5.18　正弦桿規格

　(2)正弦桿的原理

　　　正弦桿的原理如圖 5.19 所示：

$$\sin A = \frac{H}{L} \qquad\qquad A = \sin^{-1}\frac{H}{L}$$

A：正弦桿與水平之夾角　　H：精測塊規的高度

L：正弦桿的圓柱中心距

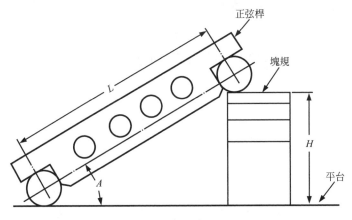

圖 5.19　正弦桿原理

⑶正弦桿的使用

正弦桿的架設如圖 5.20 所示，配合精測塊規與平板使用。通常測量工件的角度以不超過 45 度為限，由於正弦函數特性，正弦桿量測的精度隨著角度的增加而減少，同時當測量角度過大時，精測塊規的高度也要增加，塊規組合的誤差也會增加，所以當測量超過 45 度的工件時，一般都改測該角的餘角，以達到精密測量的目的。

圖 5.20　正弦桿的架設

⑷正弦桿的用途

正弦桿可用於角度的比較檢驗，或工件角度的架設，其用途為：

①錐度樣規的檢驗，如圖 5.21 所示。

②工件角度的測量，如圖 5.22 所示。

③工件角度的架設，如圖 5.23 所示。

④工件內錐度的檢驗，如圖 5.24 所示。

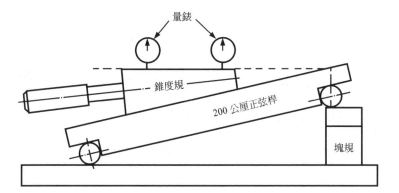

量錶

錐度規

200 公厘正弦桿

塊規

圖 5.21　錐度樣規的檢驗

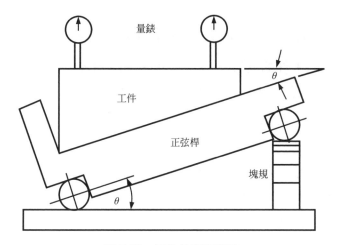

量錶

工件

正弦桿

塊規

θ

θ

圖 5.22　工件角度的測量

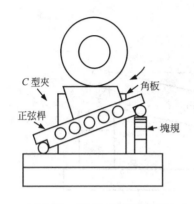

圖 5.23 磨床工件角度架設

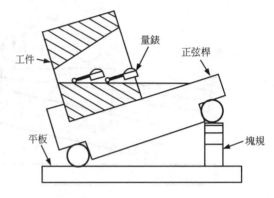

圖 5.24 內錐度檢驗

2. 正弦板

正弦板較正弦桿的寬度為大，適用於大型工件的架設，其上有螺絲孔及錐孔，以便於工件的安裝架設，端面附加阻擋塊，使工件定位更為方便，如圖 5.25 所示。有些正弦板板面加裝虎鉗或角度裝置，以便於工件的夾持。如圖 5.26 所示。

3. 複合正弦板

複合正弦板可以架設空間斜面，由兩正弦板所組成，第一角度可由底座正弦板架設，第二正弦板位於底座正弦板上，第二角度由第二正弦板架設，複合正弦板如圖 5.27 所示。

圖 5.25 正弦板

圖 5.26　加裝虎鉗或角度裝置之正弦板

圖 5.27　複合正弦板

(1)複合正弦板的原理

　　複合正弦板由於第二角度的架設是位於底座正弦板上，因此間接受第一角度的影響，因此底座正弦板與第二正弦板塊規的高度值，與正弦板長度之比值，並非單純的正弦關係，必須按下列公式修正，如圖 5.28 所示。

第一角 θ_1，第二角 θ_2：工件立方體之兩邊夾角。

L：複合正弦板長度規格

X：第一正弦板塊規高度

$X = \sin\left[\tan^{-1}(\tan\theta_1 \times \cos\theta_2)\right] \times L$

Y：第二正弦板塊規高度

$Y = \sin\theta_2 \times L$

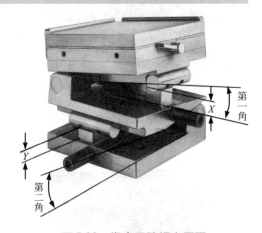

圖 5.28　複合正弦板之原理

(2)複合正弦板的使用例

例　欲架設第一夾角為 30°，第二夾角為 25°的斜面，複合正弦板之規格尺寸為 200mm，求架設正弦板之塊規高度 X，Y 分別為若干？

解
$$X = \sin\left[\tan^{-1}(\tan 30° \times \cos 25°)\right] \times 200$$
$$= 92.725 \text{ mm}$$
$$Y = \sin 25° \times 200$$
$$= 84.524 \text{ mm}$$

■ 5.10　錐度的測量

錐度的測量可以下列四種方式檢驗：

1. 錐度測微器

以錐度測微器分別作錐孔或錐柱的測量，如圖 5.29 所示。

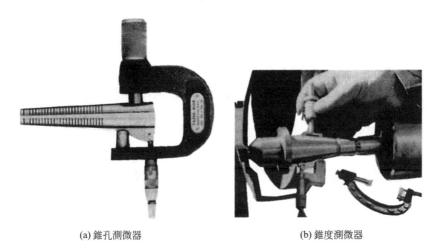

(a) 錐孔測微器　　　　　　　　　　(b) 錐度測微器

圖 5.29　錐孔與錐度測微器

(1) 錐度測微器的原理

錐度測微器原理如圖 5.30 所示，活動砧座的中心距長 L，工件角度為 θ，測微器測頭之讀數為 H。則

$$工作角度\ \theta = \sin^{-1}\frac{H}{L}$$

(2) 錐度測微器的優點

① 錐度工件可於機器上作直接測量，不必將工件重新架設安裝，減少中間的人為誤差。

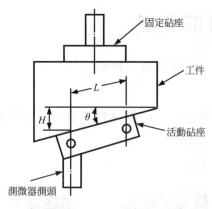

圖 5.30　錐度測微器原理

　　②節省時間，測量快速。

　　③測量精度高。

　　④檢測範圍廣泛，17°27′以內的角度均可檢查。

　　⑤操作簡單，不需專門技術。

　(3)錐度測微器的使用

　　①先調整固定砧座以適應被測工件之測量尺寸。

　　②以精測塊規歸零測微器測頭。

　　③將工件夾於測量砧座間，調整測微器測頭，使活動砧座與工件接
　　　觸。

　　④讀數測微器測頭得 H 值，代入 $\theta = \sin^{-1}\dfrac{H}{L}$ 公式，求出 θ 角。

　2. 錐度樣規

　　錐度樣規用於比較式檢驗，可分為錐度樣規與錐度樣柱兩種，如圖
5.31 所示。樣規上有通過與不通過刻線，以區分合格與不合格工件。

　　錐度樣規的使用原則如下：

　(1)以紅丹塗於工件表面，使工件表面形成紅丹薄層。

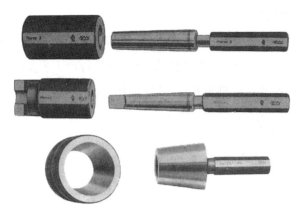

圖 5.31　錐度樣規

　　⑵將工件與樣規接合後分開，檢視工件表面紅丹狀況，若紅丹均勻分
　　　佈表示錐度正確。

　　⑶再將工件擦拭乾淨後結合工件與樣規，檢視樣規刻線。

　　⑷若錐度長度尺寸落於合格尺寸刻劃之間，顯示錐度長度正確。

3. 莫氏錐度規

　　莫氏錐度規用於莫氏錐度的檢驗，測量時不需其他附件的配合，使用
者不需專門的技術，故操作準確快速。莫氏錐度規如圖 5.32 所示。

圖 5.32　莫氏錐度規

(1)莫氏錐度規測量原理

測量砧座的外徑分別為 D_1 與 D_2，錐度標準長度l由標準錐度預先在量錶上歸零，實際測量之長度 l' 與標準長度 l 之差值，由指示量錶上顯示，在軸向有刻度尺，可以讀出軸向的誤差，如圖 5.33 所示。

$$工作錐度 = \frac{D_1 - D_2}{l}$$

D_1：測砧 A 的直徑

D_2：測砧 B 的直徑

l：錐度長度

Δl：量錶顯示之長度差 $(l - l')$

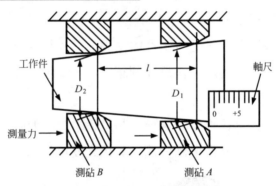

圖 5.33　莫氏錐度規測量原理

(2)莫氏錐度規的使用

①先以標準錐度歸零莫氏錐度規之量錶。

②將錐度規與錐度工件接觸測量，由量錶上讀數長度之差值。

③由換算表可以得知目前錐度的大小及錐度的補償值。

4. 間接測量法

間接測量法是利用圓球、圓柱、精測塊規與測微器等量具，以平面幾何的方式推導出換算公式，由間接尺寸的測量值，推算出工件錐度。間接測量法求錐度如表 5.4 所示。

表 5.4　間接測量法及錐度

測量種類	平面幾何狀況	換算公式	使用量具
錐柱測量		$\tan\dfrac{\theta}{2}=\dfrac{D_1-D_2}{2(H_1-H_2)}$	圓柱規、精測塊規、外徑測微器
錐孔測量		$\tan\dfrac{\theta}{2}=\dfrac{D_1-D_2}{2H}$	圓柱規、精測塊規、外徑測微器
錐孔測量		$\sin\dfrac{\theta}{2}=\dfrac{r_1-r_2}{(H_1-r_1)-(H_2-r_2)}$	圓球、深度規
錐孔測量		$\sin\dfrac{\theta}{2}=\dfrac{D_1-D_2}{2(H_1-H_2)}$	圓球、圓柱規、深度規
錐角測量		$\sin\dfrac{\theta}{2}=\dfrac{d_1-d_2}{2H\cdot(d_1-d_2)}$	圓柱規、深度規

習題 5

1.　試說明角度單位的種類。

2.　試說明組合角尺的構件及其功能。

3.　試說明萬能量角器構造及其微分原理。

4.　試說明角度塊規的規格。

5.　試說明正弦桿的測量原理。

6.　試說明複合正弦板的構造及其偏轉角度的計算公式。

7.　試說明錐度測微器的測量原理。

8.　試說明莫氏錐度規的測量原理。

9.　試說明間接測量法測量錐度的方式與步驟。

Chapter

6

光學平鏡

🔲 6.1　光學平鏡概述

光學平鏡又稱為光學平板，經過研磨或拋光加工的工件，其平面度以光學平鏡來檢驗，是最簡單的一種方法，例如測微器砧座、精測塊規、卡規、環規、精密的閥座表面、精密研磨平面皆可使用光學平鏡來檢驗其平面度。

光學平鏡是利用光波干涉原理，形成明暗相間的色帶，以此色帶的數目及形狀作微小尺寸差異的測量或平面狀況的判定。

利用光學平鏡作表面檢驗的工件，其表面狀況必須精光到足夠的程度，始能反射光線，形成色帶，因此一般加工法所產生的表面，因為表面紋路不規則，不反射光線，所以無法產生干涉條紋。除非以軟性多孔性材料摩擦工件表面，將研磨痕跡的高度磨去，始能在單色光下反射干涉色帶。

🔲 6.2　光學平鏡的原理

1. 色帶發生原理

光的行進方式按波動說的解釋，認為光是一種能量，以正弦波的波形前進，因此兩相同頻率及相同相位的光波向同一方向前進，會產生光波增強的現象；若兩相同頻率，相位差 180 度，即相位差 1/2 波長的光波，向同一方向前進，兩光波會互相干涉而抵銷；圖 6.1 為明暗色帶發生的原理。

2. 測量原理

當光學平鏡以空氣間距法與工件接觸時，如圖 6.2 所示，光源照射於光學平鏡及工件上，由 a 點及 b 點入射至光學平鏡，第一道光線由光學平鏡測量面直接反射出來，第二道光線穿透光學平鏡射至工件表面，然後反射至光學平鏡再穿透出來，於光學平鏡測量面上，產生出干涉條紋，第二道光多跑了 $2d$ 的距離，如果 d 值為 $1/4\lambda$ 的倍數時，則會產生 180° 相位差而呈現暗帶；如果 d 值為 $1/2\lambda$ 的倍數時則會產生 360° 相位差而呈現亮帶，如此生成明暗相間的色帶。此干涉條紋的排列及曲率的狀況，完全由光學平

鏡測量面及工件表面決定，因爲光學平鏡測量面爲平面，故干涉條紋的狀
況，可代表工件表面的狀況。因此作平面檢驗時即可利用此色帶的排列狀
況來判定，若工件表面爲平面，利用空氣間距法，色帶應爲平行條紋，並
且間距相等。

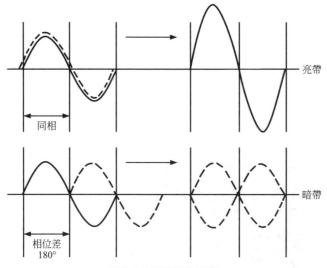

圖 6.1　色帶發生原理

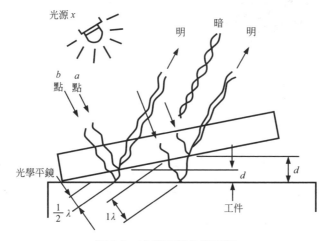

圖 6.2　光學平鏡色帶原理

　　若光學平鏡與工件被測面呈一微小角度 θ，並且觀察者視線儘可能與光學平鏡垂直，則空氣間距 d 可視為垂直於被測工件表面，其明帶之 d 值可由下列公式代表：

$$d = \frac{\lambda}{2} \times N$$

d：空氣間距

λ：為單色光之波長

N：明帶條紋數

光學平鏡明暗色帶如圖 6.3 所示。

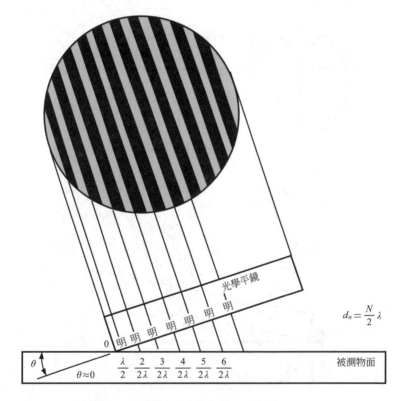

圖 6.3　光學平鏡之色帶

■ 6.3　光學平鏡的使用設備

光學平鏡的使用設備有光學平鏡與單色燈。

1. 光學平鏡

光學平鏡是經過高度研磨、拋光的透明平板，其材料為玻璃、光學玻璃、石英石，因為石英石質地堅硬、耐磨、受熱脹冷縮的影響小，故一般光學平鏡皆以石英石為材料，如圖 6.4 所示。

(a) 單面光學平鏡　　　　　　　　　　　　(b) 雙面光學平鏡

圖 6.4　光學平鏡

光學平鏡的種類以下列方式分類：

⑴外形：光學平鏡有圓形與方形兩種，圓形較常使用。

⑵精度：光學平鏡可分為 AA 級、A 級、B 級三類。

　①AA 級：平面度在 $0.05\mu m$ 以內。

　②A 級：平面度在 $0.1\mu m$ 以內。

　③B 級：平面度在 $0.2\mu m$ 以內。

⑶平面數：可分為單面鏡與雙面鏡兩種，通常以單向或雙向箭頭表示。

　①單面鏡：價格較價宜，僅單面具很高的平面度。

　②雙面鏡：價格較貴，雙面皆具有很高的平面度及平行度。

2. 單色燈

　　單色光的波長爲定值，並且可以現出清晰的色帶，一般均採用氦光，氦光由一冷性的陰極射線管所發出，並且完全擴散成一柔和的光線，架設於木質箱內。此黃色氦光之波長爲 23.13×10^{-6} 英吋，或 587.6×10^{-6} 公厘，其半個波長爲 11.57×10^{-6} 英吋，或 293.8×10^{-6} 公厘。

　　單色燈架的型式可分爲 U 型、C 型與 L 型三種。如圖 6.5 所示。氦光燈外型如圖 6.6 所示。

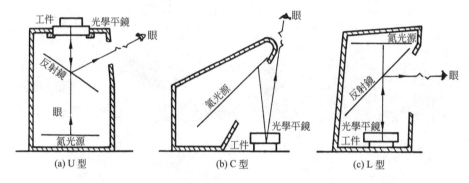

圖 6.5　單色燈架的型式

圖 6.6　單色燈外型 (VAN KEUREN)

(1)U 型：為反射型，適用於生產現場使用，工作件與光學平鏡置於上方。

(2)C 型：為直射型，適用於一般用途，工件與光學平鏡置於下方。

(3)L 型：為反射型，適用於實驗室用途，工件與光學平鏡置於下方。

■ 6.4　光學平鏡的使用

1. 使用要領

   (1)工件的毛邊、油污、灰塵應先清除，將工件與光學平鏡表面以軟毛刷刷拭乾淨。

   (2)將工件放於單色光下，其上放置光學拭紙。

   (3)將光學平鏡放於光學拭紙上，並且以手固持光學平鏡，輕輕將光學拭紙抽出。

   (4)如果光帶未產生，則重覆前項的操作，如此可以避免光學平鏡與工件之間產生刮擦，損壞光學平鏡。

   (5)根據工件的平面狀況，選擇空氣間距法或接觸法來觀察色帶狀況。

   (6)視線與光學平鏡之距離最少為光學平鏡外徑的 10 倍，並且儘量垂直於光學平鏡面，以減少測量誤差。

2. 使用方法

   光學平鏡的使用方法可依工件的表面狀況分類為：

   (1)空氣間距法

   本方法適用於近似於平的表面檢驗，光學平鏡與平件不需要接觸。

   其操作特點為：

   ①預測工件表面，選擇精光工件以本法測量。

   ②空氣間距量以能量 4 條色帶為最佳。

   ③於工件表面作多方向的測量，通常以水平方向與垂直方向為主。

   ④平面度的誤差為色帶的曲率程度，單位為色帶寬度。

　　⑵接觸法

　　　本方法適用於不規則面，或無法產生整體空氣間距的工件，光學平鏡必須與工件接觸。其操作特點爲：

　　　①本方法適用於不規則、不連續、環形工件等平面的測量。

　　　②光學平鏡與工件的高點接觸，此接觸點會產生一亮點。

　　　③經由正確的接觸，使得色帶數減至最少。

　　　④平面度的誤差量爲環繞接觸點環帶的圈數。

3. 色帶不發生的原因

　　色帶不發生有下列幾種原因：

　　⑴工件表面未精光至足以反射光線的程度，一般切削加工的表面極爲粗糙，並且不規則，以致於無法顯示出干涉色帶。

　　⑵工件表面有灰塵、毛邊凸出物，以致於光學平鏡離開被測工件表面，故無法顯示干涉色帶，此時切勿於工件表面移動光學平鏡以免刮傷鏡面。

　　⑶工件表面有油污無法反射光線，故無法顯示干涉色帶。

　　⑷工件與光學平鏡之間的空氣間距不當：

　　　①空氣間距過厚：空氣間距過厚，致使干涉色帶無法生成，此時需以一固定壓力壓下光學平鏡，使空氣膜被擠出。

　　　②空氣間距過薄：由於潮氣或油膜導致光學平鏡與工件吸附在一起，因此干涉色帶無法生成。

　　　③光學平鏡與工件之角度過大：當光學平鏡與工件之角度過大時，產生的干涉色帶過於靠近，以致無法看到色帶。

　　　④光學平鏡與工件平行：當光學平鏡與工件平行時，產生的干涉色帶過於分開，以致無法區分色帶，此種情形很少發生。

4. 色帶的判讀

　　色帶的形狀可以顯示出工件的平面狀況，若工件爲平面，則形成平行色帶，並且間距相等；若工件不爲平面，則形彎曲色帶，其曲率的程度可代表平面的偏差量，如表 6.1 所示。

表 6.1　色帶意義

	色帶形狀	平面狀況
實例 1	*R*_	面平直，但自接觸線 (*R*) 邊均勻地傾斜。
實例 2	*R*_	以接觸線為準，中央部位凸出。
實例 3	*R*_	以接觸線為準，中央部位凹下。
實例 4	*R*_	中間平坦，但近兩側邊低傾。
實例 5	*R*_	靠近接觸線處中央部位凸出，但離接觸線邊逐漸平坦。
實例 6	*R*_	接觸線的對邊平坦，但逐漸向接觸線左角端低傾。
實例 7	_ *R*	向右下端 *R* 至上左端略成凹形。
實例 8	*R* → ← *R*	平面上 *R* 處是兩高點，但其周圍是較低的平面區。

　　光學平鏡以空氣間距檢驗工件表面，色帶的曲率可表示工件平面度的誤差，如表 6.2 所示，分別代表平面、圓柱面、球狀面、球體面、鞍狀面所形成的色帶意義。

表 6.2　空氣間距法之色帶(一) (VAN KEUREN)

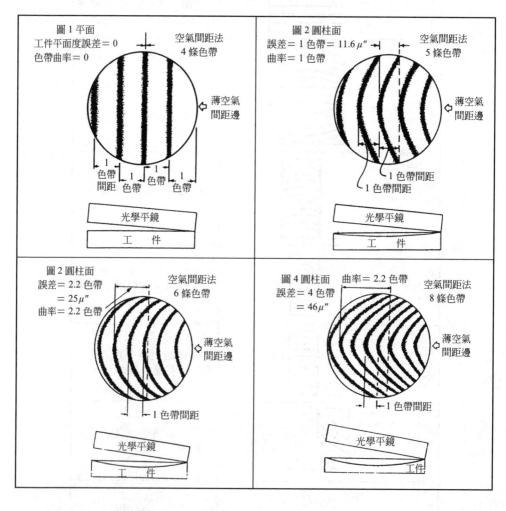

表 6.2　空氣間距法之色帶(二) (VAN KEUREN) (續)

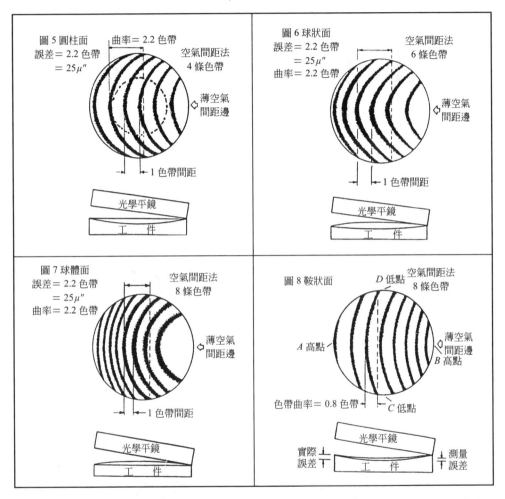

　　光學平鏡以接觸法檢驗工件表面，光學平鏡邊緣至色帶中心對稱點之色帶數目可表示平面度的誤差，如表 6.3 所示，分別代表圓柱面、球狀面、球體面、鞍狀面、山谷面所形成的色帶意義。

表 6.3 接觸法之色帶 (一) (VAN KEUREN)

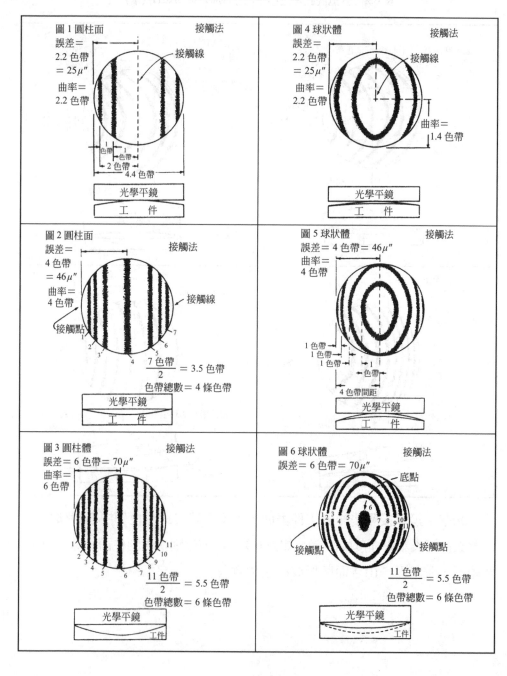

表 6.3　接觸法之色帶 (二) (VAN KEUREN) (續)

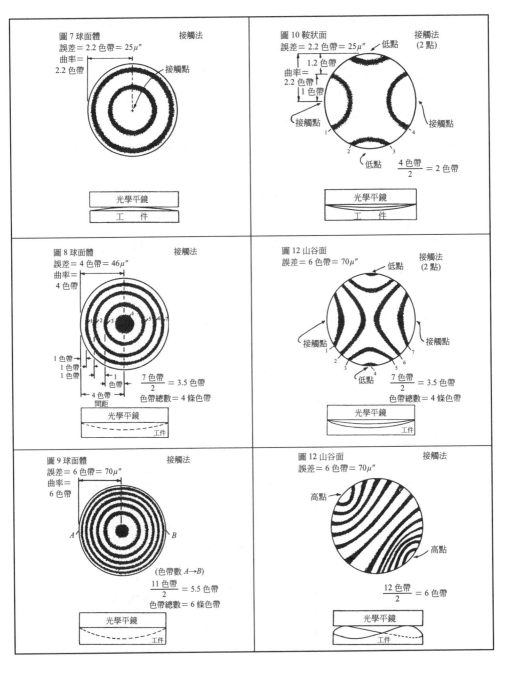

5. 使用注意事項

⑴色帶觀察時，視線應儘可能垂直於光學平鏡，若視線不垂直，則色帶的代表值會增加，因此觀察的色帶數目會減少，色帶有變直的趨勢。色帶代表值與視角之關係如表 6.4 所示。

⑵單色光燈架以 L 型最佳，此型反射鏡與光學平鏡之距離固定，故視線距離之長短較不影響觀察結果。

⑶為了使色帶誤差少，必須控制工件的溫度於固定值，以減少溫差所造成的影響。

⑷色帶的數目，並不代表工件平面度誤差，僅代表空氣間距的傾斜狀況，色帶的曲率可以代表工件平面度誤差；如果加壓於光學平鏡上可能會減少色帶數或加寬色帶距，因此必須作適當的調整，至最容易觀察的間距。

⑸一理想平面會顯示出直色帶，並且間隔相等；一圓柱面會顯示出直色帶，但是間隔不等，在此種狀況下必須以正確的角度觀察，使色帶顯示出弧度，以便正確的判讀色帶曲率。

表 6.4　色帶值與視角之關係

視角	色帶代表值	
	μin	μm
10°	66.61	1.69144
20°	33.82	0.85880
30°	23.13	0.58735
40°	17.99	0.45682
45°	16.36	0.41543
50°	15.10	0.38344
60°	13.30	0.33773
70°	12.31	0.31259
80°	11.74	0.29812
90°	11.57	0.2938

■ 6.5　光學平鏡的用途

光學平鏡的用途可歸納爲三種：

1. 微小尺寸比較測量

　　光學平鏡可以作比較式的尺寸測量，通常以光學平鏡架於被測工件與標準塊規上，以所生成的空氣間距，造成干涉色帶，由色帶數目可判定被測工件與標準塊規之差值，如圖 6.7 所示，工件 A 之高度爲 B 塊規值加上 7 倍的色帶值，如果塊規爲 25mm，則工件的高度爲 25.0020566mm。

　　如圖 6.8 所示，爲高度比較式測量，(a)爲兩塊規等高，色帶重合，(b)爲兩塊規高度差 1 色帶值，M 塊規較 U 塊規高 $0.2938\mu m$，(c)爲兩塊規高度差 1½色帶值，M 塊規較 U 塊規高 $0.4407\mu m$。

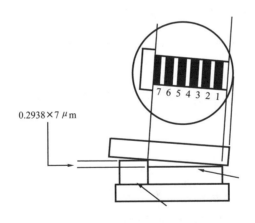

圖 6.7　比較式測量

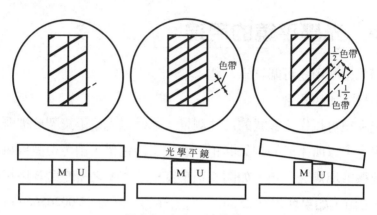

圖 6.8　高度比較式測量

　　長距離的比較式測量，採用比例計算法求得被測物體高度，如圖 6.9 所示以光學平鏡求鋼珠直徑，比較式測量可以得到△ABo與△abo兩相似三角形，鋼球直徑計算式如下：

$$D \approx \overline{AB} + H$$

$$D = \frac{\frac{\lambda}{2}N(1+\frac{L_1}{W}) + H}{(1-\frac{\lambda N}{4W})}$$

$$\overline{AB} = \overline{ab} \times \frac{L_1+W+D/2}{W}$$

$$\overline{ab} = \frac{\lambda}{2} \times N$$

D：鋼球直徑

$\lambda/2$：單色光半波長 $(0.2938\mu m)$

N：光學平鏡塊規之色帶數

L_1：長度塊規值(鋼球距離高度塊規)

W：塊規之寬度

H：塊規之高度

　　作微量尺寸比較式測量時，若 $D = \overline{AB} + H$ 時，此時因為沒有空氣間距存在，因此沒有色帶產生，即 $N = 0$，$D = H$，鋼球外徑等於塊規高度。

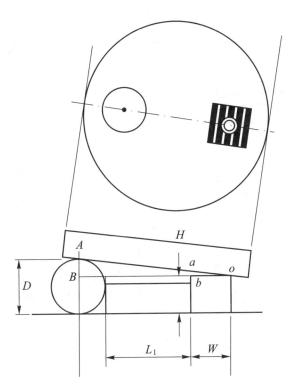

圖 6.9　比例計算法求鋼球直徑

2. 平面度檢驗

以光學平鏡檢驗工件平面度的誤差，如表 6.5 所示，由色帶的形狀可以顯示工件平面狀況，由色帶彎曲狀況可以顯示出平面的偏差量。

表 6.5　平面度檢驗

	色帶狀況	平面偏差量
實例1		平面中間部位凸出，凸出 $\frac{1}{3}$ 光帶距離，即 $\frac{1}{3} \times 0.2938 = 0.0979\mu m$。
實例2		平面中間部位凹下，凹下 $\frac{1}{3}$ 光帶距離，即 $\frac{1}{3} \times 0.2938 = 0.0979\mu m$。
實例3		平面為凸出形，凸出 $\frac{1}{2}$ 光帶距離，即 $\frac{1}{2} \times 0.2938 = 0.1469\mu m$。
實例4		平面為凸出形，凸出 $1\frac{2}{5}$ 光帶距離，即 $1\frac{2}{5} \times 0.2938 = 0.41132\mu m$。
實例5		平面為平坦，但在兩側邊低傾，低傾 $\frac{1}{2}$ 光帶距離，即 $\frac{1}{2} \times 0.2938 = 0.1469\mu m$。
實例6		平面約在 XY 線處為最低凹點，逐漸向右下角及左上角凸出，XY 線處最低處為 $4\frac{1}{2}$ 條光帶，即 $4\frac{1}{2} \times 0.2938 = 1.3221\mu m$。

3. 平行度檢驗

光學平鏡檢驗兩平面之平行度，如圖 6.10 所示。

⑴當兩平面平行時，所生成之色帶重合，且條數相等。

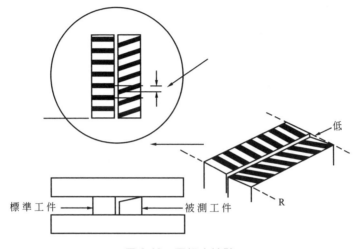

圖 6.10　平行度檢驗

⑵當兩平面不平行時，所生成之色帶之差值為色帶寬度之一半，故其平行度之偏差量為：

$$\frac{1}{2} \times 0.2938 = 0.1469 \, \mu m$$

習題 6

1. 試說明光學平鏡的原理。
2. 試說明光學平鏡的使用設備。
3. 試說明光學平鏡的使用方法。
4. 試分析色帶不發生的原因。
5. 試說明光學平鏡的用途。

Precision Measuring Tools & Mechanical Parts Testing

Chapter

7

工具顯微鏡

7.1　工具顯微鏡概論

　　工具顯微鏡為一種精密的二次元平面檢驗儀器,由顯微鏡、工件承架台、光源系統、測微器測頭及夾持附件所組成,適用於小型工件的非接觸性檢測工作。工具顯微鏡亦附加電子數字顯示器、影相顯示器、照相機及數據處理機等裝置,以增強工具顯微鏡的使用功能。

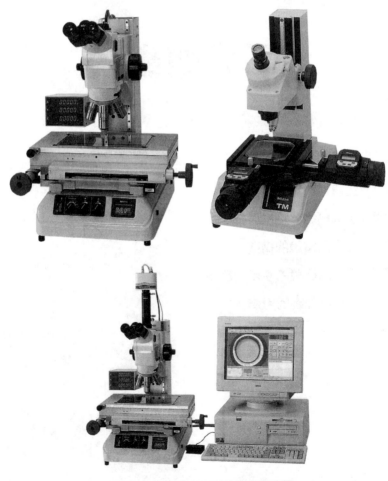

圖 7.1　工具顯微鏡及影相顯示裝置

▣ 7.2　工具顯微的測微原理

　　工具顯微鏡利用目鏡與物鏡將工件微小部分放大然後以量具測量其尺寸。作直線測量時，配合微動裝物台上的測微器，度量工件的微小尺寸，此微動裝物台以 X-Y 直角座標方式配置，因此平面尺寸皆可由測微器測頭或線性尺直接讀測出來，同時 X-Y 平台上亦可架設塊規作比較式測量。

　　作角度測量時，鏡頭上裝有游標式分度裝置，工件承物台上亦裝有游標分度裝置，因此可以作微小角度的測量。作比對式測量時，有目鏡標準片可供比對，因此可以作精確的比對測量。作表面狀況測量時，工具顯微鏡可提供不同倍率的鏡頭，將測量工件表面放大，以表面投影的方式觀察工件表面。所以工具顯微鏡是以測微器測頭、游標式分度規及放大鏡頭來達成測量長度與角度的一種量具。

▣ 7.3　工具顯微鏡的構造

1. 工具顯微鏡的基本構件

　　工具顯微鏡的基本構件如圖 7.2 所示，包括：

　　(1)工具顯微鏡本體。

　　(2)目鏡 (10 倍，15 倍，20 倍)。

　　(3)物鏡 (2 倍，5 倍，10 倍)。

　　(4)表面投射燈。

　　(5)測微器平台。

　　(6)垂直量錶附件。

　　(7)游標分度裝置。

　　(8)測微器測頭。

　　(9)焦距調整旋鈕。

⑽電氣控制盤(主電源開關、表面投影開關、輪廓投影開關)。

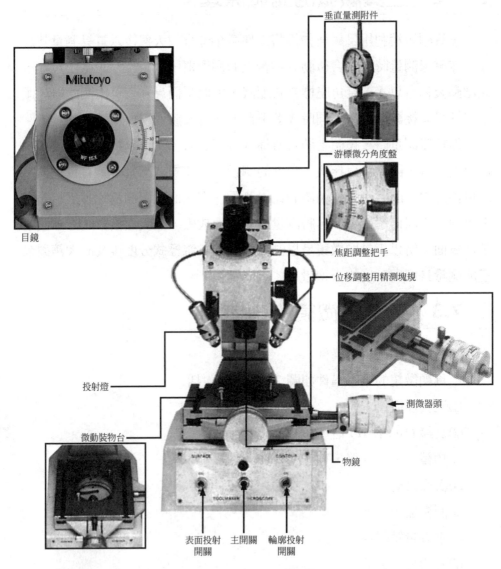

圖 7.2　工具顯微鏡基本構件

2. 工具顯微鏡附件

工具顯微鏡附件如圖 7.3 所示，包括：

(1)目鏡：可分為單目鏡與雙目鏡及特殊功能之目鏡。

(2)物鏡：具備不同放大倍率之物鏡。

(3)濾光鏡：可過濾特殊光線，以便於觀察或照明。

(4)照相附件：可分為拍立得相機與 35mm 相機安裝配件。

(5)影相顯示附件：可將圖像以影相顯示器顯示出來。

(6)目鏡標準片：可將顯微鏡圖像與標準片比較。

(7)投射燈：可分為反射式投射燈與光纖投射燈。

(8)工件夾持具：包括旋轉式承物台、頂心支架、壓板夾具及 V 型枕夾
具等。

(9)測量附件：包括電子測微器、測微器測頭、光學線性尺及角度測量
裝置等。

(10)電子計數器：包括 X 與 Y 位置顯示器。

(11)數據處理機：可計算間接數據，求出測量值。

(a) 目鏡

圖 7.3　工具顯微鏡附件

(b) 物鏡

(c) 濾光鏡   (d) 照相裝置   (e) 影相顯示裝置

(f) 目鏡標準片

圖 7.3   工具顯微鏡附件 (續)

3. 工具顯微鏡系統

工具顯微鏡系統如圖 7.4 所示，包括工具顯微鏡本身及工具顯微鏡附件。

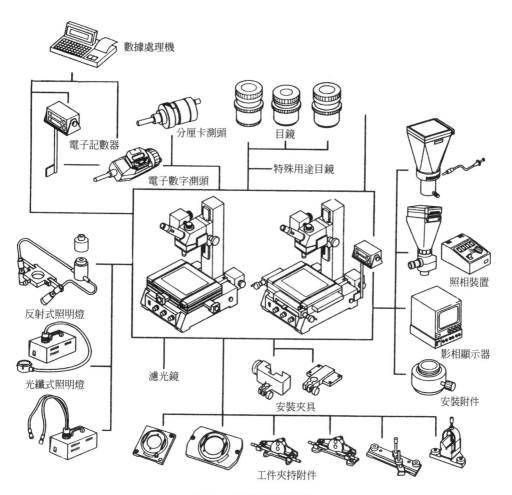

圖 7.4　工具顯微鏡系統

4. 工具顯微鏡特殊附件

(1)冷光型光纖照明裝置

　　如圖 7.5 所示，冷光型光纖照明裝置，提供表面投影光線來源。

(2)影相顯示裝置

　　如圖 7.6 所示，影相顯示裝置提供影相顯示畫面，以減少眼睛視力
的疲勞；並且可提供多人觀察。若加裝影相邊緣感知器，可自動輸

入測量值，減少視覺及人為因素的誤差。

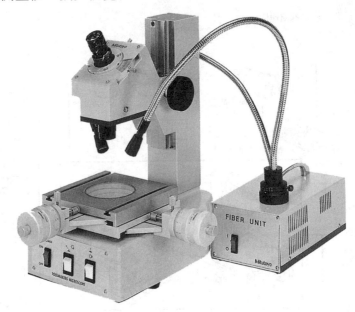

圖 7.5　冷光型光纖照明裝置

圖 7.6　影相顯示裝置

⑶照相裝置

　　如圖 7.7 所示，照相裝置提供影相照片，以記錄觀察結果，機相可
　　採用拍立得相機或傳統 35mm 相機。

⑷光學線性尺測微裝置

　　如圖 7.8 所示，工件承物台加裝高精度的光學線性尺，可以作高精
　　度的尺寸測量。

圖 7.7　照相裝置

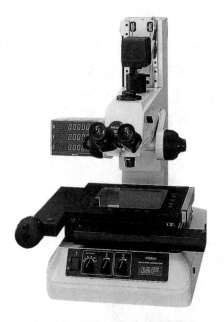

圖 7.8 光學線性尺測微裝置

■ 7.4 工具顯微鏡的使用與維護

1. 工具顯微鏡的使用

(1)打開主電源開關。

(2)選擇表面照明或輪廓照明,開啓照射燈開關並且調整至所需的亮
度,表面照明與輪廓照明,不能同時使用,以免產生雙影,造成觀
測誤差。

(3)選擇適當的目鏡與物鏡倍率安裝於鏡頭座上。

(4)選擇適當的夾具夾持測量工件。

(5)調整焦距至成像最清楚的位置。

(6)移動裝物台至歸零十字線,並且歸零測微器測頭。

⑺依工件測量的項目，分別以測微器測頭測量長度，游標分度裝置測量角度。

2. 工具顯微鏡的維護

　⑴避免工具顯微鏡受潮，應單獨存放於乾燥箱中，以免光學裝置受損。

　⑵測量環境之溫度、濕度、灰塵量等因素應妥善控制。

　⑶工具機顯微鏡金屬部分應作防銹維護，以免生銹，影響測量精度。

　⑷不可任意分解儀器，如鏡頭、測微器測頭，以免影響放大倍率及測量精度。

　⑸工件之毛邊及尖銳邊角應先去除，以免刮傷承載玻璃面，影響測量精度。

■ 7.5　工具顯微鏡的用途

工具顯微鏡的用途如下：

⑴可測量工件的輪廓或外形，以標準比對片作比對測量。

⑵可測量螺紋節距、外徑、牙角、牙形等尺寸或外形。

⑶可檢驗金相表面之晶粒狀況。

⑷可檢驗工件的表面狀況。

⑸可以將工件微小尺寸放大，並且作長度或角度測量。

⑹可以對彈性或軟性材料，作非接觸性的檢驗。

習題 7

1. 試說明工具顯微鏡的測量原理。
2. 試說明工具顯微鏡的構造。
3. 試列舉工具顯微鏡附件並說明其功能。
4. 試說明工具顯微鏡的用途。

Chapter

8

Precision Measuring Tools & Mechanical Parts Testing

投影機

■ 8.1　投影機概論

　　投影機又稱爲光學投影檢查儀或光學投影比較儀，爲利用光學投射的原理，將被測工件之輪廓或表面投影至觀察幕上，作測量或比對的一種測量儀器。投影機與前章的工具顯微鏡都屬於非接觸測量的量具，不同之處在工具顯微鏡適用於微小工件的放大觀察與測量，爲單人觀察的器材；而投影機適用於較大工件的放大觀察與測量，觀察結果投射於投影幕上，可多人觀測印證。由投影幕上的游標分度刻劃可以作角度測量，由承物台的測微器測頭可以作直線度量或比較式測量，由標準比對板可以作形狀的比對測量。

■ 8.2　投影機的優點

　　投影機的優點如下：
(1)工件經過放大後，投射在投影幕上，可以作表面投影與輪廓投影。
(2)屬於非接觸性測量，無測量壓力，故測量精度容易控制，尤其適用於軟性材料。
(3)工件外型放大於投影幕上，可同時作二度空間平面尺寸的測量。
(4)微小尺寸可以放大於投影幕，量測細部尺寸。
(5)備有比對式標準板，可以作精確的比對式檢驗。
(6)備有游標式旋轉台或游標式旋轉投影幕，可以作精確的角度測量。
(7)備有測微器測頭或電子數位式測頭，可以作精確的長度測量或比較式測量。
(8)使用範圍廣，如表面粗度、長度、角度皆可測量。
(9)使用不需特殊技巧，簡單訓練後，即能操作使用。
(10)採開放式測量，可多人同時觀察印證。

■ 8.3　投影機的測微原理與型式分類

1. 投影機以下列測微裝置作長度或角度的測量

(1)鏡頭放大

投影機提供 10 倍，20 倍，50 倍，100 倍放大率的鏡頭，可以將微小尺寸放大，以便於觀察測量。

(2)游標式分度投影幕

投影幕上方游標分度裝置，可以作精確的角度測量，測量精度視游標刻劃而定，一般有 $5'$，$1'$兩種精度。

(3)游標式分度裝物台

裝物台上的游標分度裝置，可以作精確的角度測量，一般有 $6'$，$2'$兩種精度。

(4)測微器式裝物台

測微器式裝物台採用直角座標方式，分 X 軸與 Y 軸方向，以測微器測頭測量工件尺寸；亦有採用電子測頭，以數字顯示測量值。

2. 投影機的型式

投影機依設計的不同，輪廓投影光線可分爲向上投射型、向下投射型、水平投射型，光線經由工件投射至鏡頭，再反射至投影幕上。表面投影光線都採用水平投射，光線經由半反射鏡反射至工件表面，再由工件表面反射，穿過半反射鏡投射至鏡頭，再反射至投影幕上。

若以輪廓投影光線投射方向分類，投影機之型式如下：

(1)向上投射型

如圖 8.1 所示，輪廓投影光線由下而上投射。表面投影光線沿水平方向，藉半反射鏡轉爲由下而上投射。

(2)向下投射型

如圖 8.2 所示，輪廓投影光線由上而下投射，表面投影光線沿水平方向，藉半反射鏡轉爲由上而下投射。

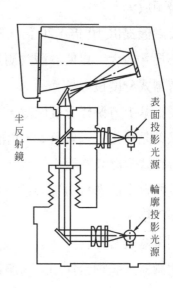

圖 8.1　向上投射型

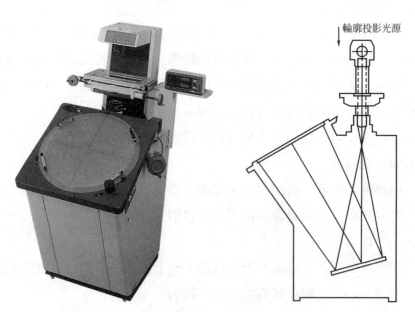

圖 8.2　向下投射型

(3)水平投射型

　　如圖 8.3 所示，輪廓投影光線呈水平方向投射，表面投影光源沿水平另一軸向投射，藉半反射鏡轉爲呈水平方向投射。

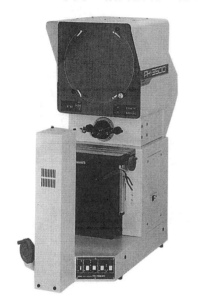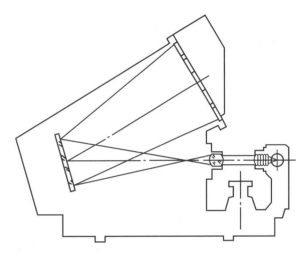

圖 8.3　水平投射型

■ 8.4　投影機的投影原理

　　投影機的投影方式可分爲兩類：

1. 輪廓投影

　　工件介於光源與投影反射鏡之間，工件所遮斷的輪廓，顯現於投影幕上，如此可作輪廓測量。

　　如圖 8.4(a)爲向下投射型投影機輪廓投影的過程，光線由光源A，經過透鏡，射至工件，經由透鏡，射至反射鏡，反射至投影幕上。

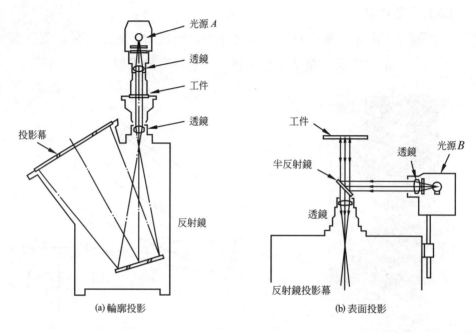

圖 8.4　投影原理

2. 表面投影

　　如圖 8.4(b)爲向下投射型投影機表面投影的過程，光線由光源 B，射至半反射鏡，將光線反射至工件，復折回穿透半反射鏡，經由透鏡，射至反射鏡，反射至投影幕上。

8.5　投影機的構造

1. 向上投射型

　　向上投射型又稱桌上型，適用於現場或品質管制部門，可以作表面投影與輪廓投影的測量與檢驗工作，其構造如圖 8.5 所示。包括下列各項：

⑴投影機本體。

⑵投影鏡頭組 (10 倍，20 倍，50 倍，100 倍)。

⑶投影幕及游標角度測量裝置。

⑷表面投射光源。

⑸輪廓投射光源。

⑹測微器測頭。

⑺焦距調整手輪。

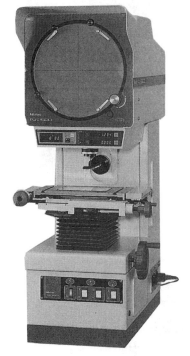

(a) 外型圖

圖 8.5　向上投射投影機

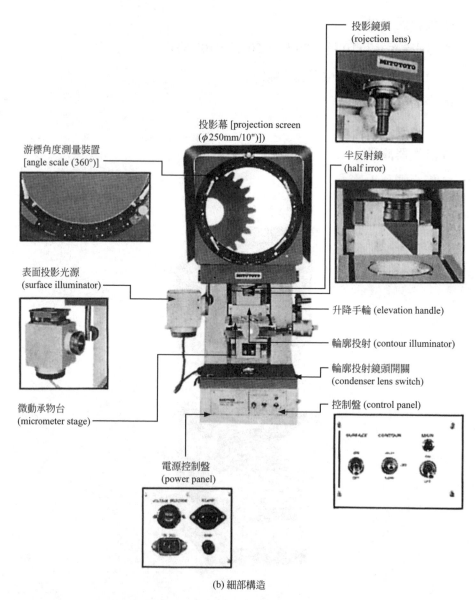

投影鏡頭
(rojection lens)

投影幕 [projection screen
(φ250mm/10")])

游標角度測量裝置
[angle scale (360°)]

半反射鏡
(half irror)

表面投影光源
(surface illuminator)

升降手輪 (elevation handle)

輪廓投射 (contour illuminator)

輪廓投射鏡頭開關
(condenser lens switch)

控制盤 (control panel)

微動承物台
(micrometer stage)

電源控制盤
(power panel)

(b) 細部構造

圖 8.5   向上投射投影機 (續)

2. 向下投射型

　　向下投射型又稱落地型，適用於表面與輪廓的測量與檢驗，投影幕傾斜 60 度，便於在投影幕上描繪圖形，其構造如圖 8.6 所示。

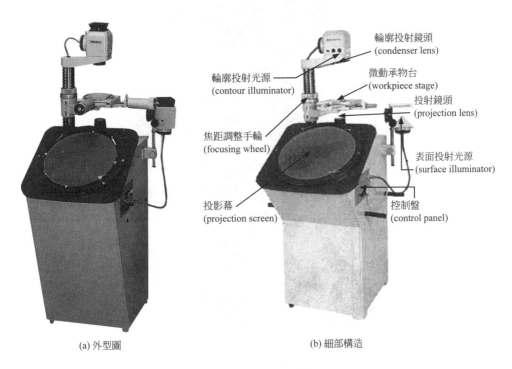

輪廓投射鏡頭
(condenser lens)

輪廓投射光源
(contour illuminator)

微動承物台
(workpiece stage)

投射鏡頭
(projection lens)

焦距調整手輪
(focusing wheel)

表面投射光源
(surface illuminator)

投影幕
(projection screen)

控制盤
(control panel)

(a) 外型圖

(b) 細部構造

圖 8.6　向下投射型構造

3. 水平投射型

　　水平投射型的裝物台構造堅固，移動距離長，台面上有 T 型槽，適用於大型工件的安裝測量，其構造如圖 8.7 所示。

(a) 外型圖

圖 8.7　水平投射型構造

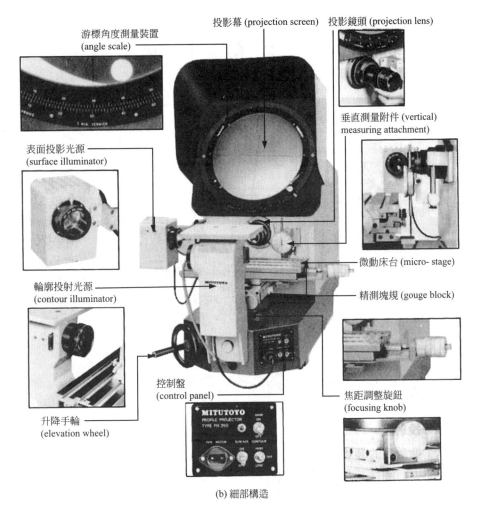

(b) 細部構造

圖 8.7　水平投射型構造 (續)

4. 投影機系統

　　投影機系統配置包括投影機本體、鏡頭組、讀尺組、比對片、濾光鏡、燈源組、夾持夾具、量錶組、測微器測頭組、電子記數器、光學感知器及數據處理機等部分，茲以一水平投射型投影機之系統為例，其投影機系統配置圖如圖 8.8 所示。

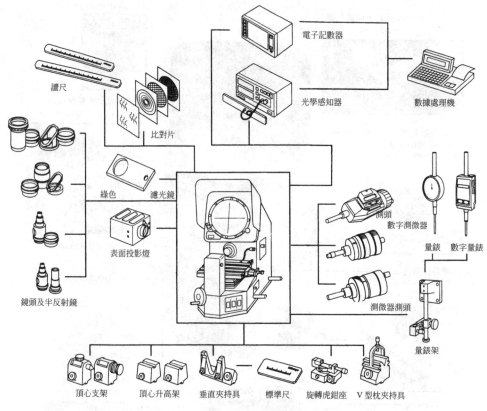

讀尺

比對片

電子記數器

光學感知器

數據處理機

綠色　濾光鏡

表面投影燈

鏡頭及半反射鏡

測頭

數字測微器

量錶　數字量錶

測微器測頭

量錶架

頂心支架　頂心升高架　垂直夾持具　標準尺　旋轉虎鉗座　V型枕夾持具

圖 8.8　水平投射型投影機系統配置圖

■ 8.6　投影機的附件

投影機包括下列附件以增加其使用功能：

1. 投影鏡頭

投影機投影鏡頭以不同的放大倍率來投影工件，為了便於安裝起見，均採用插合式設計，鏡頭前端可附加半反射鏡，如圖 8.9 所示。

圖 8.9　投影鏡頭

圖 8.10　投影幕

2. 投影幕

投影幕爲半透明玻璃，其上有十字細線，投影幕附有可旋轉的游標角度測量裝置，可測量精確的角度，有 5′與 1′兩種精度。投影幕邊緣附加圖形固定夾，以備夾附標準片使用。如圖 8.10 所示。

3. 微動裝物台

微動裝物台以測微器測頭裝於 X 軸與 Y 軸方向，亦有裝設電子測頭，以數字顯示裝物台移動量，有些裝物台表面附加游標微分裝置，可以作精確的角度測量，微動裝物台如圖 8.11 所示，(a)爲測微器測頭裝物台，(b)爲電子測頭裝物台，(c)爲微動裝物台附加游標角度測量裝置。

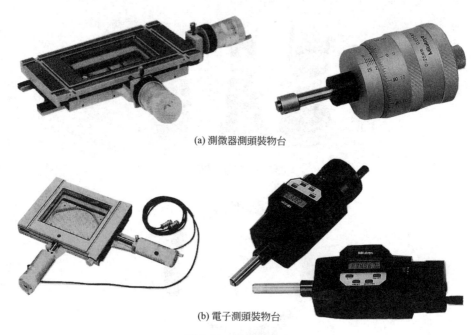

(a) 測微器測頭裝物台

(b) 電子測頭裝物台

圖 8.11　微動裝物台

4. 旋轉式裝物台

　　旋轉式裝物台之游標式角度刻劃裝置可以作精密的角度旋轉，其角度精度有 2′ 及 6′ 兩種，台面附有 T 型槽，對於角度或極座標方式的測量非常方便，節省變換工件的時間，同時增加測量的精確性。旋轉式裝物台如圖 8.12 所示。

圖 8.12　旋轉式裝物台

5. 頂心支架

　　頂心支架可以將工件水平架射以供投影觀測用，如圖 8.13 所示。

圖 8.13 頂心支架

6. 旋轉中心支架

　　旋轉中心支架可以將工件架設，工件中心線與水平之夾角範圍為＋10°，旋轉中心支架如圖 8.14 所示。

圖 8.14 旋轉中心支架

7. 旋轉虎鉗座

　　旋轉虎鉗座可以將工件夾持，並且作水平的旋轉。旋轉虎鉗座如圖 8.15 所示。

圖 8.15 旋轉虎鉗座

8. V 型枕夾持具

　　V 型枕夾持具可以夾持圓棒或對稱型工件於 V 型枕，以利測量工作的進行。V 型枕夾持具如圖 8.16 所示。

圖 8.16　V 型枕夾持具

9. 壓板夾持具

　　壓板夾持具為一槓桿式夾持具，將工件夾持固定，以便於觀察測量。壓板夾持具如圖 8.17 所示。

圖 8.17　壓板夾持具

10. 垂直夾持具

　　垂直夾持具適用於薄形工件的垂直夾持，以便於觀察測量。垂直夾持具如圖 8.18 所示。

圖 8.18　垂直夾持具

11. 照相附件

投影幕之影像可以照相附件，拍製成照片以爲記錄或觀察比對之用。照相附件如圖 8.19 所示。

圖 8.19　照相附件

12. 玻璃刻度尺

玻璃刻度尺包括標準尺與讀尺兩種，標準尺用於檢驗投影機放大精度。將標準尺放於投影機下，經過放大後，於投影幕上以讀尺測量標準尺投影之長度，除以放大倍率後，比較測量值與標準尺之差值，而得投影機放大精度。玻璃刻度尺如圖 8.20 所示。

圖 8.20 玻璃刻度尺

13. 標準比對圖片

標準比對圖片如圖 8.21 所示。

A：上半部爲 1°的輻射半徑，下半部爲間隔 1mm 的同心圓。

B：直角十字線及間隔 5mm 的同心圓。

C：間隔爲 1mm 的同心圓。

D：水平爲 20 倍，垂直爲 50 倍間隔 1mm 之方格。

E：10mm×10mm 之正方格。

F：直角十字線刻劃距離爲 0.5mm。

G：1mm×1mm 之正方格。

H：1°的輻射半徑。

I：1mm 間隔水平線。

J：1°的輻射半徑及 1mm 間隔的同心圓。

K：公制螺牙，統一螺牙之牙型。

L：公制螺牙，漸開線齒輪之牙形與齒形。

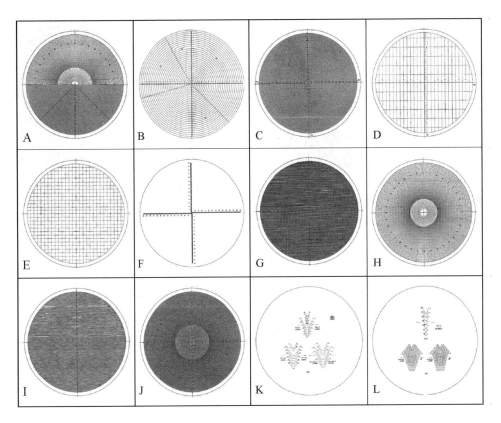

圖 8.21　標準比對圖片

14. 影像光學感知器

　　投影幕上影像的觀察，由一光學感知器感知兩間隔投影暗帶之距離，此種感知器並將測量結果，以電子數字顯示器顯示，如此作法可得較客觀準確的測量結果，以電子數字顯示器顯示，如此作法可得較客觀準確的測量結果。如圖 8.22 所示，(a)為光學感知器外型，(b)為使用實例。

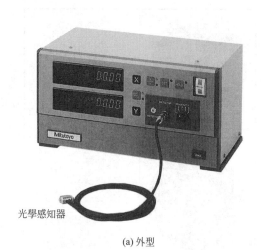
(a) 外型

光學感知器

(b) 使用例

圖 8.22 光學感知器

15. 座標數據處理機

座標數據處理機可以經由光學感知器或電子測頭得知測量點之值，輸入座標數據處理機，經由軟體程式之處理，以計算法得知測量結果，並且以印表機印出測量值。如圖 8.23 所示。

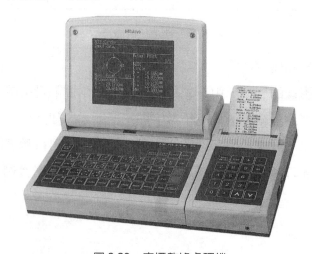

圖 8.23 座標數據處理機

■ 8.7 投影機的使用

投影機之使用循下列步驟：

(1)選用適當倍率的鏡頭

根據被觀測物體之大小及投影幕之大小，選擇適當倍率的鏡頭，使
工件整體可以成像於投影幕內。

(2)安裝鏡頭於鏡頭座

選擇適當的鏡頭插入鏡頭座，若需表面投影，則需加裝半反射
鏡。

(3)安裝工件於裝物台

根據工件之外形及欲投影觀察的方向，選擇夾持具，安裝工件於裝
物台。

(4)將主電源打開

由於投影燈泡為發熱體，因此主電源打開時，風扇亦同時轉動散
熱。

(5)輪廓投影照射

當輪廓投影觀測時，將輪廓投影光源打開，形成輪廓投影照射。

(6)表面投影照射

當表面投影觀測時，將表面投影光源打開，藉半反射鏡形成表面投
影照射。

(7)焦距調整

旋轉焦距調整手輪，使投影幕上出現一清晰之成像。

(8)進行測試調整的工作

調整測微器裝物台或角度游標裝置，作直線或角度測量；以標準比
對板作比對式測量；以讀尺作直接測量等。

(9)使用完之處置

觀測完應立即將照射燈源關閉，同時維持風扇散熱一段時間，使燈絲冷卻，再將主電源關閉。

■ 8.8　投影機的用途

投影機有下列用途：

1. 使用玻璃讀尺測量長度

(1)檢查放大倍率誤差

玻璃讀尺可以用來檢查投影機之放大倍率之誤差，其方法為將標準尺放於裝物台，以放大鏡投影於投影幕，以玻璃讀尺讀測投影幕上成像的長度，則工件測量尺寸為：

標準尺之實際值與工件測量值之差值即為誤差，求其百分率，即為倍率誤差百分比。

(2)使用玻璃讀尺測量

以玻璃讀尺測量投影幕的成像，再除以鏡頭的放大倍率，可以求得被測物體實際長度。

$$工件測量尺寸 = \frac{投影幕讀測尺寸}{放大鏡倍率}$$

2. 表面投影測量

以表面投影光源照射工件，使表面狀況放大反射至投影幕，如圖 8.24 所示。

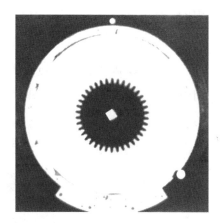

圖 8.24   表面投影測量   圖 8.25   輪廓投影測量

3. 輪廓投影測量

　　以輪廓投影光源照射工件，使輪廓狀況放大至投影幕，以便作細部測量，如圖 8.25 所示。

4. 長度測量

　　⑴直接測量

　　　　利用微動裝物台之測微器，配合投影幕之中心十字線，作工件微小尺寸的直接測量。如圖 8.26 所示，工件之圓孔與 Y 軸線相切，歸零 X 軸測微器測頭，然後移動 X 測微器測頭至圓孔的對邊與 Y 軸線相切，由測微器可讀數圓孔直徑。

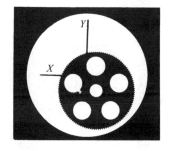
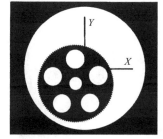

圖 8.26   測微器測頭測量孔徑

⑵比較式測量

　　利用塊規先歸零微動裝物台上的測微器測頭，使投影幕之十字線與
工件之邊緣線重合，然後將塊規移去，使工件另一邊緣線與十字線
比較，若沒有重合則調整測微器測頭使之重合，此時被測物之值為
塊規值與測微器測頭之讀數值的代數和。此種比較式測量適用於長
距離尺寸的測量，必須配合旋轉式承物台使用，如圖 8.27 所示。

圖 8.27　比較式長度測量

5. 比對測量

　　以標準比對圖片測量工件，例如利用同心圓比對片檢查圓球的直徑，
直接由投影幕上讀數圓球的直徑，如圖 8.28 所示。

圖 8.28　比對片測量圓球直徑

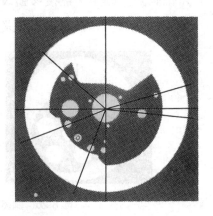

圖 8.29　旋轉裝物台角度測量

6. 角度測量

(1)利用旋轉裝物台

　　以旋轉裝物台測量工件的角度，如圖 8.29 所示；旋轉裝物台配合測微器測頭可以作極座標的測量，如圖 8.30 所示。

原　　點：0
角度基線：R_0

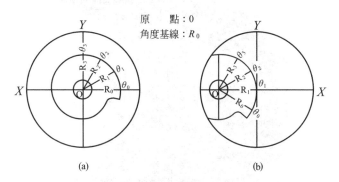

(a)　　　　　　　　　　(b)

圖 8.30　極座標角度與長度測量

(2)利用旋轉投影幕

　　以旋轉投影幕的游標角度刻劃裝置，可以作工件的角度測量，若再配合微動裝物台的移動，角度測量更為方便。如圖 8.31 所示，旋轉投影幕上的游標角度裝置，配合微動裝物台作角度測量。

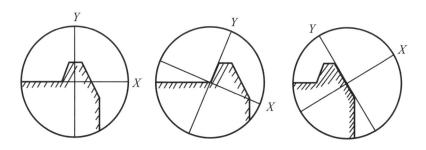

圖 8.31　旋轉投影幕角度測量

7. 螺紋測量

　　以投影機及其附件螺牙比對片的配合，投影機可以作螺紋牙型、節徑、螺距等尺寸的測量，如圖 8.32 為螺紋牙角的測量。

圖 8.32　螺紋牙角測量

■ 8.9　投影機的使用維護

投影機的使用維護有下列數項注意事項：

(1)投影機之測量與保管環境應維持20℃及40%的相對濕度，以確保投影機精度。

(2)調整或架設工件時，通常將光源設定在弱光範圍，以免過多熱量產生。

(3)使用強光不可過久，避免投影機過熱。

(4)關閉電源時，應先確定風扇已將光源確實冷卻，並且表面投影光源與輪廓投影光源已先關閉，始可關閉主電源。

(5)被測工件之大小，應符合投影機之規格。

(6)調整焦距或裝卸工件時，應避免撞及鏡頭或半反射鏡。

(7)鏡頭之擦拭保養，應使用專用保養工具，如軟性紙、氣刷等，並且應置於乾燥箱內保存，避免受潮。

(8)投影幕之毛玻璃，避免沾油污，以免成像不清。

(9)保持投影機之清潔，避免灰塵，同時應注意防銹與潤滑。

習題 8

1. 試說明投影機的測微原理。

2. 試說明投影機的優點。

3. 試以輪廓投影光源投射之方向分類投影機之種類。

4. 試說明投影機之投影原理。

5. 試說明投影機之構造。

6. 試說明投影機之附件。

7. 試說明投影機之用途。

8. 試說明投影機之使用維護注意事項。

Chapter

9

輪廓測量

▣ 9.1　輪廓測量概說

輪廓是指被測工件斷面的形狀，通常是指二度空間下的斷面狀況。機件的輪廓若很單純，僅以二度空間的測量儀具即可測知輪廓，例如以比對樣規、工具顯微鏡、投影機，或多個一度空間量具組合，即可測知輪廓狀況。若機件的輪廓為複雜形狀，同時呈三度空間的變化，例如模具形式、渦輪葉片等工件，則普通的測量儀器，無法很滿意得作輪廓測量，此時需以專用的輪廓測量機，或三次元電腦輔助測量機，始能作很滿意的輪廓測量。

▣ 9.2　輪廓測量的方法

輪廓測量的方法，以所使用的量具可分類為：

1. 比對樣規

比對樣規大部分以比對樣板的形狀出現，例如螺牙樣規、半徑規、形狀樣板等工件，如圖 9.1 所示。

(a) 螺牙規

圖 9.1　比對樣規

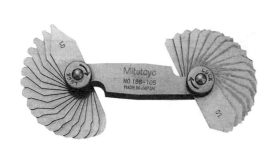

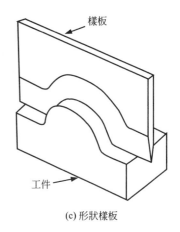

樣板

工件

(b) 半徑規　　　　　　　　　　(c) 形狀樣板

圖 9.1　比對樣規 (續)

2. 一次元量具組合

　　以一次元量具組合成所欲檢測的輪廓，例如數個量錶架設成輪廓外型，用來作比較式的輪廓測量，如圖 9.2 所示。

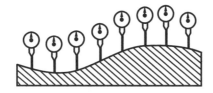

圖 9.2　量錶組合測量輪廓

3. 光學測量儀器

　　光學測量儀器包括比對放大鏡、工具顯微鏡、投影機等非接觸性測量的儀器，通常都是以標準比對板作比較式輪廓檢驗，如圖 9.3 所示。

4. 專用測量機

　　專用測量機包括三次元座標測量機、齒形測量機、凸輪測量機等專用測量儀器亦可作高精度的輪廓測量，本書有專門章節討論。

(a) 比對放大鏡

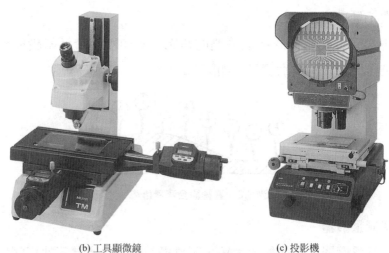

(b) 工具顯微鏡   (c) 投影機

圖 9.3　光學測量儀器作輪廓檢驗

5. 輪廓測量機

　　輪廓測量機為專門測量輪廓狀況所發展的測量儀器，由靈敏的感測頭感測輪廓狀況，送至電子裝置放大，再以繪圖機將測量結果繪出。此輪廓測量機詳述於下節。

9.3　輪廓測量機

1. 輪廓測量機的原理

　　輪廓測量機以電子測頭感測輪廓形狀，此電子測頭的構造與前述之電子測頭略同，唯測頭可更換以適應不同形狀的工件，電子測頭的測微原理亦同前所述。測頭微小移動量轉變為感應電流，送至電子放大器，此電子放大器提供多種放大倍率，將測量結果放大，再輸出至記錄器，顯示測量結果。

2. 輪廓測量機的構造

　　輪廓測量機包括下列各組件：如圖 9.4 所示。

　　(1)測頭組：用以感測工件表面輪廓。

　　(2)機座組：用以支承工件，架設測頭。

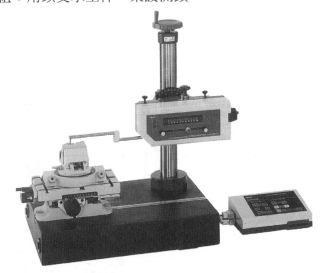

圖 9.4　輪廓測量機的構造

　　(3)驅動組：為驅動測頭沿工件表面移動之裝置，並將測頭移動量送至記錄器記錄。

⑷記錄器組：為一平面座標記錄裝置，將測量結果記錄於記錄器。

⑸夾具組：用以夾持架設被測工件。

3. 輪廓測量機構件

⑴測頭構件

測頭的形狀及適用範圍如下：

①記錄針型：適用於普通外形或深溝槽的測量，測量角度上升可達 75°，下降可達 85°。

②錐形針型：適用於複雜形狀的立體表面、扭轉表面的測量。

③刀形針型：適用於錐面或粗加工表面的測量。

④小孔針型：適用於小孔的測量。

⑤超小孔針型：適用於超小孔的測量。

測頭形狀如圖 9.5 所示。

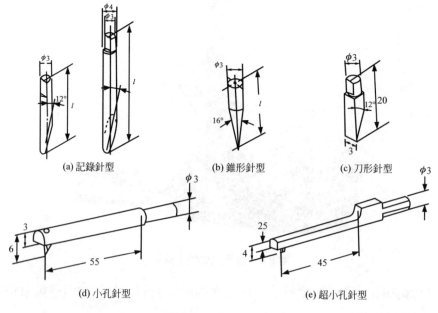

(a) 記錄針型　　(b) 錐形針型　　(c) 刀形針型

(d) 小孔針型　　(e) 超小孔針型

圖 9.5　測頭的形狀

⑵測頭臂

測頭臂的形狀及適用範圍如下：

①標準臂：適用於普通工件的測量。

②深溝臂：適用於深溝槽面輪廓的測量。

③小孔臂：適用於小孔內部輪廓的測量。

④偏心臂：適用於內孔輪廓的測量。

⑤長形臂：適用於深孔內的輪廓測量。

⑥長溝臂：適用於長形深溝槽面輪廓的測量。

測頭臂的形狀與適用情形如圖 9.6 所示。

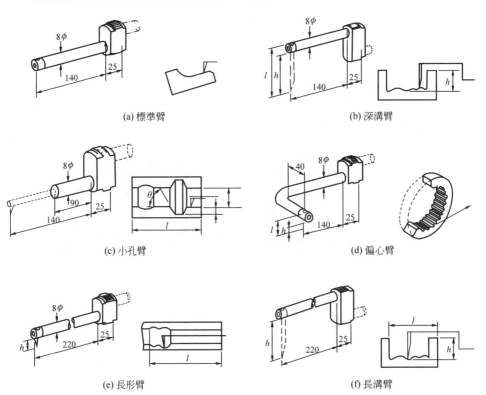

(a) 標準臂 　　 (b) 深溝臂

(c) 小孔臂 　　 (d) 偏心臂

(e) 長形臂 　　 (f) 長溝臂

圖 9.6　測頭臂的形狀與適用情形

(3)驅動組

驅動組負責移動測頭，使測頭延工件表面，按設定的速率、範圍移動，測量工件表面輪廓。驅動如圖 9.7 所示。

圖 9.7　驅動組

(4)記錄器組

記錄組可採用平面繪圖機或座標記錄裝置，將輪廓形狀以所選擇的放大倍率繪製於方格紙上，或以電腦裝置儲存輪廓座標值，記錄輪廓測量結果，記錄器組如圖 9.8 所示。

(a) X-Y 平面繪圖機　　　　　　　　(b) 電腦記錄裝置

圖 9.8　記錄組

(5)夾具組

夾具組包括直角座標平移台、V 型枕旋轉台、頂心支架等夾持具，如圖 9.9 所示。

4. 輪廓測量機系統

　　輪廓測量機系統包括輪廓測量機本體、承物台、工件夾具組、繪圖機、個人電腦及各類型式的測頭與測臂,輪廓測量機系統如圖 9.10 所示。

(a) V 型枕旋轉台

(b) 直角座標平程台

(c) V 型旋轉台架於直角平移台

(d) 頂心支架

圖 9.9　夾具組

5. 輪廓測量機的用途

　　輪廓測量機可以作圓角、斜面、倒角、螺紋、錐度、軸承內形、渦輪葉片、複雜曲線、模具、凸輪等工件的測量,測量實例如表 9.1 所示。

　　圖 9.11 為使用輪廓測量機測量樣規、內齒輪、渦輪葉片、軸承、刀具、內螺牙及滾珠導桿的使用實例。

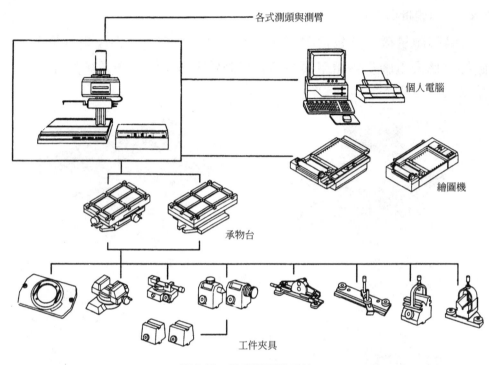

圖 9.10　輪廓測量機系統

表 9.1　輪廓測量的實例

測量種類	檢驗線及位置	外形描繪記錄
圓角 半徑 倒角 斜面		
螺紋 錐度		

表 9.1　輪廓測量的實例 (續)

測量種類	檢驗線及位置	外形描繪記錄
軸承內形		
複雜曲線剖面		
凸輪		
凹陰模		
半徑 角度 平面		
平行度		
渦輪葉片		

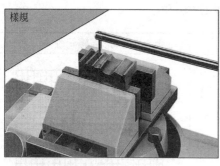

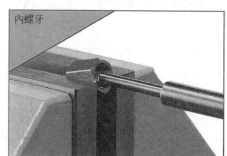

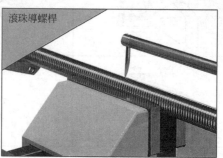

圖 9.11 輪廓測量機的使用實例

習題 9

1. 試說明輪廓測量的意義。

2. 試說明輪廓測量的方法。

3. 試說明輪廓測量機的原理。

4. 試說明輪廓測量機的構造。

5. 試說明輪廓測量機測頭的種類及其適用範圍。

6. 試說明輪廓測量機測頭臂的種類及其適用範圍。

7. 試說明輪廓測量機夾具組的構件及其功能。

8. 試舉例說明輪廓測量機的用途。

Precision Measuring Tools & Mechanical Parts Testing

Chapter *10*

真圓度測量

□ 10.1　真圓度概論

　　今日科技文明的產品中，幾乎每一種機器均有轉動的機件，此轉動機件為圓形的軸或孔，以各種型式出現在各種機器產品，例如軸、軸承、齒輪、套筒、球軸承、氣封面、油封面等。其真圓的程度關係到此項產品是否能正常使用，以及是否能發揮其應有的功能，因此如何加工機件至所要求的精密程度，除了尺寸公差必須嚴格控制外，尚須控制其形狀公差，真圓度即為其一，另外位置公差中的平行度、同軸度、垂直度亦須顧及，這些都是與機件真圓程度有關的測量。

　　真圓度的重要性可由軸與軸承之間的潤滑油膜厚度看出，如果軸與軸承為真圓，則其間之油膜厚度保持一定，更能顯現出機件的設計功能；若油膜厚薄不一，則其機件功能將受限制，如圖 10.1 所示。曲柄軸的真圓度及與真圓度有關之同軸度、平行度、垂直度等幾何誤差，皆可以真圓度測量方式求出，如圖 10.2 所示。

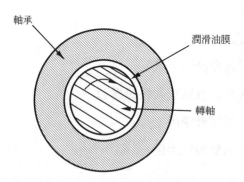

圖 10.1　軸與軸承間之油膜分析狀況

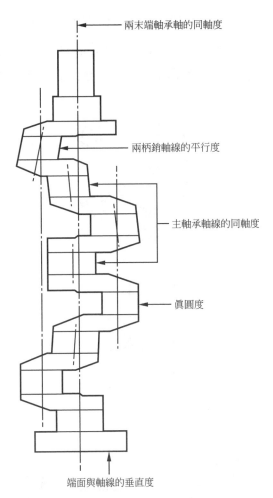

兩末端軸承軸的同軸度

兩柄銷軸線的平行度

主軸承軸線的同軸度

真圓度

端面與軸線的垂直度

圖 10.2　曲柄軸之真圓度、同軸度、平行度、垂直度誤差

▦ 10.2　真圓度表示制度

　　真圓度表示制度可以由其測量的方法加以分類，真圓度表示制度有下
列幾種：

1. 直徑法真圓度

　　直徑法的真圓度是測量轉軸的直徑，以測微器測量轉軸上數點的直徑

值，由其中最大直徑值與最小直徑值的差值來表示眞圓的程度，這種眞圓度稱爲直徑法眞圓度，本方法爲最簡單也是最有效的一種眞圓度測量方法，例如以測微器、缸徑規及量錶直接測量直徑值，如圖 10.3 所示。

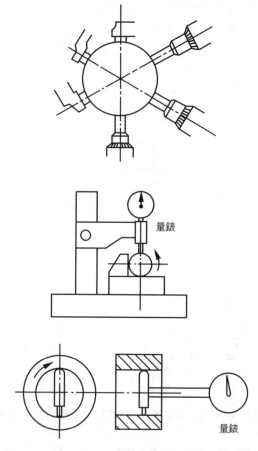

圖 10.3　直徑法真圓度

2. 三點法眞圓度

　　三點法的眞圓度是以量錶測工件兩支持點的垂直平分線上輪廓的位移量，以此位移量來表示眞圓的程度，這種眞圓度稱爲三點法眞圓度，一般兩支持點均採用 V 型座，其角度爲 90° 或 120°，一般小型工件均以 V 型座架設，大型工件則以外徑卡規或內徑卡規架設，如圖 10.4 所示。

　　長軸工件須使用兩塊 V 型座來架設，量錶安裝於其間，量錶的位移量受軸線是否彎曲的影響，產生很大的變化，如圖 10.5 所示。

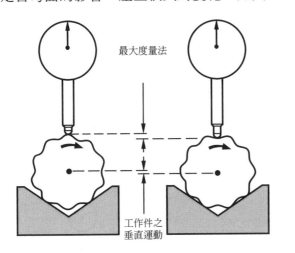

最大度量法

工作件之
垂直運動

(a) V 型座

(b) 外徑卡規

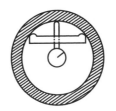

(c) 內徑卡規

圖 10.4 三點法真圓度

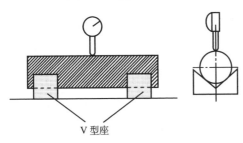

V 型座

圖 10.5　三點法真圓度

　　三點法眞圓度的測量值受 V 型座的角度及工件不規則表面凸起點的影響，尤其是每個凸起點影響量錶三次，凸起點與三點接觸時均影響量錶值。本方法測量時須用手轉動工件，工件轉動時的誤差亦會影響測量的準確性。

　　三點法眞圓度測量非常容易，使用 V 型座與量錶即可作測量，雖然並非是很嚴謹的眞圓度測量法，但是用於決定工件是否爲圓形時，本方法是可行的一種測量法。

　3. 半徑法眞圓度

　　半徑法的眞圓度是將工件安裝於兩中心孔之間，於垂直中心線方向架設量錶，測量工件半徑值的變化量，以最大值與最小值之差來表示眞圓的程度，如圖 10.6 所示。

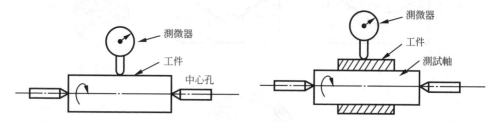

圖 10.6　半徑法真圓度

　　如果將測頭的移動量及工件軸的旋轉角度加以記錄，則可以將測量圖形描繪於記錄紙上，此種利用半徑法將形狀誤差放大並且記錄圖形，爲目前眞圓度測量的主要方式，記錄圖形分析的步驟爲先以特定方法決定圖形中心，然後再取最大圓與最小圓半徑差來代表眞圓度，此特定方法有下列四種：

　⑴最小平方圓中心法 (Least Squeares Circle—LSC)

　　　最小平方圓可視爲所有波峰與波谷的平均值，其定義爲由此圓中心量至外形周界上的徑向距離的平方和爲最小，此圓即爲最小平方圓；眞圓度的表示法即以此圓與最大波峰圓的徑向距離 P 和此圓與最小波谷圓的徑向距離 V 之和來代表，即 $P + V$，如圖 10.7 所示。

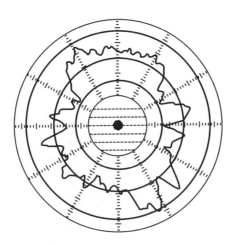

圖 10.7　最小平方圓中心法

(2)最小環帶圓中心法 (Minimum Zone Circle MZC)

由兩同心圓將記錄圖外形封閉並且有最小的徑向差值，真圓度即以此徑向差值來代表，此圓之中心稱為最小環帶圓圓心，如圖 10.8 所示。

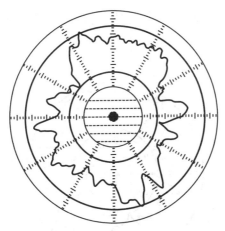

圖 10.8　最小環帶圓中心法

(3)最大內切圓中心法 (Maximum Inscribed Circle MIC)

將記錄圖形中取一最大內切圓，以此內切圓之圓心，求出最大波峰圓，真圓度即以此波峰圓到內切圓之經向距離來代表，即 $P + V$＝8，而 V 值為 0，如圖 10.9 所示。

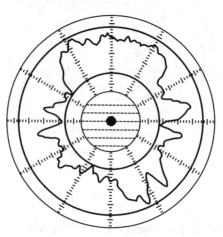

圖 10.9　最大內切圓中心法

(4)最小外接圓中心法 (Minimum Circumscribed Circle MCC)

　　將記錄圖形取一最小外接圓，以此外接圓之圓心，求出最小波谷圓，真圓度即以波谷圓到外接圓之徑向距離來表示，即 $P + V$＝V，而 P 值為為 0，如圖 10.10 所示。

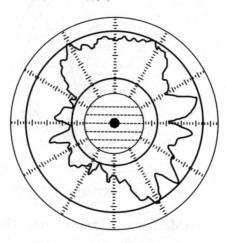

圖 10.10　最小外接圓中心法

■ 10.3　真圓度測量機的形式

　　眞圓度測量機是將探測頭與工件作相對轉動，記錄圖形由人工判讀或由電腦計算，求得眞圓度測量值。其形式可分類如下：

1. 依轉動型式分類

　　依轉動型式可分類為工作台轉動型與探測頭轉動型：

⑴工作台轉動型

　　本型工作台設置於一轉動軸承上，可以作高精度的轉動，探測頭固定於測軸臂，隨著工作台的轉動，探測頭可測得半徑方向的測量值，如圖 10.11 所示。本型測量機有下列優點：

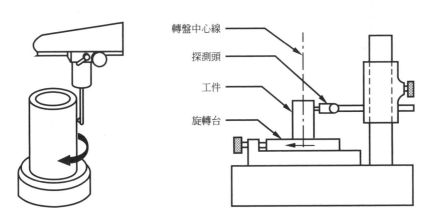

轉盤中心線

探測頭

工件

旋轉台

圖 10.11　工作台轉動型真圓度測量機

①可將複雜形狀工件眞圓度的測量簡單化。

②不必變換工件夾持位置，即可作同軸度、平行度或直角度的測量。

③工件任何部位，均能以最高倍率測量。

④測量高度不受限制，只要於測量範圍內均可測量。

⑵探測頭轉動型

本型探測頭可隨軸心轉動，沿著工件周圍測定眞圓度，如圖 10.12 所示。本型測量機有下列優點：

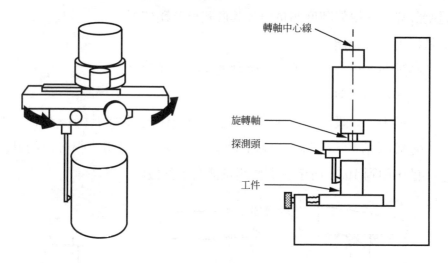

圖 10.12　探測頭轉動型真圓度測量機

①適用於重型工件，僅探測頭轉動測量工作外形，使測量輕、重工件時，測定條件均相同。

②測定點不受工件偏心的影響。

③僅探測頭回轉，承載部分之荷重固定，能保持均衡的負荷狀態。

2. 依轉動軸承分類

眞圓度測量機的轉動軸承有下列幾種：

⑴乾或輕滑潤軸承

本型軸承以一鋼球作爲推力軸承，在一杯型座內轉動，此類軸承維護容易，於各種速率及負荷下，均有其固定的精確性，但是只能承受有限量的負荷。

(2)油壓動力式軸承

本型軸承由兩球型軸承所組成，當機軸轉動時它們之間就會因轉動面作用而保有一層油膜，在等速轉動時油膜有一定厚度，但是在慢速或重負荷情況下油膜就會消失。因為負荷量小，所以此類軸承主要用於探測頭轉動型真圓度測量機。

(3)靜氣壓式軸承

本型軸承又稱為空氣軸承，其運轉精確性及負荷量均達理想的程度，工作台轉動型真圓度測量機大部分均採用此種軸承，此類真圓度測量機，亦被廣泛使用。

(4)靜油壓式軸承

本型軸承軸與軸套之間的油膜以壓力輸入，不論軸為轉動或靜止狀態，均有油膜存在，其靜壓的效果比空氣式為佳，並且可承受高負荷，轉動精確性高，測量重負荷工件的工作台，轉動型真圓度測量機均採用此類軸承。

10.4　真圓度測量機原理與系統構造

1. 真圓度測量機的原理

真圓度測量機的原理為利用電子探測頭偵測工件外形，隨工件轉動角度記錄探測頭移動量，將整個圓用的變化圖形繪出，以人工方式依照表示制度判讀真圓度值；或者送至分析儀，分析儀依照真圓度的表示制度，將真圓度的數量化值計算出來，同時亦可以將測量圖形及分析結果以繪圖機繪出。

電子探測頭隨工件外形移動，連動磁鐵切割線圈，線圈因而感應出電流，將此感應電流，送至電子放大系統放大，再由記錄筆將記錄圖形繪出，真圓度測量機的原理如圖 10.13 所示。

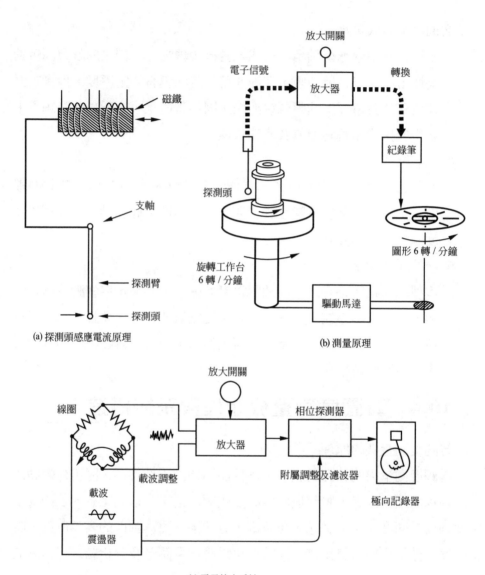

圖 10.13　真圓度測量機原理

2. 眞圓度測量機的構造

　　眞圓度測量機的構造包括探測頭、氣浮旋轉台、工件軸心調整台、圖形記錄器、電子放大器、基架座及夾持附件等部分。圖形記錄器與電子放大器若合併起來，則成爲眞圓度分析儀。眞圓度測量機構造如圖10.14所示。

⑴探測頭：探測頭有多種型式，以適用於不同工作的測量，圓球型探測頭適用於一般工件的測量，特殊的小孔、深槽、圓角的測量則採用專用的探測頭。

⑵氣浮旋轉台：氣浮旋轉台承載軸心調整台及工件，使工件以氣浮軸承中心線爲軸旋轉。

⑶軸心調整台工件軸心調整台用於調整工件的中心線與旋轉氣浮軸承中心線重疊成一條線，具有調中心與調水平兩種調整鈕。

⑷圖形記錄器：接受電子放大器的信號，圖形記錄器上的繪圖筆隨著記錄錄器的旋轉，將眞圓度測量圖形繪於圖紙上。

⑸電子放大器：接受探測頭的電流信號，將信號放大，並且加以濾波，依眞圓度表示制度計算測量值。

圖10.14　真圓度測量機構造

(a) 眞圓度分析儀

　　中心夾頭　　　　　　　　　　三爪夾頭　　　　　　　　　　定心裝置

(b) 夾持附件

圖 10.14　真圓度測量機構造 (續)

(6)基架座：用於架持探測頭，承載軸心調整台、圖形記錄器與測量工件的基架本體。

(7)夾持附件：用於夾持工件，包括三爪的中心夾頭及定心裝置。

(8)眞圓度分析儀：為電腦式分析儀，具備電子放大器、計算眞圓度測量值及印表機的功能。

3. 眞圓度測量機系統

　　一完整的眞圓度測量機系統除了眞圓度測量機及電子放大器兩項基本設備外，尚包括測頭組、工件定心夾具組、工件軸心調整台、防震台、印表機及個人電腦等附屬設備，如圖 10.15 所示。

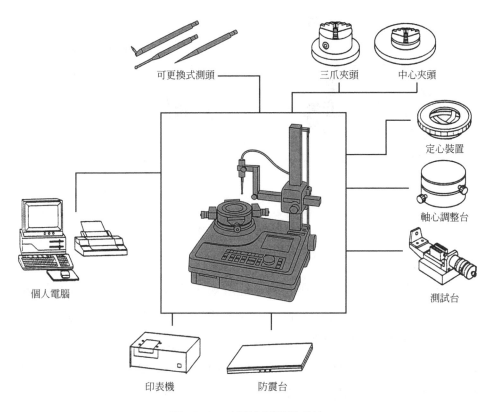

可更換式測頭

三爪夾頭

中心夾頭

定心裝置

軸心調整台

個人電腦

測試台

印表機

防震台

圖 10.15　真圓度測量機系統

10.5　真圓度測量機使用

1. 水平調整 (level)

　　水平調整係調整工件承載台面或工件測量面呈水平，即為了達到工件軸心與工件承載台軸心重疊的目的，須先調整前兩者軸心呈平行。調整的方法為先歸零軸心調整台 X 軸向水平，再旋轉 180°檢視電子測頭水平位移量，作反向二分之一量水平調整，完成X軸向水平調整；Y軸向亦採前項之調整方式，將承載台面或工件面調整至水平狀況，水平調整如圖 10.16 所示。

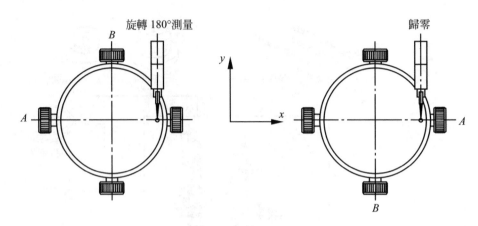

圖 10.16　水平調整

2. 中心調整 (center)

中心調整係調整工件承載台之軸心線與工件軸心線重合,將兩平行軸心線,經由中心調整操作,使兩軸心線重疊成一線調整方法為先歸零 X 軸向位移量,再旋轉 180° 檢視電子測頭 X 軸向位移量,作反向二分之一量調整,完成 X 軸向中心調整; Y 軸向亦採前項之調整方式,將工件軸心調整至承載台軸心,中心調整; Y 軸向亦採前項之調整方式,將工件軸心調整至承載台軸心,中心調整如圖 10.17 所示。

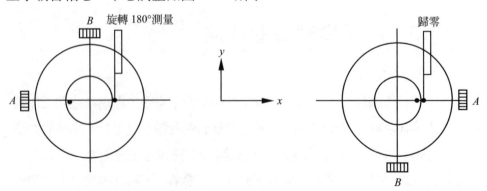

圖 10.17　中心調整

3. 濾波器的選擇 (filter)

　　工件外形周緣的測量包括長波紋輪廓及短波紋輪廓，前者為形狀公差真圓度測量的主題，後者為表面粗糙度測量的主題，為了達到測量的目的，必須將不需要的波長輪廓除去，一般均採用電子濾波器作衰減，將緊密分佈的不規則點除去。真圓度測量即以信號截取頻率值來區分過濾器衰減等級，以工件周緣每轉之反應週期數 (cycle per revolution response) 或波峰波谷數 (undulation per revolution) 可分類為 15、50、150、500 四種，如圖 10.18 所示。

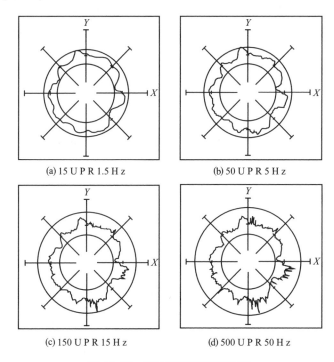

(a) 15 U P R 1.5 H z　　　　(b) 50 U P R 5 H z

(c) 150 U P R 15 H z　　　　(d) 500 U P R 50 H z

圖 10.18　過濾器圖形衰減情形

4. 真圓度測量

　　真圓度測量時，如果工件設置於承載台的面為平面，並且與軸心線垂直，則以 B 測頭接觸承載台面作水平調整，然後以 A 測頭接觸工件作中心調整，以 A 測頭於 A 點測量工件真圓度，如圖 10.19(a)。

　　如果工件放置於承載台的面不與工件軸心垂直，則先以 A 測頭對工件作中心調整，再以 B 測頭對工件作水平調整，然後以 A 測頭於 A_1 點測量工件真圓度，如圖 10.19(b)所示。

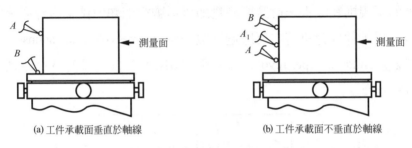

(a) 工件承載面垂直於軸線　　　　　　　(b) 工件承載面不垂直於軸線

圖 10.19　真圓度測量

5. 同心度測量

　　同心度的公差表示法，以軸心線變動範圍落於一圓柱體內，以圓柱之直徑來代表，但是以幾何的觀念來看，是指兩軸心偏離的情形，稱為偏心度，因此同心度之公差等於兩倍的偏心度公差。

　　偏心度的測量，先決定基本軸心，再測量被測軸心，即可得到偏心度值，如圖 10.20 所示，一同心圓柱體測量面 Y 與基本面 X 同心，先以 A 測頭於 A 點作中心調整，再以 B 測頭於 B 點作水平調整，B 測頭於 B_1 點可測得偏心度。

　　一圓環形工件偏心度測量，如果工件承載台面為平面，並且與內徑軸心線垂直，則以 B 測頭接觸承載台面作水平調整，A 測頭於 A 點作中心調整，B 測頭於 B_1 點可測得偏心度，如圖 10.21(a)所示。

　　若工件內孔太小，無法容納兩測頭，則測量基本面 X 與測量面 Y 之偏心度，以 A 測頭於 A_1 點作中心調整，以 A 測頭於 A_2 點作水平調整，B 測頭於 B 點可測得偏心度，如圖 10.21(b)所示。

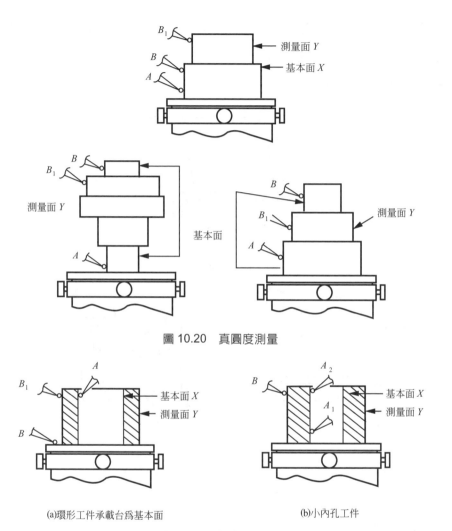

圖 10.20　真圓度測量

(a)環形工件承載台為基本面　　　　(b)小內孔工件

圖 10.21　偏心度測量

6. 垂直度測量

　　垂直度是工件之面或軸與基本面或軸是否呈90°正交程度的一種測量，一圓柱體若以承載台為基本面，以 A 測頭於 A_1 點作水平調整，再以 A 測頭於 A_2 點作中心調整，則 B 測頭於 B 點可測得垂直度，垂直度測量可於 A_2 點與 B 點測得，如圖 10.22(a)所示。

　　若以工件面為基本面，則 A 測頭於 A_1 點作水平調整，再以 A 測頭於 A_2 點作中心調整，則 B 測頭於 B 點測量，垂直度測量可於 A_2 點與 B 點測得，如圖 10.22(b)、(c)所示。

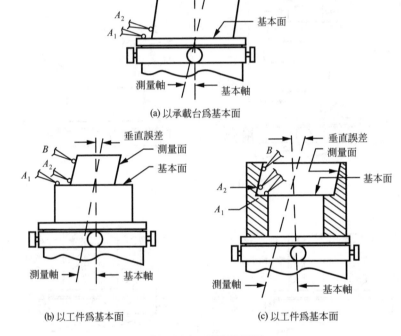

(a) 以承載台為基本面

(b) 以工件為基本面　　　　　　　(c) 以工件為基本面

圖 10.22　垂直度測量

7. 平行度測量

　　平行度是工件面與基本面呈平行程度的一種測量，一圓柱體若以承載台為基本面，以 A 測頭於 A_1 點儘可能靠近承載台面作中心調整，以 A 測頭於 A_2 點作水平調整，則以 B 測頭於 B 點可測得平行度測量值，此 B 點儘可能於圓柱端面外緣，平行度測量可於 A_2 點與 B 點測得，如圖 10.23(a)所示。

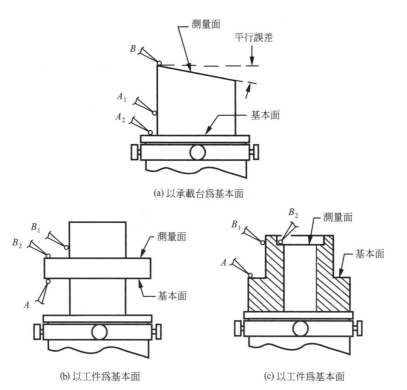

(a) 以承載台為基本面

(b) 以工件為基本面   (c) 以工件為基本面

圖 10.23   平行度測量

　　若工件面為基本面，則以 A 測頭於 A 點作水平調整，以 B 測頭於 B_1 點中心調整，B 測頭於 B_2 點可測得平行度測量值，平行度測量可於 B 點與 B_2 點測得，如圖 10.23(b)、(c)所示。

8. 平面度測量

　　平面度是工件面呈平面程度的一種測量，於圓形工件測量時，主要是圓形端面之平面度，一圓柱體或一中空圓柱體，以 A 測頭於 A_1 點作中心調整，以 A 測頭於 A_2 點作水平調整，則 A 測頭於 A_2 點、A_3 點、A_4 點均可測得平面度測量值，如圖 10.24 所示。

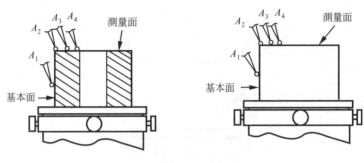

圖 10.24　平面度測量

◼ 10.6　真圓度測量機的用途

　　真圓度測量機除了可以測量工件真圓度之外，尚可作其他形狀公差與位置公差的測量，例如平面度、同軸度、同心度、垂直度、平行度的測量，這些測量工作如果配置雙探測頭則可以使測量更為方便，增加測量的效率，真圓度測量機的用途如圖 10.25 所示。

圖 10.25　真圓度的用途

圖 10.25　真圓度的用途 (續)

習題 10

1. 試說明眞圓度表示制度。
2. 試說明最小平方圓法眞圓度。
3. 試說明最小內切圓法眞圓度。
4. 試說明最大外接圓法眞圓度。
5. 試說明最小領域法眞圓度。
6. 試眞圓度測量機的形式。
7. 試說明眞圓度測量機的原理與系統構造。
8. 試說明眞圓度測量的要領。
9. 試說明平面度測量的要領。
10. 試說明垂直度測量的要領。
11. 試說明平行度測量的要領。
12. 試說明同軸度測量的要領。
13. 試說明同心度測量的要領。

Chapter

11

螺紋測量

▣ 11.1　螺紋的定義與用途

　　螺紋為利用斜面原理，將斜面捲製於圓柱體上，形成螺旋線，此螺旋線之邊緣製成牙形的一種機械元件，若螺旋線位於圓柱體周圍節為外螺紋，螺旋線位於圓柱體內壁即為內螺紋。如圖 11.1 即為一展開的螺紋線。

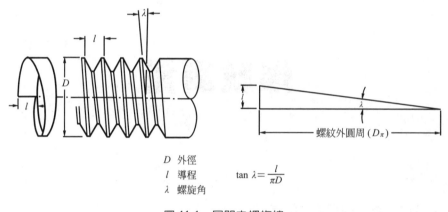

$$\begin{aligned} & D \quad 外徑 \\ & l \quad 導程 \qquad \tan \lambda = \dfrac{l}{\pi D} \\ & \lambda \quad 螺旋角 \end{aligned}$$

圖 11.1　展開之螺旋線

　　螺紋的用途一般可分類為三種：

1. 固定機件

　　固定機件的螺紋稱為固定螺紋，使用於兩種以上機件的接合，並且依使用狀況及修理的需要，隨時可以分解。固定螺紋以螺栓與螺帽的型態，配對使用。

　　固定螺紋使用時以扳手旋轉螺帽，兩配合螺紋即沿螺紋斜面轉動，形成旋緊狀態，螺紋產生彈性的軸向延伸，因而夾緊接合機件，並且產生摩擦力，不使機件鬆脫。此類螺紋常採用尖端牙型，大外徑的螺釘，採用小螺距時，螺旋角小，因此旋緊時之軸向夾緊力較大，並且比大螺距之螺紋具備較佳的安全防鬆效果。

2. 傳達動力

傳達動力的螺紋稱為傳動螺紋，利用螺紋的斜面原理，達到傳動機件或傳動重物的效果，如柵門螺桿螺紋或螺旋千斤頂螺紋，此類螺紋常採用大螺距的方牙牙型，以獲得良好的傳動效果。

3. 精密調整

精密調整的螺紋有測微器用的量測螺紋，車床導螺桿或精密工具機移動床台的鋼珠導螺桿，此類螺紋製造時須特別準確，餘隙及摩擦極小，以獲得精密的調整效果，如圖 11.2 為螺測微器之螺桿。

圖 11.2　測微器之螺桿

▣ 11.2　螺紋各部位名稱

螺紋各部位名稱如圖 11.3 所示：

⑴外徑 (major diameter)：螺紋最大外徑，為螺紋的標註外徑。

⑵底徑 (minor diameter)：螺紋最小外徑，即螺紋底徑。

⑶節圓直徑 (pitch diameter)：為一理想的圓柱直徑，此圓柱直徑界於外徑與底徑之間，橫切牙角，使牙間距與牙厚距相等。

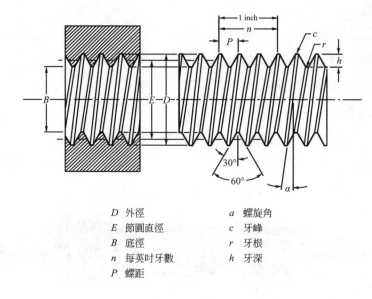

D	外徑	a	螺旋角
E	節圓直徑	c	牙峰
B	底徑	r	牙根
n	每英吋牙數	h	牙深
P	螺距		

圖 11.3　螺紋各部位名稱

⑷螺距 (pitch)：相鄰兩螺牙同位點之軸線距離。

⑸牙峰 (crest)：螺牙的頂面。

⑹牙根 (root)：螺牙的底面。

⑺牙深 (depth)：牙峰與牙根的垂直距離。

⑻螺牙角 (angle of thread)：螺牙兩邊面所夾的角度。

⑼導程 (lead)：螺紋旋轉一圈，沿軸線移動的距離。

⑽螺旋角 (helix angle)：螺旋線與軸之垂直線所夾之角。

⑾右旋螺紋：順時鐘方向旋轉前進的螺紋。

⑿左旋螺紋：逆時鐘方向旋轉前進的螺紋。

🔳 11.3　螺紋的演變史

螺紋實際的使用起自於十九世紀中，其間經過很多次牙型的變更，最後發展成統一標準的牙型。

(1)1841 年英國惠氏首定螺紋制度，螺牙角爲 55°，以每英吋螺紋數表示螺距，直徑則以英吋表示。

(2)1864 年美國 Sellers 氏定出 Sellers 螺紋，螺牙角爲 60°，螺紋之尖端予以截平，螺距以每英吋螺紋數表示，直徑亦以英吋表示，此種螺紋爲美國標準螺紋。

(3)1890 年德國定出 Lowenherz 螺紋，螺牙角爲 53°8′，螺距與直徑以 mm 表示。螺牙角較小，故螺牙深度較大。

(4)1898 年公制度量衡的國家，宣布採用國際制度 SI 螺紋，螺牙角爲 60°，螺距與直徑均以 mm 表示。

(5)1917 年德國標準委員會成立，將公制 SI 螺紋擴大，並列入標準。

(6)1922 年美國 ASME 與 SAE 所使用的兩種螺紋標準，被美國國家標準螺紋委員會擴充成爲統一之美國螺紋標準 (UST)，螺牙角爲 60°，直徑與螺距仍以英吋表示，但與惠氏螺紋完全不同。

(7)1926 年 ISA 成立，試圖將惠氏與 UST 螺紋合併，螺牙角爲 57°30′，但未被採納。

(8)1939 年 SI 螺紋擴充範圍，同時提出公制細螺紋標準。

(9)1945 年 ISA 改稱爲 ISO (International Organization for Standerd)，訂出統一螺紋制度。

(10)1948 年美國、英國、加拿大定出三國通用的統一美國標準螺紋 (UST)。

(11)1952 年檢討三角形之螺紋基型問題，同意 UST 螺紋型之螺牙角爲 60°，根徑內圓弧爲 $t/6$，該型與德國 DIN 之標準相同，即德國螺紋標準。

(12)1954 年更建議改爲全球性的統一螺紋，此螺紋即 UST 螺紋，德國亦完全採用。

(13)1964 年建議採用 ISO 螺紋型之公制 ISO 螺紋爲標準，德國標準委員會亦採用之。因此若英制國家改用公制制度，ISO 螺紋將成爲全球性統一螺紋。

■ 11.4 螺紋的種類

螺紋依其外型與性質可分類如下：

1. 依螺紋位置可分類爲

    (1)外螺紋：螺旋線位於圓柱體之外部，如螺栓。

    (2)內螺紋：螺旋線位於圓柱體之內部，如螺帽。

2. 依螺旋產生線的數目分類

    (1)單螺旋線紋：由單一螺旋線形成的螺紋，螺紋的導程與螺距相同。

    (2)多螺旋線紋：由兩根以上螺旋線所形成的螺紋，雙螺線螺紋的導程等於兩倍的螺距；三螺線螺紋的導程等於三倍的螺距。

3. 依螺旋方向分類

    (1)右旋螺紋：順時針方向旋轉，螺桿向前移動。

    (2)左旋螺紋：反時針方向旋轉，螺桿向前移動。

4. 依螺牙的外形分類

    (1)尖牙 V 型螺紋：牙峰與牙根成 60°尖銳形。

    (2)美國標準螺紋：由尖牙 V 型螺紋改良而來，牙峰與牙根均削成平面。

    (3)統一標準螺紋：由美、英、加三國訂定的螺紋標準，牙峰切成平面，牙根則削成圓弧狀。

    (4)惠氏螺紋：螺牙角爲 55°，牙峰與牙根均爲圓弧狀。

    (5)方形螺紋：螺牙爲正方形，螺紋寬度與深度恰相等。

    (6)愛克姆螺紋：螺牙角爲 29°，牙形爲梯形，爲英制所採用。

    (7)梯形螺紋：螺牙角爲 30°，牙形爲梯形，爲公制所採用。

⑻圓形螺紋：牙峰與牙根皆成半圓形。

⑼鋸齒形螺紋：螺牙角爲鋸齒狀。

⑽管螺紋：螺牙可分爲錐形管螺紋 (PT) 與直形管螺紋 (PS) 兩種。

螺牙的外形如圖 11.4 所示。

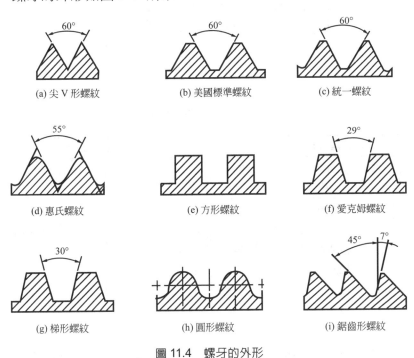

(a) 尖 V 形螺紋　　(b) 美國標準螺紋　　(c) 統一螺紋

(d) 惠氏螺紋　　(e) 方形螺紋　　(f) 愛克姆螺紋

(g) 梯形螺紋　　(h) 圓形螺紋　　(i) 鋸齒形螺紋

圖 11.4　螺牙的外形

5. ISO 標準螺紋

ISO 標準公制螺紋基本牙型如圖 11.5 所示。

牙型公式如下：

$$H = 0.866025\,P$$

接觸深 $H_1 = 0.541266\,P$　　　　節徑 $D_2 = d_2 = D - 0.649519\,P$

大　徑 $D = d$　　　　　　　　　小徑 $D_1 = d_1 = D - 1.082532\,P$

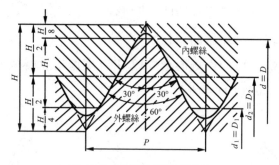

圖 11.5　ISO 標準公制螺紋

表 11.1　ISO 標準公制螺紋

公制螺紋粗牙				公制螺紋細牙				
公稱尺寸	螺距 P	外徑 d	節徑 d_2	底徑 d_1	公稱尺寸	螺距 P	外徑 d	節徑 d_2	底徑 d_1
M1	0.25	1.000	0.838	0.703	M1	0.2	1.0	0.870	0.762
M1.2	0.25	1.200	1.038	0.903	M1.2	0.2	1.2	1.070	0.962
M1.4	0.3	1.400	1.205	1.042	M1.4	0.2	1.4	1.270	1.162
M2	0.4	2.000	1.740	1.523	M2	0.25	2	1.838	1.703
M3	0.6	3.000	2.610	2.285	M3	0.35	3	2.773	2.584
M3.5	0.6	3.500	3.110	2.785	M3.5	0.35	3.5	3.273	3.084
M4	0.75	4.000	3.513	3.107	M4	0.5	4	3.675	3.404
M4.5	0.75	4.500	4.013	3.607	M4.5	0.5	4.5	4.175	3.904
M5	0.9	5.000	4.415	3.927	M5	0.5	5	4.675	4.404
M6	1	6.000	5.350	4.808	M6	0.75	6	5.513	5.107
M8	1.25	8.0000	7.188	6.511	M8	1	8	7.350	6.808
M10	1.5	10.000	9.026	8.214	M10	1.25	10	9.188	8.511
M12	1.75	12.000	10.863	9.915	M12	1.5	12	11.026	10.214
M14	2	14.000	12.701	11.619	M14	1.5	14	13.026	12.214
M16	2	16.000	14.701	13.619	M16	1.5	16	15.026	14.214
M18	2.5	18.000	16.376	15.023	M18	1.5	18	17.026	16.214
M20	2.5	20.000	18.376	17.023	M20	1.5	20	19.026	18.214
M22	2.5	22.000	20.376	19.023	M22	1.5	22	21.026	20.214

表 11.1　ISO 標準公制螺紋 (續)

公制螺紋粗牙				公制螺紋細牙				
公稱尺寸	螺距 P	外徑 d	節徑 d_2	底徑 d_1	公稱尺寸	螺距 P	外徑 d	節徑 d_2	底徑 d_1
M24	3	24.000	22.051	20.427	M24	1.5	24	23.026	22.214
M27	3	27.000	25.051	23.427	M26	1.5	26	25.026	24.214
M30	3.5	30.000	27.727	25.833	M28	1.5	28	27.026	26.214
M33	3.5	33.000	30.727	28.833	M30	1.5	30	29.026	28.214
M36	4	36.000	33.402	31.237	M32	1.5	32	31.026	30.214
M39	4	39.000	36.402	34.237	M34	1.5	34	33.026	32.214
M42	4.5	42.000	39.077	36.641	M36	1.5	36	35.026	34.214
M45	4.5	45.000	42.077	39.641	M38	1.5	38	37.026	36.214
M48	5	48.000	44.752	42.045	M40	1.5	40	39.026	38.214
					M42	1.5	42	41.026	40.214

ISO 標準公制螺紋規格如表 11.1 所示。

11.5　螺紋的配合

　　螺紋的配合是指內外螺紋裝配的鬆緊程度，如同軸孔配合的情形一樣，亦訂有配合等級。公制三角螺紋分成三級，分別以 1，2，3 表示，公制螺紋的配合公差表見附錄三。

　　第一級：精密配合。

　　第二級：中級配合。

　　第三級：鬆配合。

　　統一標準螺紋之配合等級亦分為三級，同時 A 表示外螺紋，B 表示內螺紋。分別以 1A，2A，3A 表示外螺紋配合等級，以 1B，2B，3B 表示內螺紋配合等級，統一標準螺紋配合公差表見附錄四。

▣ 11.6　螺紋表示法

螺紋的標記包括下列項目：

(1)螺旋線方向。

(2)螺旋線條數。

(3)螺紋公稱符號。

(4)螺紋外徑。

(5)螺紋螺距。

(6)螺紋配合等級。

 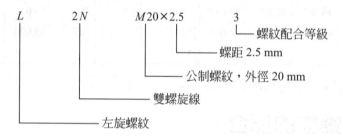

▣ 11.7　螺紋的測量法

1. 螺距測量

螺距測量可以使用下列方式：

(1)以刻度尺測量螺距

以刻度尺測量單位長度內的螺紋數，求其平均值即可得螺距之大小，如圖 10.6 所示。

(2)以螺距規作比對測量

以螺距規作比對測量檢驗螺距的尺寸，非常快速並且準確，螺距規分別按螺紋標準製成片狀，使用時選用適當的螺距比對片作比對測量，如圖 11-7 所示。

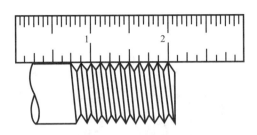

圖 11.6　刻度尺測量螺距

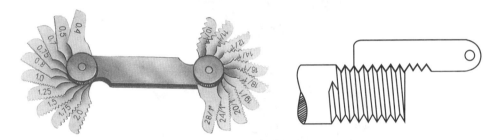

圖 11.7　螺距規與使用例

2. 節徑測量

節徑測量可以使用下列方式：

(1)螺紋測微器

螺紋測微器的構造與普通測微器相似，僅測軸與砧座不同，測軸端
裝置 V 型尖砧座，固定砧座端裝置 V 型砧座，V 型尖與砧座端點均
截除一部分，以適應螺距的變化。螺紋測微器有兩種型態：

①固定型螺紋測微器

測量砧座不可更換，因此只專用於某一範圍螺距規格的測量。如
圖 11-8 所示。

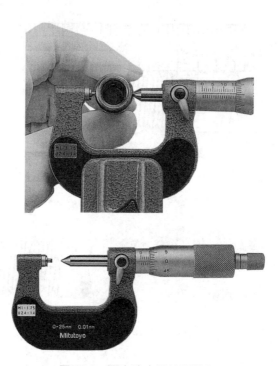

圖 11.8　固定砧座螺紋測微器

②可換砧座螺紋測微器

測量砧座可以更換，因此更換適當砧座後，任何螺距的螺紋，其節圓直徑皆可由螺紋測微器上直讀出來，可換砧座螺紋測微器如圖10-9所示，包括歸零校正規、可更換測頭、測微器本體等部分。

③三線測量法

三線測量法乃是利用普通型測微器配合適當外徑的鋼線，測出間接值，將此間接值代入換算公式，以計算法計算出螺紋的節圓直徑，如圖 11-10 所示。

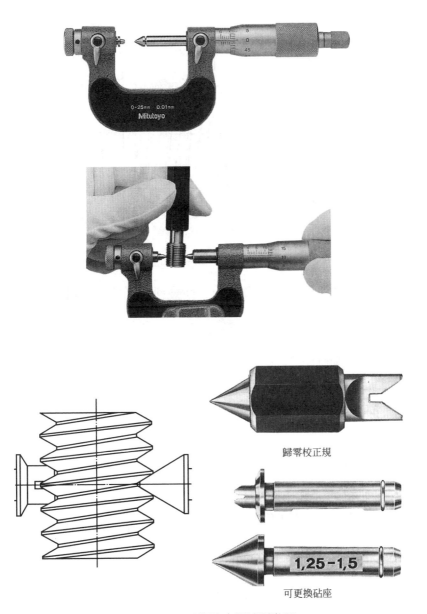

歸零校正規

可更換砧座

圖 11.9　可更換砧座螺紋測微器

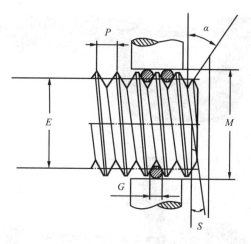

圖 11.10　螺紋三線測量

首先導出螺紋與鋼線及測微器的平面幾何關係式，可得下列公式：

$$E = M + \frac{\cot \alpha}{2}P - G(1 + \csc \alpha) - \frac{G(\tan S)^2\cos \alpha\cot \alpha}{2}$$

E：節圓直徑

M：測微器測量值

P：螺紋螺距

α：螺牙角的一半

S：螺旋角

G：鋼線直徑

上式中 $\dfrac{G(\tan S)^2\cos \alpha\cot \alpha}{2}$ 為螺旋角的修正值，若該修正值超過 3.8μm，則加以計算，否則因其值甚小，故略去不計，上述公式可簡化為

$$E = M + \frac{\cot \alpha}{2}P - G(1 + \csc \alpha)$$

螺紋牙型的不同，因此螺牙角的一半 α 值均不相同，代入上式可得表 11.2 之公式。

表 11.2　三線測量換算公式

螺紋種類	節圓直徑換算公式
60°V 型螺牙	$E = M + 0.86602\,P - 3\,G$
55°惠氏螺牙	$E = M + 0.96049\,P - 3.1657\,G$
29°愛克姆螺牙	$E = M + 1.99333\,P - 4.9936\,G$
30°梯形螺牙	$E = M + 1.866\,P - 4.8637\,G$

測量所使用的鋼線外徑，以下列公式求得：

$$G = \frac{\sec \alpha}{2N} = \frac{1}{2} \times P \times \sec \alpha$$

　G：最佳鋼線外徑

　α：螺牙角的一半

　P：螺紋螺距

　N：每吋螺牙數

測量不同螺紋的最佳鋼線直徑如表 11.3 之公式：

表 11.3　最佳鋼線直徑公式

螺紋種類	最佳鋼線直徑	
60°V 型螺牙	$G = 0.57735\,P$	$0.505\,P < G < 1.01\,P$
55°惠氏螺牙	$G = 0.56369\,P$	
29°愛克姆螺牙	$G = 0.51645\,P$	
30°梯形螺牙	$G = 0.51764\,P$	$0.4826\,P < G < 0.650\,P$

測量用的鋼線，一般皆用固定夾持具架持，夾持具之圓孔正好可套入測微器砧座，使測量容易進行，如圖 11.11 所示。

④可換砧座內徑螺紋指示量錶

內螺紋測量時，節圓直徑可以內螺紋指示量錶讀取出測量值，測量砧座可以更換，以適應不同螺距的螺紋。量具如圖 11.12 所示。

圖 11.11　螺紋三線測量

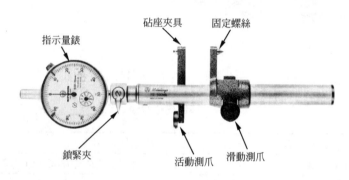

圖 11.12　內徑螺紋指示量錶

⑤螺紋比較儀

　　螺紋比較儀可以測量精密螺栓、螺紋塞規等工件的節圓直徑。因為測量砧座可以更換，因此不同型態的螺紋皆可測量，本螺紋比較儀特別適合於大量同一尺寸工件的檢驗，如圖 11.13 所示。圖 11.14 為外螺紋與內螺紋比較儀。

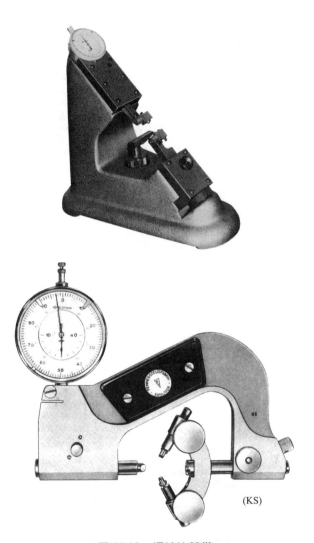

圖 11.13　螺紋比較儀

圖 11.14　外螺紋與内螺紋比較儀

3. 綜合性測量樣規

　　螺紋樣規爲一綜合性檢驗量具，一般作成界限規的型態，即具備通過測頭與不通過測頭。以螺紋樣規可以檢驗螺紋節徑、外徑、底徑、螺紋角、螺距。

　　常用螺紋樣規有下列幾種：

(1)螺紋樣柱

　　用於檢驗内螺紋，有通過端測頭與不通過端測頭，如圖 11.15 所示。

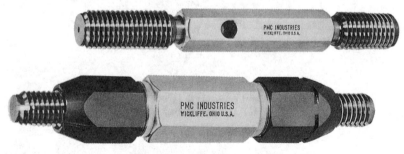

圖 11.15　螺紋樣柱（PMC 螺紋樣柱）

(2)螺紋環規

　　用於檢驗外螺紋，亦分爲通過端測頭與不通過端測頭，如圖 11.16
　　所示。

圖 11.16　螺紋樣圈(PMC 螺紋樣柱)

(3)螺紋卡規

　　螺紋卡規能很快速並且精確地檢驗外螺紋，滾式螺紋卡規，前一對
　　滾規用於控制螺紋最大節圓直徑，後一對滾規用於控制螺紋最小節
　　圓直徑，如圖 11.17 所示。

圖 11.17　滾式螺紋卡規（KS 螺紋卡規）

4. 專用螺紋測量機

　　專用螺紋測量機提供一精確的頂心裝置，及與頂心線垂直的測微器測

頭，由於可確保量具軸線與被測工件測量線重合，故測量非常準確，適用於螺紋的外徑、底徑、節圓直徑精確的測量。亦適用於一般工件的外徑測量。以此種測量機配合兩根鋼線測量節圓直徑，比普通三線測量法要準確，因為鋼線外徑公差與架設立位置會造成誤差。此種測量機的多功能性與操作簡易性特別適合於精密的螺紋測量。本型測量機如圖 11.18 所示。

使用之鋼線

圖 11.18　螺紋測量機

5. 數字測量機

　　數字測量機為一種精密測量的泛用儀器，其構造為一移動的 X，Y 平移台，在 X 軸向與 Y 軸向皆有測微器測頭，測量微小移動量，同時裝有精密的電子測頭，感測工件，並且將測量值以數字顯示出來，若接上印表機或數據處理機，更增加測量效率與可靠性。如圖 11.19 為數字測量機，其床台沿 X 軸向或 Y 軸向皆可架設頂心測量工件。

　　數字測量機可以測量內外螺紋的螺距、節圓直徑：

(1)測量螺距

　　如圖 11.20 所示，以電子測頭測量內螺紋螺距。

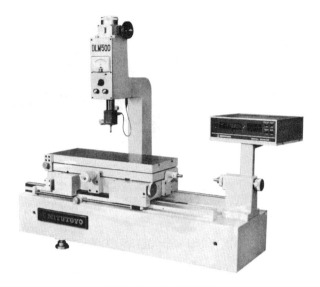

圖 11.19　數字測量機

圖 11.20　測量螺距

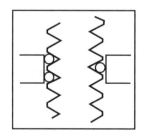

(a) 三線法測量外螺紋節圓直徑

圖 11.21　測量節圓直徑

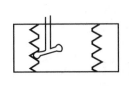

(b) 測量內螺紋節圓直徑

圖 11.21　測量節圓直徑 (續)

⑵測量節圓直徑

　　如圖 11.21 所示，(a)為利用床台 del 測微器測頭及標準鋼線，以三線法測量外螺紋節圓直徑，(b)為以電子測頭測量內螺紋節圓直徑。

6. 螺紋導程比較儀

　　螺紋導程比較儀用於導程的比較測量，測量砧座上為正確導程的螺牙。使用前首先以標準導程的螺紋歸零量錶，若導程太長時，砧座螺牙無法與工件密合，誤差量由指示量錶顯示出來；若導程太短時，砧座螺牙亦無法與工件密合，誤差量由指示量錶顯示出來。螺紋導程比較儀如圖 11.22 所示。

7. 光學非接觸性螺紋測量

　　光學非接觸性螺紋測量包括螺距、節圓直徑、螺紋牙型的測量，依照使用光學儀器的種類可分為：

⑴比較式放大鏡

　　以比較式放大鏡配合比對片，可以作螺紋牙型及螺距的測量，如圖 11.23 所示。

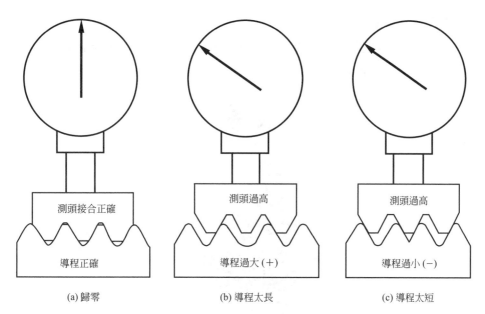

| (a) 歸零 | (b) 導程太長 | (c) 導程太短 |

圖 11.22　螺紋導程比較儀

(a) 比較式放大鏡

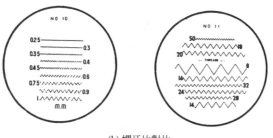

(b) 螺牙比對片

圖 11.23　比較式放大鏡

⑵工具顯微鏡

以工具顯微鏡配合目鏡比對片,可以作螺紋牙型及螺距的測量,如
圖 11.24 所示。

(a) 工具放大鏡 (Carl Zeiss Jena)

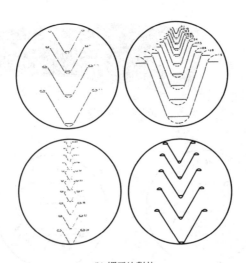

(b) 螺牙比對片

圖 11.24　工具顯微鏡

(3)光學投影機

　　光學投影機可以作螺紋牙型、螺距、節圓直徑、螺紋外徑與螺紋底徑的測量。如圖 11.25 所示為配合螺牙比對片，投影幕分度裝置，微動裝物台作螺紋測量。

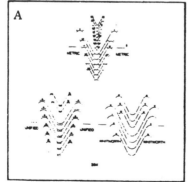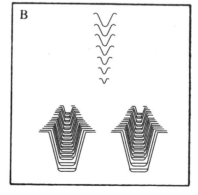

圖 11.25　光學投影機作螺紋測量

習題 11

1. 試說明螺紋的用途。

2. 試說明螺旋線數與螺距及導程之關係。

3. 試說明螺紋配合的種類。

4. 試說明螺距的測量方法。

5. 試說明節圓直徑的測量方式。

6. 試說明螺紋三線測量的方式。

7. 試說明螺紋比較儀的測量方式。

8. 試說明螺紋樣規的種類與用途。

9. 試說明專用螺紋測量機的優點。

10. 試說明數字測量機測量螺紋的方式。

11. 試說明螺紋導程測量的方法。

12. 試說明光學非接觸性測量螺紋測量的種類。

Chapter **12**

齒輪測量

■ 12.1　齒輪測量概說

　　齒輪為傳動機構中重要的機械元件，隨著功能的要求，齒輪亦有不同的種類，例如正齒輪、斜齒輪、螺旋齒輪、人字齒輪、蝸桿與蝸輪等，皆有其適用的特定功能。小自儀錶機構的傳動，大至大型變速箱的傳動，皆使用齒輪，因此齒輪製造是否合於精度的要求，必須利用齒輪測量儀器作精確的測量，始能提高齒輪的使用功能。

■ 12.2　齒輪的種類

　　齒輪的種類可以原動軸與從動軸之關係加以分類：

1. 兩軸互相平行之傳動

　　⑴正齒輪

　　　齒面元線與軸互相平行，可以分為外接傳動與內接傳動兩種，如圖12.1 所示。

(a) 外接正齒輪　　　　　　　　　　(b) 內接正齒輪

圖 12.1　正齒輪

圖 12.2 螺旋齒輪　　　　　　圖 12.3 人字齒輪

(2)螺旋齒輪

螺旋齒輪又稱為扭轉正齒輪，此型齒輪之齒面與軸成一螺旋角，因此螺旋齒輪在傳送時比正齒輪穩固安靜，並且不易摩耗，但是缺點為產生傳動軸向側推力，因此通常採用兩組螺旋齒輪配對使用或加裝止推軸承，如圖 12.2 所示。

(3)人字齒輪

人字齒輪又稱為雙螺旋線齒輪，將兩螺旋線相反之螺旋齒輪，同時製於齒輪外緣，使軸向側推力互相抵消，如圖 12.3 所示。

(4)小齒輪與齒條

當大齒輪之外徑大至無限大，即變成齒條，小齒輪與齒條的配合可以將旋轉運動改變成直線往復運動，如圖 12.4 所示。

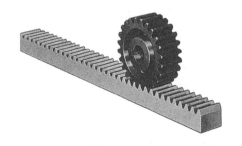 

圖 12.4 小齒輪與齒條　　　　　　圖 12.5 直齒斜齒輪

2. 兩軸相交的傳動

(1)直齒斜齒輪

直齒斜齒輪如圖 12.5 所示。

(2)螺旋斜齒輪

螺旋斜齒輪如圖 12.6 所示。

圖 12.6　螺旋斜齒輪

(3)冠狀齒輪

冠狀齒輪係斜齒輪之節角爲 90 度,該齒輪即變爲一平盤狀齒輪,如圖 12.7 所示。

圖 12.7　冠狀齒輪

3. 兩軸不平行亦不相交的傳動

(1)交叉螺旋齒輪

係一對螺旋齒輪相互齒合,以傳動兩不平行亦不相交的軸,傳動效率較低，如圖 12.8 所示。

圖 12.8　交叉螺旋齒輪

(2)蝸桿與蝸輪

蝸桿與蝸輪用於二個互成直角但不相交的兩根軸的傳動，蝸桿為主動輪，蝸輪為被動輪，如圖 12.9 所示。

(3)戟齒輪

戟齒輪的節面為雙曲線，兩齒輪之交線為曲線，大小齒輪是偏心狀況，可以使軸心偏位，降低傳動軸位置，常用於汽車後輪軸的傳動，如圖 12.10 所示。

　　圖 12.9　蝸桿與蝸輪　　　　　　圖 12.10　戟齒輪

12.3　齒輪各部分的名稱

齒輪各部分的名稱，以漸開線正齒輪爲例說明如下：如圖 12.11 所示。

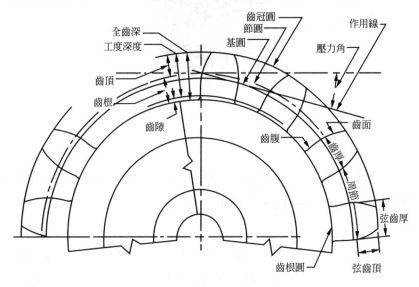

圖 12.11　齒輪各部分的名稱

(1)節圓：兩齒輪囓合傳動，所假想互相滾動之圓。

(2)基圓：產生漸開弧線的基礎圓。

(3)齒冠圓：通過齒輪頂面之圓，又稱爲齒頂圓，直徑爲齒輪外徑。

(4)齒根圓：通過齒輪根部之圓，又稱爲齒底圓。

(5)作用線：又稱爲壓力線，兩齒輪囓合所接觸的路線。

(6)壓力角：作用線與法線所夾之角，爲齒輪囓合轉動的施力角。

(7)齒面：節圓至齒頂圓之齒面曲線。

(8)齒腹：齒底圓至節圓之齒面曲線。

(9)齒厚：輪齒在節圓上的弧線厚度。

(10)周節：輪齒上一點至下一齒之共同點，在節圓上的弧線長度，
$P_c = \pi D / T$。

⑾徑節：為英制齒輪大小表示法，指每單位節圓直徑的齒數，$P_d = \pi T/D$。

⑿模數：為公制齒輪大小表示法，指每單位齒的節圓直徑，$M = D/T$。

⒀弦齒厚：輪齒在節圓弦上之厚度。

⒁弦齒頂：輪齒節圓弦之中點，此點延徑向與齒頂圓之距離。

⒂齒頂：節圓至齒頂圓，沿徑向的距離。

⒃齒根：節圓至齒底圓，沿徑向的距離。

⒄間隙：本齒輪之齒根與嚙合齒頂之差。

⒅全齒深：齒頂與齒根之和。

⒆工作深度：本齒輪之齒頂與嚙合齒之齒頂之和。

⒇節點：兩嚙合齒輪節圓之公切點。

㉑弦周節：輪齒之周節所對應之弦長。

12.4　齒輪齒形曲線

齒輪齒形曲線有下列兩種：

1. 漸開線齒輪

⑴漸開線的形成：

如圖 12.12 所示，係將繞於基圓外之直線展開，其端點所走的弧線，即為漸開線。

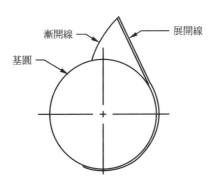

圖 12.12　漸開線的形成

　　(2)漸開線齒輪的特性

　　　①基圓愈小，漸開線曲率就愈大，基圓愈大，漸開線愈平直。

　　　②漸開線上任何一點作切線，再作法線，法線必定與基圓相切。

　　　③漸開線齒輪之周節與壓力角相同即可以嚙合。

　　　④兩齒輪之轉速比與基圓直徑成反比。

2. 擺線齒輪

　　(1)擺線齒輪的形成

　　　如圖 12.13 所示一滾圓在節圓之外方滾動，滾圓上任意點之軌跡，
　　　即為外擺線，此外擺線常作為齒面曲線。另一滾圓在節圓之內部滾
　　　動，滾圓上任意點之軌跡，即為內擺線，此內擺線常作為齒腹曲線。

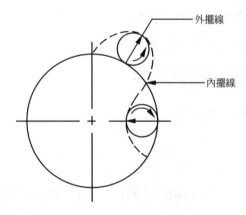

圖 12.13　擺線的形成

　　(2)擺線齒輪之特性

　　　①擺線齒輪相互作用的齒面與齒腹，必須由同一滾圓所展生的內擺
　　　　線與外擺線。

　　　②嚙合齒輪組的軸心距離要保持一定。

　　　③產生同一齒輪的齒腹與齒面，所用之滾圓可以不同。

　　　④接觸路線永遠在母圓上。

12.5　齒輪的計算公式

　　齒輪的計算公式隨齒輪的種類與規格的不同而改變，因此本章僅列出正齒輪、螺旋齒輪、蝸輪的計算公式：

表 12.1　標準正齒輪計算公式

號碼	項目	小齒輪	大齒輪
1	齒輪齒形	標準	
2	工具齒形	並齒	
3	模數	m	
4	壓力角	$a_0 = a_c$	
5	齒數	Z_1	Z_2
6	有效齒深	$h_c = 2m$	
7	全齒深	$h_c = 2m + c$	
8	齒頂隙	c	
9	基準節圓直徑	$d_{o1} = Z_1 m$	$d_{o2} = Z_2 m$
10	外徑	$d_{k1} = (Z_1 + 2)m$	
11	齒底圓直徑	$d_{r1} = (Z_1 - 2)m - 2c$	
12	基礎圓直徑	$d_{g1} = Z_1 m \cos a_0$	
13	周節	$t_0 = \pi m$	
14	法線節距	$t_0 = \pi m \cos a_0$	
15	圓弧齒厚	$t_0 = \pi m / 2$	
16	弦齒厚	$s_{j1} = Z_1 m \sin \dfrac{\pi}{2 Z_1}$	
17	齒輪游標尺齒高	$h_{j1} = \dfrac{Z_1 m}{2}\left(1 - \cos \dfrac{\pi}{2 Z_1}\right) + m$	
18	跨齒數	$Z_{m1} = \dfrac{\alpha_0 Z_1}{180} + 0.5$	
19	跨齒厚	$s_{m1} = m \cos \alpha_0 \{\pi(Z_{m1} = 0.5) + Z_1 \cdot \mathrm{inv}\, \alpha_0\}$	

表 12.2　轉位正齒輪的計算公式

號碼	項目	小齒輪	大齒輪
1	齒輪齒形	轉位	
2	工具齒形	並齒	
3	模數	m	
4	壓力角	$a_0 = a_c$	
5	齒數	Z_1	Z_2
6	有效齒深	$h_1 = 2m$	
7	全齒深	$h = \{2 + y - (x_1 + x_2)\}m + c$ 或 $h = 2m + c$	
8	齒頂隙	c	
9	轉位係數	x_1	x_2
10	中心距離	$a_x = a + ym$	
11	基準節圓直徑	$d_{o1} = Z_1 m$	$d_{o2} = Z_2 m$
12	嚙合壓力角	$\mathrm{inv}\, \alpha_b = 2 \tan \alpha_0 \left(\dfrac{x_1 + x_2}{Z_1 + Z_2} \right) + \mathrm{inv}\, \alpha_0$	
13	嚙合節圓直徑	$d_{k1} = 2a_x \left(\dfrac{Z_1}{Z_1 + Z_2} \right)$	$d_{k2} = 2a_x \left(\dfrac{Z_2}{Z_1 + Z_2} \right)$
14	外徑	$d_{k1} = (Z_1 + 2)m + 2(y - x_2)m$	
15	齒底圓直徑	$d_{r1} = d_{k1} - 2h$	$d_{r2} = d_{k2} - 2h$
16	基圓直徑	$d_{g1} = Z_1 m \cos \alpha_0$	$d_{g2} = Z_2 m \cos \alpha_0$
17	周節	$t_o = \pi m$	
18	法線節距	$t_e = \pi m \cos \alpha_0$	
19	圓弧齒厚	$s_{01} = \dfrac{\pi m}{2} + 2x_1 m \tan \alpha_0$	
20	弦齒厚	$s_{j1} = Z_1 m \sin \left(\dfrac{\pi}{2Z_1} + \dfrac{2x_1 \tan \alpha_0}{Z_1} \right)$	
21	齒輪游標尺齒高	$h_{j1} = \dfrac{Z_1 m}{2} \left\{ 1 - \cos \left(\dfrac{\pi}{2Z_1} + \dfrac{2x_1 \tan a_0}{Z_1} \right) \right\} + \dfrac{d_{k1} - d_{o1}}{2}$	
22	跨齒數	$Z_{m1} = \dfrac{\alpha_b Z_1}{180} + 0.5$　　$Z_{m2} = \dfrac{\alpha_b Z_2}{180} + 0.5$	
23	跨齒厚	$s_{m1} = (\text{標準齒輪跨齒厚}) + 2x_1 m \sin \alpha_0$	

表 12.3　標準螺旋齒輪的計算公式

號碼	項目	小齒輪	大齒輪
1	齒輪齒形	標準	
2	工具齒形	並齒	
3	齒形基準斷面	齒直角	
4	模數	$m_c = m_n$	
5	壓力角	$\alpha_c = \alpha_o = \alpha_n$	
6	齒數	Z_1	Z_2
7	螺旋角	β_{o1}	β_{o2}
8	有效齒深	$h_e = 2m_n$	
9	全齒深	$h = 2m_n + c$	
10	正面壓力角	$\tan \alpha_s = \tan \alpha_n / \cos \beta_o$	
11	中心距離	$a = (Z_1 + Z_2)m_n / 2\cos\beta_o$	
12	基準節圓直徑	$d_{o1} = Z_1 m_n / \cos\beta_o$	
13	外徑	$d_{k1} = d_{o1} + 2m_n$	$d_{k2} = d_{o2} + 2m_n$
14	齒底圓直徑	$d_{r1} = d_{o1} - 2(m_n + c)$	
15	基圓直徑	$d_{g1} = Z_1 m_n \cos\alpha_n / \cos\beta_g$	
16	基圓上的螺旋角	$\sin\beta_g = \sin\beta_o \cos\alpha_n$	
17	導程	$L_1 = \pi d_{o1} \cos\beta_{o1}$	$L_2 = \pi d_{o2} \cos\beta_{o2}$
18	周節 (齒直角)	$t_{on} = \pi m_n$	
19	法線節距(齒直角)	$t_{en} = \pi m_n \cos\alpha_n$	
20	圓弧齒厚(齒直角)	$s_{on} = \dfrac{\pi m_n}{2}$	
21	相當正齒輪齒數	$Z_{v1} = \dfrac{Z_1}{(\cos^3\beta_o)}$	$Z_{v2} = \dfrac{Z_2}{(\cos^3\beta_o)}$
22	弦齒厚	$s_{j1} = Z_{v1} m_n \sin\dfrac{\pi}{2Z_{v1}}$	
23	齒輪游標尺齒高	$h_{j1} = \dfrac{Z_{v1} m_n}{2}\left(1 - \cos\dfrac{\pi}{2Z_{v1}}\right) + m_n$	
24	跨齒數	$Z_{m1} = \dfrac{\alpha_n Z_{v1}}{180} + 0.5$	$Z_{m2} = \dfrac{\alpha_n Z_{v2}}{180} + 0.5$
25	跨齒厚	$s_{m1} = m_n \cos\alpha_n \{\pi(Z_{m1} - 0.5) + Z_1 \cdot \text{inv}\alpha_3\}$	

表 12.4 轉位螺旋齒輪的計算公式

號碼	項目	小齒輪	大齒輪
1	齒輪齒形	轉位	
2	齒形基準斷面	齒直角	
3	工具齒形	並齒	
4	模數	$m_c = m_n$	
5	壓力角	$\alpha_n = \alpha_c = \alpha_o$	
6	齒數	Z_1	Z_2
7	螺旋角	β_{o1}	β_{o2}
8	有效齒深	$h_e = 2m_n$	
9	全齒深	$h = 2m_n + c$	
10	轉位係數	X_{n1}	X_{n2}
11	中心距離	$a_x = a + ym_n$	
12	正面模數	$m_s = m_n/\cos\beta_o$	
13	正面壓力角	$\tan\alpha_s = \tan\alpha_n/\cos\beta_o$	
14	相當正齒輪齒數	$Z_{v1} = \dfrac{Z_1}{\cos^3\beta_o}$	$Z_{v2} = \dfrac{Z_2}{\cos^3\beta_o}$
15	齒直角嚙合壓力角	$\operatorname{inv}\alpha_{bn} = 2\tan\alpha_n\dfrac{X_{n1}+X_{n2}}{Z_{v1}+Z_{v2}} + \operatorname{inv}\alpha_n$	
16	基準節圓直徑	$d_{o1} = Z_1 m_n/\cos\beta_o$	$d_{o2} = Z_2 m_n/\cos\beta_o$
17	外徑	$d_{k1} = \dfrac{Z_1 m_n}{\cos\beta_o} + 2m_n + 2X_{n1}m_n$	
18	嚙合節圓直徑	$d_{b1} = 2a_x\left(\dfrac{Z_1}{Z_1+Z_2}\right)$	$d_{b2} = 2a_x\left(\dfrac{Z_2}{Z_1+Z_2}\right)$
19	基礎圓柱上的螺旋角	$\sin\beta_g = \sin\beta_o \cdot \cos\alpha_n$	
20	基圓直徑	$d_{g1} = \dfrac{Z_1 m\cos\alpha_n}{\cos\beta_g}$	$d_{g2} = \dfrac{Z_2 m\cos\alpha_n}{\cos\beta_g}$
21	圓弧齒厚	$s_{on1} = \left(\dfrac{\pi}{2} + 2X_{n1}\tan\alpha_n\right)m_n$	
22	弦齒厚	$s_{j1} = Z_{o1} m_n\sin\left(\dfrac{\pi}{2Z_{v1}} + \dfrac{2X_{n1}\tan\alpha_o}{2Z_{v1}}\right)$	

表 12.4　轉立螺旋齒輪的計算公式 (續)

號碼	項目	小齒輪	大齒輪
23	齒輪游標尺齒高	$h_{j1} = \dfrac{Z_{v1} m_n}{2} \left\{ 1 - \cos\left(\dfrac{\pi}{2Z_{v1}} + \dfrac{2X_{n1} \tan \alpha_o}{Z_{v1}} \right) \right\} + \dfrac{d_{k1} - d_{o1}}{2}$	
24	跨齒數	$Z_{m1} = \dfrac{\alpha_{bn} \cdot Z_{v1}}{180} + 0.5$	$Z_{m2} = \dfrac{\alpha_{bn} \cdot Z_{v2}}{180} + 0.5$
25	跨齒厚	$s_{m1} = (\text{標準螺旋齒輪跨齒厚}) + 2X_{n1} m_n \sin \alpha_n$	

表 12.5　蝸輪的計算公式 (軸直角)

號碼	項目	蝸桿	蝸輪
1	齒形基準斷面	軸直角	
2	模數	m_s	
3	節距 (周節)	$t_a = t_s = \pi m_s$	
4	條數 (齒數)	Z_1	Z_2
5	壓力角	a_n	
6	節圓直徑	d_{o1}	$d_{o2} = Z_2 m_s$
7	齒頂隙	c	
8	齒頂高	$h_k = m_s$	
9	齒底高	$h_f = m_s + c$	
10	導程	$L = Z_1 t_o = \pi d_{o1} \tan \gamma$	
11	導角	$\tan \gamma = L/\pi d_{o1}$	
12	中心距離	$a = \dfrac{d_{o1} + d_{o2}}{2}$	
13	蝸輪喉部圓弧半徑	$R = \dfrac{d_{o1}}{2} - h_k$	
14	蝸輪喉部直徑	$d_t = d_{o2} + 2h_k$	
15	外徑	$d_{k1} = d_{o1} + 2h_k$	$d_{k2} = d_{o2} + 3.5h_k$
16	弦齒厚	$S_{j1} = \dfrac{t_s}{2} \cos \gamma$	$S_{j2} = Z_{v2} m_s \cos \gamma \sin \dfrac{\pi}{2Z_{v2}}$
17	齒輪游標尺齒高	$h_{j1} = m_s \quad h_{j2} = \dfrac{Z_{v2} m_s}{2}\left(1 - \cos\dfrac{\pi}{2Z_{v2}}\right) + \dfrac{d_t - d_{o2}}{2}$	

■ 12.6　齒形測量

齒形測量的方法有下列幾種：

1. 工具顯微鏡

   小齒輪的齒形可藉工具顯微鏡的放大，測知齒形。

2. 光學投影機

   齒輪可經由光學投影機的投影放大，測知齒形。

3. 齒形測量機

   齒輪可利用齒形測量機的測頭，測量出齒形，並且以繪圖機繪出，如圖 12.14 所示為齒形測量機及其繪出的齒形圖表。圖 12.14 為一測量實例，齒形輪廓繪於圖表方格紙上，由方格數可得知齒形尺寸。

(a) 齒形測量機

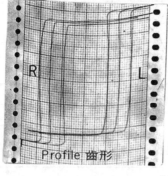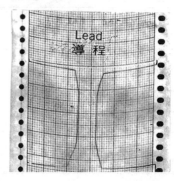

(b) 齒形圖表

圖 12.14　齒形測量機與測量實例

▣ 12.7　齒厚測量

齒厚可以下列方式測量：

1. 圓盤式測微器跨齒厚測量

圓盤式測微器及跨齒測量例如圖 12.15 所示，本方法測量跨齒厚，簡單快速，適用於大齒輪大節距的測量。

 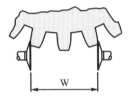

圖 12.15　圓盤式測微器

相切，並且只要合持砧座與齒面相切的條件，所測得的跨齒厚度恆為定值；因此只要選擇適當的跨齒數，使砧座面與齒面相切，即可測量出跨齒厚，然後將測量值與理論值作一比較，即可得知測量結果，如圖 12.16 所示。

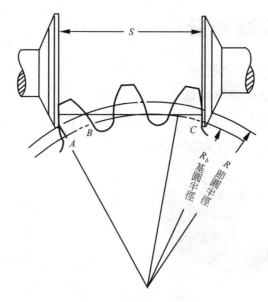

圖 12.16　齒輪跨距測量原理

(2)　換算公式

$$S = M\cos\phi[T \cdot \text{inv}\phi + \pi(0.5 + N)]$$

S：跨齒厚

M：齒輪模數

ϕ：壓力角

T：齒數

N：測微器跨齒數

$(INV\phi = \tan\phi - \phi)$

2. 齒輪游標卡尺弦齒厚測量

　　齒輪游標卡尺為兩組互相垂直的游標卡尺所組成，先以一組游標尺調整弦齒頂高度，然後再以另一組游標尺測量弦齒厚，將弦齒厚之測量值與理論值比較，即知測量結果。圖 11.17 為齒輪游標卡尺與弦齒厚測量例。

　　弦齒頂與弦齒厚換算公式如下：

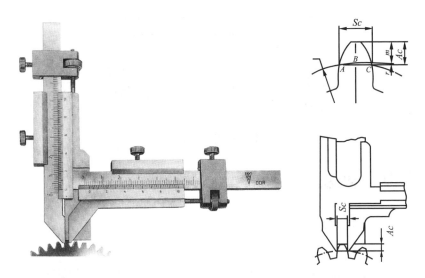

圖 12.17　齒輪游標卡尺與弦齒厚測量（ETALON 齒輪游標卡尺）

$$Sc = MT \sin \frac{90°}{T}$$

$$Ac = A + \frac{MT}{2}\left(1 - \cos \frac{90°}{T}\right)$$

Sc：弦齒厚

Ac：弦齒頂

M：齒輪模數

T：齒數

A：齒頂

3. 齒厚比對樣板齒厚測量

　　齒厚樣板用於齒厚檢驗工作，其原理與圓盤測微器相同，將齒厚樣板與輪齒面相切作比較式測量，如圖 12.18 所示。

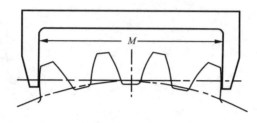

圖 12.18 齒厚樣板比對測量

▣ 12.8 節圓直徑測量

節圓直徑測量的方法如下：

1. 齒輪測微器

齒輪測微器如圖 12.19 所示，其測量砧座為可更換式的鋼球，以適用不同模數的齒輪測量，可以經由測微器直讀出節圓直徑尺寸。

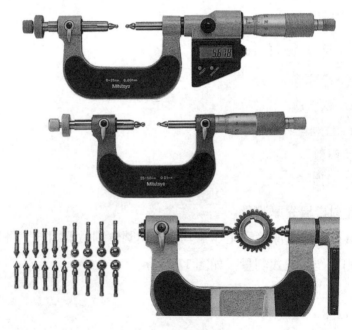

圖 12.19 齒輪測微器

2. 鋼線間接測量法

　　利用鋼線圓柱架於齒輪對邊，經由平面幾何導出換算公式，經由中間值的間接測量，換算出節圓直徑的尺寸，如圖 12.20 為利用普通式測微器，或精密測量機，配合鋼線作節圓直徑測量。

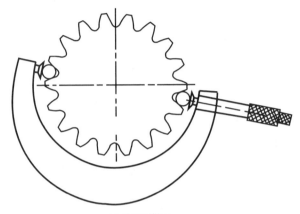

(a) 普通測微器

(b) 精密測量機

圖 12.20　鋼線間接測量（CARL ZEISS）

■ 12.9　齒輪偏擺測量

　　齒輪偏擺是指齒輪齒面於製造過程中，由於誤差因素的影響，導致齒面弧線的改變情形，此改變可以分為直徑方向與轉軸方向，因此有徑向偏擺與軸向偏擺；偏擺量愈大，齒輪製造的精度愈低。

　　齒輪偏擺受下列誤差因素的影響：偏心度、眞圓度、螺旋角、圓弧曲率、材料內應力、材料熱處理……等。這些誤差因素若於製造過程中皆經過修正，使得齒輪齒面弧線與理論齒面弧線完全相同，此時齒輪偏擺量爲零。

　　CNS齒輪檢驗標準，按偏擺量的大小，將齒輪分級，因此我們測量出齒輪偏擺量後，必須查表由偏擺量的大小，判定齒輪的級數。表 12.6 爲CNS圓柱齒輪偏擺精度。

表 12.6　CNS圓柱齒輪偏擺精度

(a) 法線模數 1～2

節圓直徑 (mm) ＼ 等級 偏擺量 (μm)	5	6	7	8	9	10	11	12
～ 10	8	11	16	22	32	45	63	80
10～ 50	10	14	20	28	40	56	80	110
50～125	12	16	22	32	45	63	90	125
125～280	14	18	28	36	56	71	110	160
280～560	16	22	32	45	63	90	125	180

(b) 法線模數 2～3.55

節圓直徑 (mm) ＼ 等級 偏擺量 (μm)	5	6	7	8	9	10	11	12
10～ 50	11	16	22	32	45	63	90	125
50～125	14	20	28	40	56	80	110	160
125～280	16	22	32	45	63	90	125	180
280～560	18	25	36	50	71	100	140	180

表 12.6　CNS 圓柱齒輪偏擺精度 (續)

(c) 法線模數 3.55～6

節圓直徑 (mm) ＼ 偏擺量 (μm) ＼ 等級	5	6	7	8	9	10	11	12
10～ 50	14	18	25	36	50	71	100	140
50～125	16	22	32	45	63	90	125	180
125～280	18	25	36	50	71	100	140	200
280～560	20	28	40	56	80	110	160	220

齒輪偏擺測量的專用儀器為齒輪偏擺測量機：

1. 構造

齒輪偏擺測量機的構造如圖 12.21 所示，包括機台、頂心支架、量錶、量錶歸零板、定壓測桿、測頭組等部分。

(1)機台：為一鑄造組件所製成的測量平台，用以支承各組件。

(2)頂心支架：為兩固定頂心，用以架持工件。

(3)量錶：為直進式量錶，用以測量偏擺值。

(4)量錶歸零板：為一調整板，用以歸零量錶。

(5)定壓測桿：為一內裝壓縮彈簧的手柄，用以維持一定的測量壓力。

(6)測頭組：為一組適用於不同模數的球型測頭，用以接觸齒輪跨齒面。

2. 測量步驟

(1)將齒輪工件以頂心工作的方式，架持於機台上。

(2)根據被測齒輪模數，選擇適當的測頭安裝於定壓測桿。

(3)微推定壓測桿以球型測頭接觸齒輪工件的跨齒面，使球面與齒面相切，同時調整量錶歸零板，將量錶歸零。

(4)微推定壓測桿，逐一測量工件齒輪各跨齒面，將量錶的總偏轉量求出，此即為齒輪偏擺量。

(5)查表即可得知齒輪的等級。

齒輪偏擺測量實例，如圖 12.22 所示。

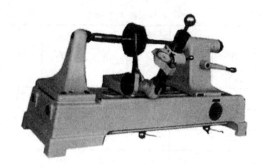

圖 12.21　偏擺測量機

圖 12.22　齒輪偏擺測量例

▣ 12.10　齒輪轉動測量

　　齒輪的功能主要是動力傳動，動態測量最接近齒輪正常的使用狀況，因此齒輪轉動測量的測量效果也較佳。

　　轉動測量機依構造可分類為：

1. 機械槓桿式

　　(1)構造

　　　　本型轉動測試機，將被測齒輪與標準齒輪嚙合，被測齒輪採浮動狀態，輪齒的變化量，經由機械槓桿放大，傳動至劃針上，由記錄器記錄，如圖 12.23 所示。

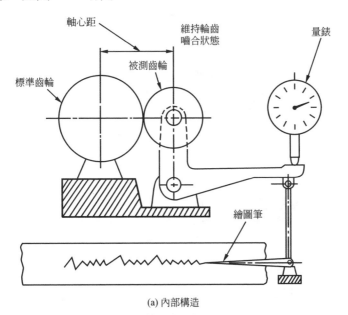

(a) 內部構造

圖 12.23　機械式轉動測試機

(b) 正齒輪轉動測試機 (KS)

(c) 斜齒輪轉動測試機 (KS)

圖 12.23 機械式轉動測試機 (續)

(2)記錄圖表的意義

記錄圖表如圖 12.24 所示，分別代表齒形誤差、偏擺量、齒節公差、輪齒中心距改變量。

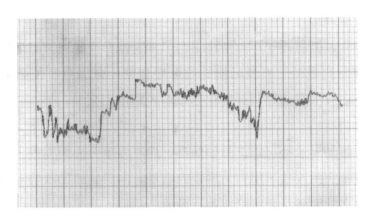

圖 12.24　記錄圖表

2. 電子測頭式

⑴構造

本型轉動測試機由測試台座、頂心支持架、電子測頭、放大記錄器
所組成，如圖 12.25 所示，標準齒輪裝置於電子測頭承座上，與被
測齒輪嚙合轉動。

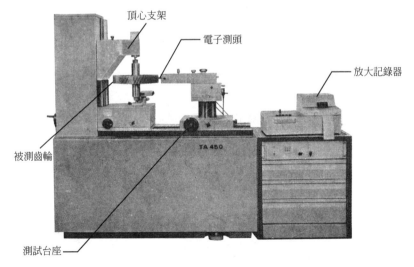

圖 12.25　電子測試頭式轉動測試機（CARL ZEISS）

⑵測量原理

電子測頭裝置為一浮動滑移平台,其上標準齒輪與被測齒輪嚙合,當轉動測量時,被測齒輪的齒形變化量,會導致電子測頭裝置移動,由放大記錄器將此變化量以圖表顯示出來。

⑶測量功能

本型轉動測量機可以作齒輪偏擺、齒厚誤差、齒面誤差、齒輪中心誤差、節距誤差、壓力角誤差的測量,由於是轉動狀態下測量,比前述之靜態測量要實際與並且準確。

⑷綜合誤差的判定

①總綜合誤差 F_i:綜合誤差指被測齒輪旋轉一圈,圖表上最大值與最小值之差。

②鄰接綜合誤差 f_i:鄰接綜合誤差指被測齒輪相鄰兩齒之誤差值。判斷上述之 F_i 與 f_i 值,再查表得知被測齒輪的精度等級。如圖 12.26 所示。

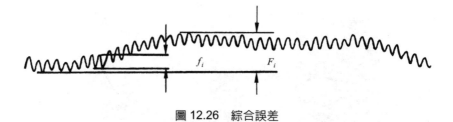

圖 12.26　綜合誤差

⑸測量圖表實例

如圖 12.27 所示(a)為偏擺誤差，(b)為節距誤差，(c)為壓力角誤差。

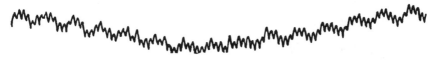

(a) 偏擺誤差──齒輪中心距變化呈正弦曲線

(b) 節距誤差──相鄰兩齒呈激烈不規則波浪狀

(c) 壓力角誤差──鄰接齒綜合誤差值皆很大

圖 12.27　齒輪轉動測量圖表實例

習題 12

1. 試分類齒輪的種類。

2. 試說明漸開線齒輪的特性。

3. 試說明擺線齒輪的特性。

4. 試說明齒形測量的方法。

5. 試說明節距測量的方法。

6. 試說明齒厚測量的方法。

7. 試說明齒輪節圓直徑的測量方法。

8. 試說明齒輪偏擺測量的意義與測量方法。

9. 試說明齒輪轉動測量的意義與測量方法。

Chapter

13

凸輪測量

■ 13.1　凸輪概說

　　凸輪為一外緣部分凸出或圓柱表面有部分凹槽的圓柱型的機件。此機件以一固定軸為軸心，當旋轉時，其外圓周推動從動件運動，由凸輪的外緣形狀，可以控制從動件的運動情形。因此許多精確控制的機器中，凸輪機構占重要的地位，例如引擎的氣門機構凸輪、自動車床刀具導引凸論，其他如紡織機械、印刷機械、自動化機械……等皆利用凸輪作精確控制，以達到機器的功能。

　　從動件的運動情形，受凸輪外緣形狀的影響，因此凸輪形狀與功能的測量，應以量具精確的測量，以維持機器正常的功能。

■ 13.2　凸輪的種類

　　凸輪的種類可分類如下：

1. 以原動件與從動件軸線分類

　　⑴板形凸輪：凸輪軸線與從動件運動軸線呈垂直狀態。如圖 13.1 所示。

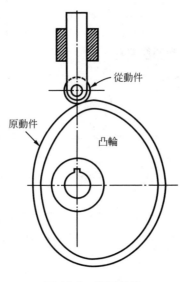

圖 13.1　板形凸輪

⑵圓柱凸輪：凸輪軸線與從動件運動軸線呈平行的狀態。如圖 13.2 所示。

2. 以從動件的外型分類

⑴尖點型從動件：從動件端點為一尖點，如圖 13.3 所示。

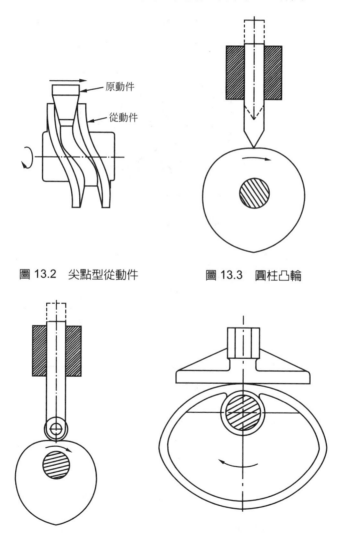

圖 13.2　尖點型從動件　　圖 13.3　圓柱凸輪

圖 13.4　滾子型從動件　　圖 13.5　平板型從動件

(2)滾子型從動件：從動件端點爲一小滾子，如圖 13.4 所示。

(3)平板型從動件：從動件端點爲一平板，如圖 13.5 所示。

3. 以原動件旋轉圈數與從動件行程比分類

　(1)單周圓柱凸輪：原動軸旋轉一圈，從動件來回一次，如圖 13.2 所示。

　(2)雙周圓柱凸輪：原動軸旋轉兩圈，從動件來回一次，如圖 13.6 所示。

　(3)多周圓柱凸輪：原動軸旋轉多圈，從動件來回一次，如圖 13.7 所示。

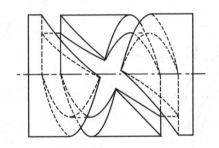

圖 13.6　雙周圓柱凸輪

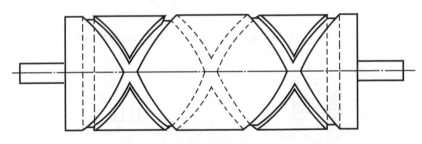

圖 13.7　多周圓柱凸輪

4. 以確動凸輪的形態分類

　(1)板形確動凸輪：以板形凸輪，製成溝槽狀，使從動件可沿溝槽，確實的作上下運動，如圖 13.8 所示。

　(2)偏心確動凸輪：以偏心板形凸輪，套於框內，使從動件作上下確實運動，如圖 13.9 所示。

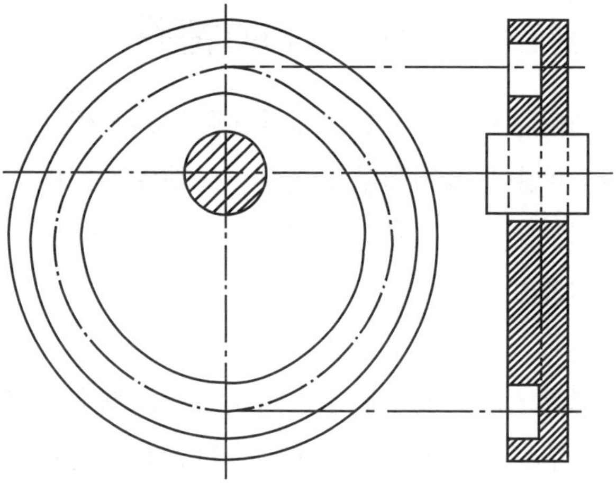

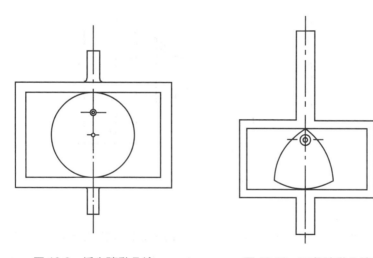

圖 13.8　板形確動凸輪

圖 13.9　偏心確動凸輪　　　　圖 13.10　三角確動凸輪

(3)三角確動凸輪：以三角板形凸輪，套於框內，使從動件作上下確實
　運動，如圖 13.10 所示。

▣ 13.3　凸輪從動件的運動特性

　　凸輪可以將凸輪軸的旋轉運動改變為從動件的直線往復運動，從動件直線運動的特性，可由凸輪的形狀來決定。從動件的特性是由凸輪機構所決定，使從動件運動確實，沒有突生的震動。

　　凸輪從動件的運動特性可分為：

1. 等速運動

　　從動件等速運動，但是為了避免起始點與終止點處的震動，起始點改為漸加速度，終止點改為漸減速度，如圖 13.11 所示。等速運動改良為 ocda 實線。

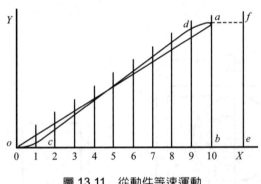

圖 13.11　從動件等速運動

2. 簡諧運動

　　簡諧運動以等速率圓周運動，在垂直軸線上取投影，此投影之運動特性即為簡諧運動。此簡諧運動自起始點至中間點，從動件速度由零增至最大，正向加速度由最大減至零；自中間點至終止點，從動件速度由最大減至零，負向加速度由零增至最大。如此可以使兩端點震動減少。如圖 13.12 所示，實線部分為簡諧運動。

凸輪測量　　13-7

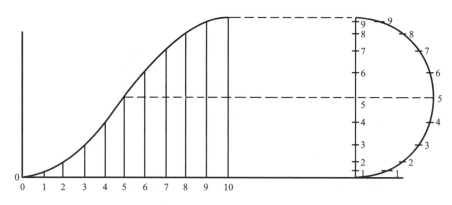

圖 13.12　從動件簡諧運動

3. 重力運動

重力運動又稱為拋物線運動，物體從下落為加速運動，物體往上升為等減速運動，從動件之運動特性前半部為等加速運動，後半部為等減速運動。如圖 13.12 所示，虛線部分為拋物線運動。

4. 平滑運動

為了使從動件，運動過程中不發生震動，可以設計一公式如下：

$$S = \frac{L}{\pi}\left(\frac{\pi\theta}{\beta} - \sin\frac{2\pi\theta}{\beta}\right)$$

L：從動件總行程

β：凸輪總旋轉角度

S：從動件之位移

θ：凸輪旋轉角度

則可得一平滑無震動的從動件運動路線，如圖 13.13 所示，實線部分。

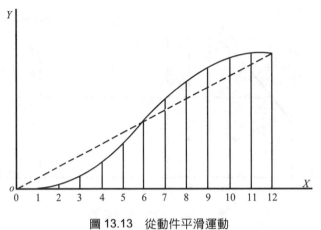

圖 13.13　從動件平滑運動

■ 13.4　凸輪測量的方法

凸輪測量可以利用下列測量儀器：

1. 多點量錶組

多點量錶組可以架設量錶於凸輪周圍，對凸輪作多點測量，如圖 13.14
所示。

圖 13.14　多點量錶組凸輪測量（CARL ZEISS JENA）

2. 投影機

　　凸輪可架設於投影機上，作凸輪的輪廓投影，配合角度測量、直線測量裝置，作凸輪測量，如圖 13.15 所示。

原　　點：0　角度基線：R_0

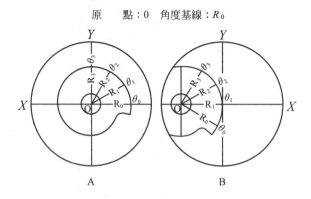

A　　　　　　　B

圖 13.15　投影機凸輪測量

3. 輪廓測量機

　　凸輪可架設於輪廓測量機中心架上，作凸輪輪廓測量，由繪圖機之圖表可得凸輪外形，如圖 13.16 所示。

4. 座標測量機

　　座標測量機配合分度裝置可以作凸輪測量，座標測量機的測量情形，詳見座標測量章節。

5. 凸輪測量機

　　凸輪測量機為專門測量凸輪外形所發展的測量儀器，由精確的分度頭帶動凸輪軸旋轉，配合凸輪測量頭，讀數測量值，得知測量結果，凸輪測量機詳述於下節。

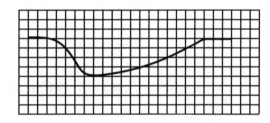

圖 13.16　輪廓測量機

13.5　凸輪測量機

1. 凸輪測量機原理

凸輪測量機以凸輪測量頭夾持測量砧座，與被測凸輪接觸，同時配合分度頭旋轉凸輪軸，由凸輪測量頭上的光學量測系統，測量凸輪尺寸。

2. 凸輪測量機的構造

凸輪測量機包括下列各組件：如圖 13.17 所示。

圖 13.17　凸輪測量機構造（CARL ZEISS JENA）

⑴凸輪測量頭：用以接觸凸輪表面，測量凸輪徑向尺寸。

⑵分度頭裝置：用以精確旋轉凸輪，以便測量。

⑶尾座頂心組：用以架設工件，使測量軸線與凸輪軸線垂直。

⑷測量機台組：用以架設分度頭、尾座頂心、凸輪測量頭等構件，並
　使凸輪測量頭軸線與凸輪軸線垂直。

3. 凸輪測量機構件

　⑴凸輪測量頭

　　凸輪測量頭包括測量砧座、光學度量系統、測量頭本體等部分。

　⑵測頭砧座

　　測頭砧座的種類與功能如下：

　　①直邊形：適用於平板型從動件的凸輪使用。

　　②刀邊形：適用於尖點型從動件的凸輪使用。

　　③圓盤形：適用於滾子型從動件的凸輪使用。

　測頭砧座如圖 13.18 所示。

⑶分度頭裝置

分度頭用以旋轉凸輪軸，分度頭的精度直接影響凸輪測量的結果。如圖 13.19 爲一電子數字顯示型的分度頭。

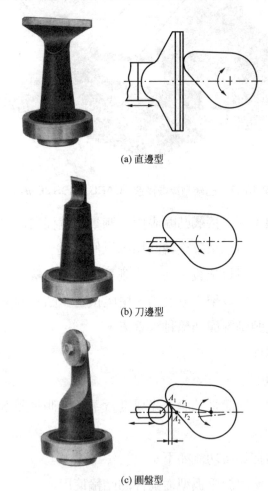

(a) 直邊型

(b) 刀邊型

(c) 圓盤型

圖 13.18　測頭砧座型式（CARL ZEISS JENA）

圖 13.19　電子數字型分度頭（CARL ZEISS JENA）

習題 13

1. 試說明凸輪在機構中所佔的重要性。

2. 試分類凸輪的種類。

3. 試說明凸輪從動件的外型分類。

4. 試說明確動凸輪的特點。

5. 試分類從動件運動的特性。

6. 試說明凸輪測量的方法。

7. 試說明凸輪測量機的構造。

8. 試說明凸輪測量砧座的種類與功能。

Precision Measuring Tools & Mechanical Parts Testing

Chapter

14

平衡測定

14.1　平衡測定概說

　　機器的組件中，旋轉軸是最常使用的機件，欲充分發揮旋轉軸的功能，必須先將旋轉軸的重心線校正至與旋轉軸的中心線重合，即使轉軸動力平衡。若未能達到動力平衡的要求，因轉動產生的離心力偏差，造成震動、噪音、軸承磨損等缺失，使機器的功能喪失，機器壽命減短。因此旋轉的機件必須作平衡測定，測知動力不平衡量，以配置重塊或減少機件某部分重量，作動力平衡修正，如此可以使機器運轉正常，安靜無震動，使用壽命增長，機器功能得以發揮。

14.2　不平衡的種類

1. 不平衡的意義

　　當轉動體旋轉時，除軸心外，其他部分都會產生離心力，若此離心力之分佈對稱於軸心，則平衡時各方向的離心力相互抵消，此轉動體呈平衡狀態；若此離心力之分佈不對稱於軸心，則平衡時各方向的離心力無法抵消，即產生不平衡，對軸產生不良的影響。

　　如圖 14.1 所示轉動體軸心為 C，重心為 G，兩者距離為 e，距離軸心 r 有一 w 之不平衡重量，則轉動體轉動時產生的離心力 P 為：

$$P = \frac{w}{g} r w^2$$

　　　P：離心力

　　w：不平衡之重量
　　r：不平衡之半徑
　　ω：轉動角速度 $= 2\pi N/60$
　　g：動力加速度 $= 981 \text{ cm/sec}^2$

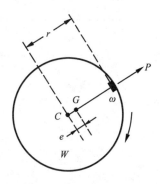

圖 14.1　轉動體之不平衡

離心力 P 與軸轉數 N 有關，故不能以離心力 P 表示不平衡量。

不平衡量 U 以不平衡重量 w 與其半徑 r 之積表示：

$U = wr$

U：不平衡量

w：不平衡重量

r：不平衡半徑

不平衡量 U 亦可以旋轉體總重量 W 與偏重心距 e 之積表示：

$U = We$

U：不平衡量

W：旋轉體總重量

e：偏重心距 (重心與軸心距)

$U = We = wr$

當不平衡量 U 不為零時，即表示偏重心距 e 不為零；或偏心重量 w 不為零，不平衡半徑 r 不為零。

2. 靜力不平衡

　　靜力不平衡是指轉軸於靜止狀態時之不平衡，因為角速度為零，故離心力為零，此時的靜力不平衡全由轉軸的不平衡重力 w 與不平衡半徑 r 所決定。如圖 14.2 所示，(a)為不平衡之情形，(b)為靜力平衡測量時，當軸靜止時，轉軸不平衡重力 w 落於下方，此時須於對稱部位加裝 w 之配重錘或於原位置減去 w 重量，始能達靜力平衡。

　　此種靜止狀態下所顯示的不平衡情形稱為靜力不平衡或靜態不平衡，檢出的方式可分為水平軸與垂直軸兩種。

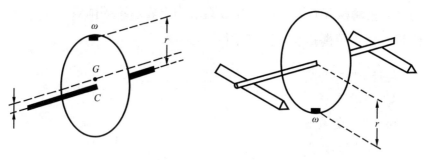

圖 14.2　靜力不平衡

3. 動力不平衡

圓筒型轉動體，若於轉動體兩端各有方向相反純量相同的不平衡向量 UL，UR 存在，利用前述之靜力不平衡測量法，無法測出動力不平衡，此時必須使轉動體自由轉動，如圖 14.3 所示，則轉動體以 Z_1 慣性軸為中心旋轉，原轉軸 Z 則繞 Z_1 軸轉動，使得左右兩面的軸承發生震動，此種不平衡現象於轉動時才會產生，故稱為動力不平衡。

一般轉動體之動力不平衡如圖 14.4 所示，可視為以片狀分佈在各位置上之不同方向及不同的質量。這些不平衡的向量可歸納為轉動體兩面的不平衡向量和，即 UL、UR 為各個片狀體之不平衡向量，分解至左右兩端面之合向量。

如圖 14.5 所示，有 U_1，U_2，U_3 三不平衡向量，每一向量可分解為轉動體兩面的分向量 U_1L，U_1R；U_2L，U_2R；U_3L，U_3R，此兩分向量的大小與該向量距轉動體兩面之距離成反比，因此 U_1 可分解為：

$$U_1L = U_1 \times \frac{b}{a+b}$$
$$U_1R = U_1 \times \frac{a}{a+b}$$

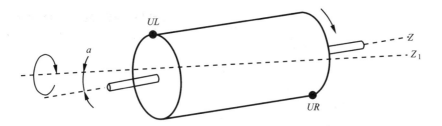

圖 14.3　動力不平衡

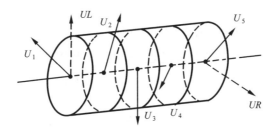

圖 14.4　動力不平衡之分佈

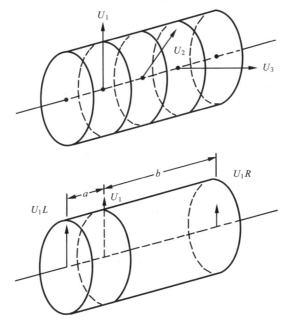

圖 14.5　不平衡向量 *UL* 與 *UR* 之合成原理

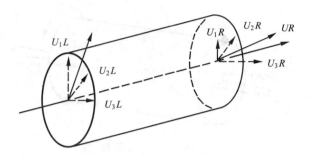

圖 14.5　不平衡向量 UL 與 UR 之合成原理 (續)

同理可求得 U_2 與 U_3 之分向量，U_2L，U_2R；U_3L，U_3R。

由兩端面各分向量求出合向量 UL，UR，此為動力不平衡量，亦為動力平衡測定所要修正的向量，使此向量為零的作法可採用減重量或加重量的方法來完成。

若要以減重量的方式來校正平衡狀況，則可以最簡單的方式於端面將 $UL = \omega r$，求出減重量 w 與不平衡半徑 r；若於該處無法減重量時，則可以將向量分解成若干分向量，U_a，U_b，U_c 等分向量，分別求出 w_a，r_a；w_b，r_b；w_c，r_c，於各向量角度 θ_a，θ_b，θ_c，不平衡半徑 r_a，r_b，r_c，減去 w_a，w_b，w_c 的重量，如圖 14.6 所示。

向量分解有無限多種方法，因此動力平衡的方式有無限多種作法，但是為了簡化平衡校正的手續，儘量採用單一向量法，或少數分向量法，除非因為材料結構的限制，才增加分向量以避免減重量後，材料結構強度變弱。

若以加重量的方式來校正平衡狀況，則先求出 UL 之反向量，再針對此反向量作如前項說明之加重量方式的校正平衡。右端面之不平衡量 UR 亦可比照前述之方法作減重量或加重量的動力平衡校正。

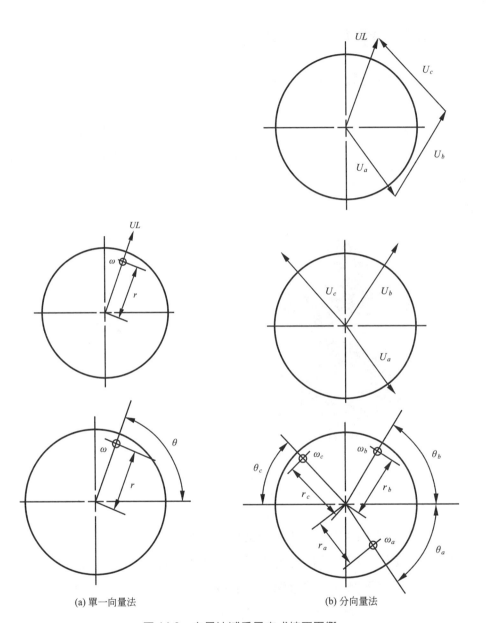

(a) 單一向量法　　　　　　(b) 分向量法

圖 14.6　向量法減重量方式校正平衡

▣ 14.3　靜力平衡測定

靜力平衡測定較為單純容易,可以分為兩種:

1. 橫式

橫式靜力平衡測試將旋轉體橫裝於一水平刃支架上,旋轉被測軸,觀察其停止位置,找出靜力不平衡點與不平衡量,於對稱點加裝配重塊,重覆靜力平衡測試,若停止位置均勻分佈於圓周,則可確定旋轉體已達平衡狀態,如圖 14.7 為一砂輪軸靜力平衡測試。

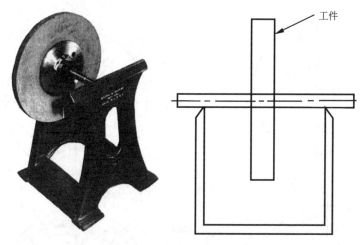

圖 14.7　橫式靜力平衡測定

2. 直立式

直立式靜力平衡測試,將被測旋轉體以水平放置,其上有一圓形水準氣泡,觀察氣泡位置,找出靜力不平衡點與不平衡量,於對稱點加裝配重塊,重覆靜力平衡測試,若水準氣泡於圓之中心,則可確定轉體已達平衡狀態,如圖 14.8 為輪胎鋼圈之靜力平衡測試。

 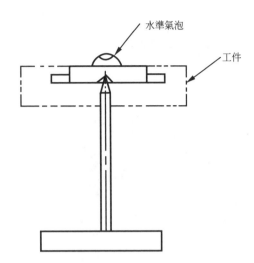

圖 14.8   直立式靜力平衡測定

3. 靜力平衡測量原理

　　橫式靜力平衡測定所利用的原理為旋轉體靜止時，若靜力不平衡，其重心因重力作用，會位於下方；重覆測量數次，可以偵測出不平衡角度，加裝配重塊加以校正；若已達靜力平衡，旋轉體可於任意角度靜止。

　　直立式靜力平衡所利用的原理為當達到靜力平衡時，旋轉體之端面應呈水平狀態，圓型水準氣泡應位於中心位置；由水準氣泡偏移的情形，加裝配重塊加以校正；若已達靜力平衡，圓型水準氣泡將位於中心位置。

■ 14.4   動力平衡測定

1. 動力平衡機的種類

　　動力平衡機可以下列方式分類：

(1)以測量件軸線位置可分為：

　　①直立式：測量件軸線垂直架設，如圖 14.9 所示。

　　②橫式：測量件軸線水平架設，如圖 14.10 所示。

圖 14.9　直立式動力平衡機　　　　　　　　圖 14.10　橫式動力平衡機

(2)以檢出方式可分為：

　　①硬式：採用硬式軸承系統，符合轉子實際運轉狀況。

　　②軟式：以普通架持方式檢出測量結果。

(3)以測量件驅動方式可分為：

　　①皮帶驅動式：以撓性皮帶裝置驅動，如圖 14.11 所示。

　　②軸驅動式：以軸連接裝置驅動，如圖 14.12 所示。

　　③本身驅動式：以本身動力驅動。

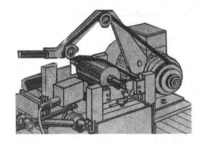 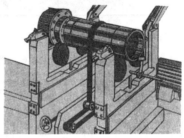

圖 14.11　皮帶驅動式

圖 14.12　軸驅動式

(4)以測量件面數可分為：

　①單面測定型：僅測量單一面。

　②二面測定型：可同時測量兩面。

　動力平衡機分類如表 14.1 所示。

表 14.1　動力平衡機分類表

形式 DBM ＼ 機能	檢出方式	試驗體驅動方式
橫式	硬式	軸驅動
		皮帶驅動
	軟式	軸驅動式
		皮帶驅動式
		自己驅動式
直立式	硬式	軸驅動式
	軟式	

2. 動力平衡機原理

　　動力平衡機的測量原理為當旋轉體浮動旋轉時，由於動力不平衡旋轉體以本身慣性軸為軸心旋轉，使得架設軸的左右兩浮動軸承發生震動，帶動震動感測頭，電子測頭之磁力線切割線圈，因而產生電流，此電流之大小與變動情形即表示動力不平衡之狀況。此時調整動力平衡機本身二組發電機，即電流產生器，使產生的電流正好抵消左右軸承震動所產生的電流，經由相位比較檢出，可測得動力不平衡量與動力不平衡角度，如此即可按測量結果，加裝配重塊或鑽孔減少重量，使旋轉體達到動力平衡，如圖 14.13 所示。

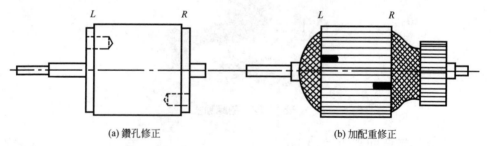

(a) 鑽孔修正　　　　　　　　　　　　　(b) 加配重修正

圖 14.13　動力不平衡之配重修正

3. 動力平衡機的構造

　　動力平衡機包括下列組件：

(1)震動感測組

感測旋轉件兩面之軸承震動量，並轉變為電流量。

(2)補償電流組

包括發電機及電流調整裝置，以調整發電機之電流量，經由相位檢出器，檢出動力不平衡量與動力不平衡角度。

(3)旋轉控制組

包括馬達及電磁控制裝置，以起動旋轉馬達，帶動旋轉測試體，或以電磁力剎車停止旋轉測試體。

(4)工件支架組

為架設旋轉工件之承架。

(5)機體平台組

用以架設旋轉測試體、旋轉支架、馬達、發電機等構件。

動力平衡機如圖 14.14 所示。

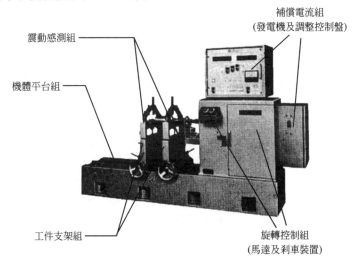

震動感測組

補償電流組
(發電機及調整控制盤)

機體平台組

工件支架組

旋轉控制組
(馬達及剎車裝置)

圖 14.14　動力平衡機構造

4. 動力平衡機的用途

動力平衡機的用途如表 14.2 所示，適用於各種旋轉型工件的動力平衡測量。

表 14.2　動力平衡機的用途

用途		使用範圍
	重工業，重電機	渦輪轉子、大型發電機、水車、大型變速齒輪、大型馬達離心機、攪拌機、垃圾處理機。
	汽車工業	輪胎、曲軸、驅動軸、離合器、剎車鼓、飛輪各類馬達、冷卻扇、增壓器。
	家電，電機	吸塵機用馬達、果汁機用馬達、風扇、中型馬達、磁鼓空調用各類零件、電腦磁碟。
	送風機	一般送風機。
	農機具	引擎零件 (曲軸、飛輪等) 刀具，鏈鋸等零件。
	小型馬達	家電用小型馬達轉子、汽車用馬達轉子、錄音機用馬達轉子，飛輪、風扇。
	機械部品	製紙滾輪、泵浦葉片、各種齒輪、扭力轉換器、紡織機零件、電梯零件。
	航空機，時計	陀螺儀、航空用引擎、螺旋漿葉、飛機用輪胎、時鐘、手錶等零件。
	工作機械	砂輪機、刀具、各式主軸、齒輪工作母機用夾頭。
	其他	染線機、磨擦輪。

5. 動力平衡機的使用實例

　　動力平衡測量時，為了使測量快速，通常先將旋轉體作靜力平衡校正，然後再作動力平衡測量，如此可減少動力平衡修正量，使動力平衡校正快速準確。

　　如圖 14.15 為一小型鼓風機轉子之動力平衡測試。

圖 14.15　鼓風機轉子動力平衡測試

　　如圖 14.16 為一大型輪葉裝置之動力平衡測試。

圖 14.16　大型輪葉之動力平衡測試

習題 14

1. 試說明平衡測定的重要性。

2. 試說明不平衡的意義及其表示的方法。

3. 試說明靜力不平衡與動力不平衡的差別。

4. 試說明靜力平衡測定的方式。

5. 試說明靜力平衡測定的原理。

6. 試分類動力平衡測定機的種類。

7. 試說明動力平衡測定機的原理。

8. 試說明動力平衡測定機的構造。

9. 試說明動力平衡測定機的用途。

10. 試說明向量法作動力平衡校正的步驟。

Precision Measuring Tools & Mechanical Parts Testing

Chapter

15

座標測量機

▣ 15.1　座標測量概說

　　空間物體是由三度空間的座標尺寸所構成，即長、寬、高三種長度尺寸。游標卡尺、測微器等量具僅能提供一次元的長度測量，若要測量三度空間尺寸，則需重覆作三次的測量，始能將長、寬、高的尺寸決定，測量中的誤差狀況每次均不同。工具顯微鏡、輪廓測量機、投影機等量具只能作二次元的測量，即提供平面的測量，若要測量三度空間尺寸，則需作兩次以上的平面測量，始能決定長、寬、高的尺寸，測量中的誤差狀況每次均不同，並且難以控制。因此若有一測量儀器能同時測量三度空間的尺寸，即空間座標值，此種測量儀器即稱為三次元測量機或座標測量機。

　　座標測量機利用測頭接觸工件表面，沿 X、Y、Z 三軸向移動，由直角標系統可以得知測頭中心點之位置，因此可以得知工作的點座標，若將這些點座標送至數據處理機，由軟體程式的計算，可以得知工件外型的細部尺寸。以座標測量機測量工作，使測量檢驗工件進入自動化，節省測量時間，提高測量效率與測量精度。

　　座標測量機的使用，除了提高測量效率與測量精度外，對於複雜工件檢驗，使用座標測量機的效果更為理想，因此精密機件的檢驗工作上，座標測量機扮演著重要的角色，它是精密測量中，最快速與準確的自動化測定量具。

▣ 15.2　座標測量機的優點

1. 科技進步的關鍵

　　座標測量機因為科學技術的進步，使得座標測量機實用化，並且具備多種測量功能，科技進步的關鍵如下：

(1)氣浮軸承：各座標軸移動面使用氣浮軸承，使得測頭移動順暢，可以很精確得移動測頭。

(2)光學線性尺：配合安裝於機器座標系上的三組光學線性尺，可以很精確得獲得座標測量值。

(3)數據處理機：座標測量機是採用計算法獲得測量結果，數據處理機及其所具備的測量軟體，增加了座標測量機的功能。

因為有上述三項的技進步成果，使座標測量機具備了優越的測量功能。

2. 座標測量機的優點

座標測量機的優點如下：

(1)探測頭可以在空間沿 X、Y、Z 三個軸向移動，其位置以直角座標或極座標表示。

(2)工件立方體的五個面皆可測量，無需變換工件位置，若加裝適當夾具及特殊測頭，第六面亦可測量。

(3)座標測量機的操作和測量工作，不需要特殊的技術即可勝任。

(4)可以在任何的位置，設定工作座標系原點，並且以間接計算法計算出測量結果，增加測量的功能與使用彈性。

(5)以電腦數據處理機，快速準確的計算出測量值，配合教導程式使座標測量機的測量工作自動化。

(6)取代傳統測量方式，提高檢驗準確度，並且對於高精度產品，可以百分之百檢驗。

(7)複雜的工件與測量困難度高的工件，皆可以作精確的測量。

(8)大幅減少檢驗時間、檢驗費用、檢驗人力，增加測量效率。

▣ 15.3　座標測量機的型式

以座標系統可分類為直角座標系與關節座標系兩種：

1. 直角座標系

可分類為下列四種型式：

(1)劃線機式

可分為數字量錶式與電子數字式兩種，如圖 15.1 所示，前者採用量錶測微原理，後者採用光學尺測微原理，以旋轉編碼器感測移動量，送至電子裝置顯示出來。本型座標測量機為加工現場使用，專為測量及劃線工作而設計，其優點為：

①價格便宜，使用經濟。

②安裝容易，不需基礎安置。

③使用方便，操作簡單。

④直讀測量值，由量錶或顯示器顯示測量值。

⑤量錶式不需使用電源，使用較具彈性。

⑥測量範圍大，懸臂延伸距長。

⑦高度測量空易，不需特別技術。

(a) 量錶式

(b) 電子式

圖 15.1　劃線機型座標測量機

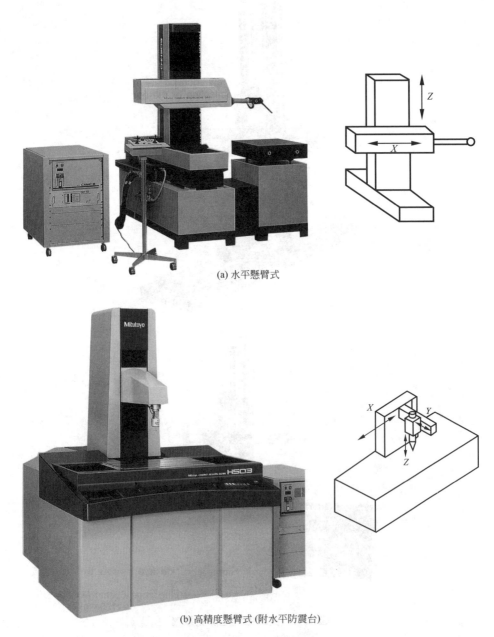

(a) 水平懸臂式

(b) 高精度懸臂式 (附水平防震台)

圖 15.2　懸臂式座標測量機

(2)懸臂式

懸臂式由測量機的支柱支撐測頭組及懸臂樑，安裝測量工作方便快速。但是懸臂因為重力的原因有變形的可能，故水平懸臂的結構設計儘量避免其變形，以確保測量的高準確度。懸臂式座標測量機如圖 15.2 所示。

(3)橋架式

橋架式座標測量機將樑架架於工作台面兩支架上，測頭樑架沿支架導面作 Y 軸方向移動，樑架上的測頭可以作 X 軸及 Z 軸方向移動，架持穩固，故精度較佳。橋架式座標測量機如圖 15.3 所示。

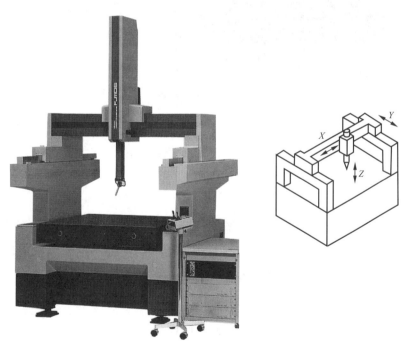

圖 15.3　橋架式座標測量機

(4)門形移動式

門形移動式座標測量機，測頭樑架與支架為一體，門形樑架本體在平板上作移動。門形移動式座標測量如圖 15.4 所示。

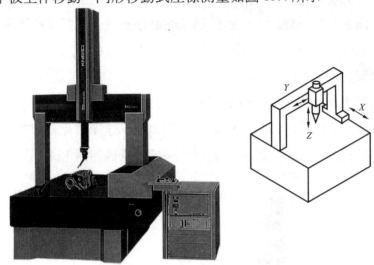

圖 15.4 門型移動式座標測量機

上述幾種型式，除劃線機式外，各滑動面均裝有氣浮軸承，使各軸移動平滑順暢。各軸向均以光學線性尺作為測量長度之基本元件。Z 軸採用空氣平衡方式，以氣壓缸平衡重力作用。

2. 關節座標系

關節座標測量機採用關節座標系，此型測量機測頭沿工件表面移動，會導致關節角度的變化，由解碼器測知各軸的角位移，由關節座標的齊次轉換式，可以經由各軸角位移量，計算出直角座標值。

即 $(\theta_1，\theta_2，\theta_3，\cdots\cdots) \rightarrow (X，Y，Z)$

關節角度　　　　直角座標

齊次轉換式為一矩陣式，以人工計算非常耗時，若採用電腦計算則非常快速，同時配合繪圖機及印表機，將測量結果印出，使得此型座標測量機甚為實用。

　　本機採用手臂型探測臂，彎曲自如，故複雜的空間外型，或狹窄的孔槽，測量操作均非常方便、快速。關節型座標測量機如圖 15.5 所示。

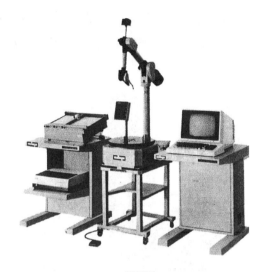

(a) 外型圖

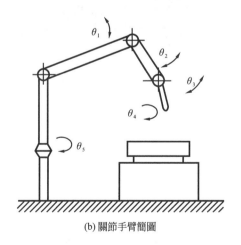

(b) 關節手臂簡圖

圖 15.5　關節型座標測量機

以測頭移動方式可分類為手動移動式與電腦數控移動式兩種：

1. 手動移動式

係以手動方式移動測頭，沿工件表面取測量點，輸入數據處理電腦計算出測量結果，一般屬於小型的座標測量機，適用於小型工件，如圖 15.6 所示。

圖 15.6　手動移動式座標測量機

2. 電腦數控移動式

係以電腦數控方式移動測頭，沿工件表面取測量點，由搖桿輸入各座標軸移動信號，使驅動馬達轉動帶動測頭移動，並以電子測頭定壓裝置取測量點，輸入數據處理電腦計算出測量結果，並將測頭移動路徑記錄成檔案作後續工件的自動化測量，屬於大型的座標測量機，適用於大型工件，如圖 15.7 所示。

圖 15.7　電腦數控移動式座標測量機

　　以測頭接觸方式可分類爲接觸式與非接觸式兩種：

1. 接觸式

　　係以測頭直接接觸於被測工件表面求取測量點，可分爲硬式測頭與電子式測頭兩種，硬式測頭依測量之需求有各種不同的型式，電子式測頭具有單點與多點的型式，並且具有定測量壓力輸入裝置，自動輸入測量點至數據處理機，如圖 15.8 所示。

(a) 硬式測頭

(b) 電子式測頭

圖 15.8　接觸測頭

2. 非接觸式

　　係採用光學元件測頭擷取測量值，包括 CCD 攝影裝置及雷射裝置，CCD 攝影裝置作 XY 平面之座標值擷取，雷射裝置作 Z 軸座標值擷取，輸入數據處理機計算測量結果，非接觸式測頭及座測量機如圖 15.9 所示。

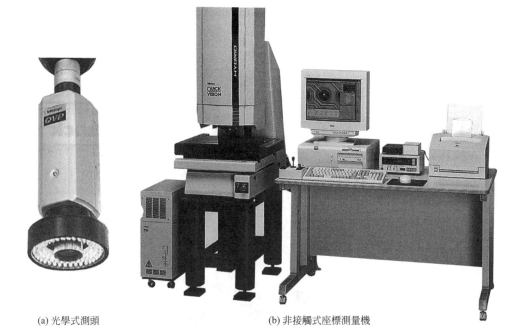

(a) 光學式測頭　　　　　　　　　　(b) 非接觸式座標測量機

圖 15.9　非接觸式測頭及座標測量機

15.4　座標測量機的構造

1. 劃線機式

劃線機式座標測量機的構造可分為：

(1)座標測量機本體

　①基座組：支撐座標測量機之基座本體。

　②導軌組：導軌有三套，分別為 X、Y、Z 軸向。

　③量錶組：整數測量值以數字顯示，微小值以量錶顯示。

　④測頭組：與工件接觸，維持固定之測量壓力。

　⑤滑座組：分為 X 軸滑座、Y 軸滑座與 Z 軸滑座，Y 軸滑座在 X 軸
　　滑座上，Z 軸滑座在 Y 軸滑座上。

　⑥編碼組：本組為電子光學式所特有，以旋轉之光學編碼器測知移
　　動量。

⑦數據處理：本組為電子光學式所特有，以數據處理計算並且顯示
測量值。座標測量機本體如圖 15.10 所示。

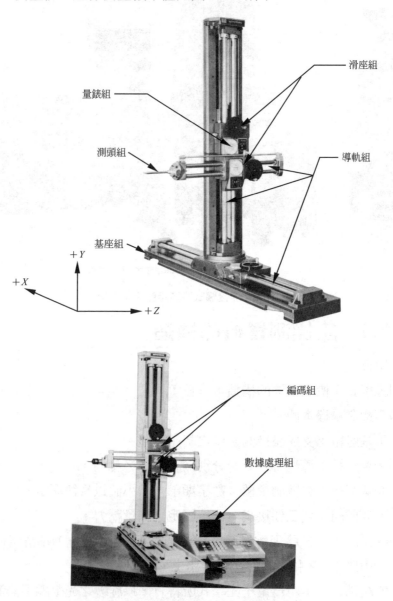

圖 15.10　劃線機式座標測量機構造

(2)座標測量機附件

　①標準式劃針：用於平面劃線，點對點的測量及一般用途使用。

　②球狀測頭：一般用途使用。

　③球狀彎式測頭：用於頂面、底面或孔的測量。

　④衝孔附件：用於工件表面衝孔工作。

　⑤彎曲式劃針：用於圓角或孔的頂面、底面的劃線。

　⑥夾持附件：用於夾持中心測頭，或夾持萬能角度規。

　⑦中心測頭：用於孔之中心距測量。

　⑧萬向夾持具：用於測頭的萬向調整作用。

　⑨接觸感知器：用於感知測頭與工件之接觸狀況，以維持一定的測
　　量壓力。

　⑩萬能角度規：用於角度的測量。

　⑪原點固定塊：用於更換測頭時，歸零測量原點之用。

　⑫旋轉測頭：用於劃圓弧線之用。

表 15.1 為劃線機式座標測量機之附件。

表 15.1　劃線機式座標測量機附件

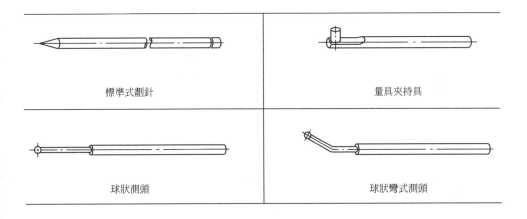

標準式劃針	量具夾持具
球狀測頭	球狀彎式測頭

表 15.1　劃線機式座標測量機附件 (續)

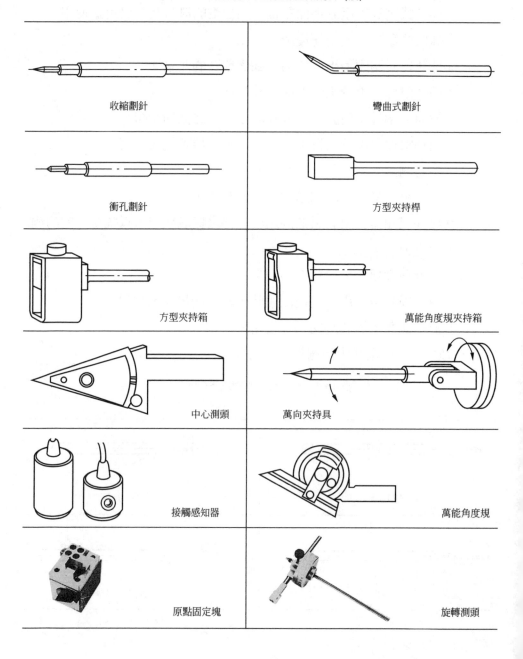

收縮劃針	彎曲式劃針
衝孔劃針	方型夾持桿
方型夾持箱	萬能角度規夾持箱
中心測頭	萬向夾持具
接觸感知器	萬能角度規
原點固定塊	旋轉測頭

2. 橋架式

橋架式座標測量機的構造可分爲：

(1)座標測量機本體

①測頭組：用於接觸工件，維持固定的測量壓力。

②基座組：用於支撐測量機之構件、支撐架的基台。

③測量台：測量平台，用以放置工件。

④氣浮組：包括氣壓產生裝置、氣浮軸承等構件。

⑤驅動組：包括伺服驅動單元，控制系統、馬達組等構件。

⑥測微組：指光學線性尺組，感測各軸移動量。

⑦顯示組：包括電子數字計數器等顯示裝置。

⑧控制組：包括控制測頭，沿 X、Y、Z 軸方向移動之搖桿、控制開關、控制系統等構件。

(2)數據處理系統

數據處理系統包括電腦系統及週邊裝置，如表 15.2 所示，可以增加測量效率與功能。

①電腦數據處理機：用以計算測量結果，提供測量模式，以供測量使用。並且具備學習功能、診斷功能、測試功能，使測量檢驗更趨於自動化。

②終端顯示器：顯示數據處理結果。

③鍵盤輸入器：負責資料輸入、輸出、數據處理機之控制與操作。

④印表機裝置：用以將測量結果輸出，印成報表型式。

⑤繪圖機裝置：用以將測量實體圖形繪出。

表 15.2　數據處理系統

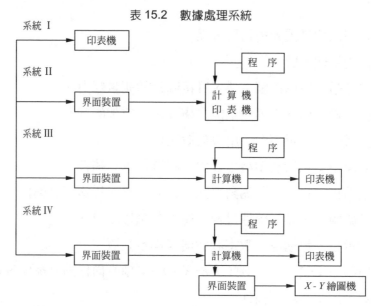

座標測量機本體及數據處理系統如圖 15.11 所示。

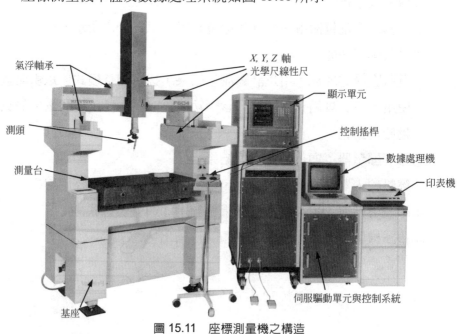

圖 15.11　座標測量機之構造

(3)座標測量機附件

①測頭附件

a. 錐形測頭：用於孔距的測量。

b. 圓柱測頭：用於 Z 軸面的測量。

c. 圓盤測頭：用於凹斷面的測量。

d. 內錐測頭：用於球面的測量。

e. 球狀測頭：用於平面或邊面的測量。

f. 劃線測頭：用於劃線工作。

g. 衝點測頭：用於衝點工作。

h. 定心測頭：用於定孔或圓之中心線，如定心顯微鏡測頭。

i. 萬能測頭：作多方向角度的調整，測量工件各部位。

j. 電子測頭：維持一定測量壓力，自動輸入測量值。

k. 多點測頭：可以測量工件多個測量面，不須調整測桿，一般均製成 5 點測頭。測頭附件及多點電子測頭如圖 15.12 及圖 15.13 所示。

(a) 硬式測頭

(b) 單點及多點電子測頭

圖 15.12　測頭附件

(c) 定心顯微鏡測頭

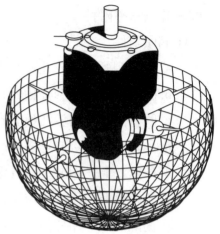

(d) 萬象電測頭

圖 15.12　測頭附件(續)

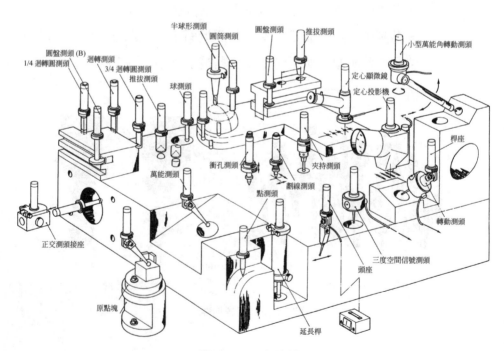

圖 15.13　測頭附件

②原點規塊

　　原點規塊用於設定機器座標系的原點，當測頭更換時，用於求出測頭之補償值，可分為球型原點及基準邊型原點，如圖15.14所示。

圖15.14　原點塊規

③測頭塊規

　　測頭塊規用於測量測頭前端球體之直徑，精確得求出測頭直徑值，測頭塊規如圖15.15所示。

圖15.15　測頭塊規

④三次元接觸信號系統

本系統由三次元探針、控制箱及遙控開關所組成，可以連接數據
處理機。由於具備定壓測量自動輸入座標值的特點，可以增加測
量效率與測量準確性。如圖 15.16 所示。

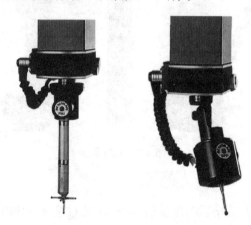

圖 15.16　三次元接觸信號系統

3. 關節式

關節式座標測量機的構造可分為：如圖 15.17 所示。

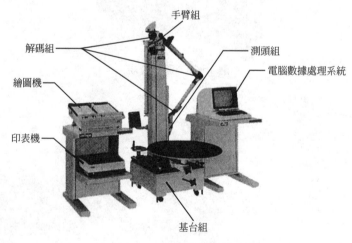

圖 15.17　關節式座標測量機

(1)關節式測量機本體

　①測頭組：與工件接觸，測知工件尺寸。

　②手臂組：分爲臂身、前臂、上臂、手腕、旋腕等部分。

　③編碼組：位於每組手臂的轉軸，用以感測各手臂的角位移。

　④基台組：支撐測量機關節本體及工件台的基體結構。

(2)電腦數據處理系統

　電腦數據處理系統負責將各關節之角位移量代入齊次轉換矩陣式，求出各空間點的直角座標，並且提供各種軟體功能，使測量工作更準確與快速。

(3)繪圖機

　繪圖機將測量結果繪製成平面圖形，可以迅速並且正確的獲知測量結果。

(4)印表機

　印表機可以將測量數據、工件尺寸印出，直接獲知測量結果。

15.5 座標測量機系統

　　座標測量機由座標測量機本體與數據處理機構成座標測量機系統，可以由電腦數值控制的座標測量機，配合搖桿單元移動測頭製作教導程式，使座標測量機的操作完全由程式控制，自動化測量；數據處理機包括電腦硬體與測量軟體，電子測頭以定壓力輸入測量值，配合軟體計算功能，作一般工件、輪廓測定、統計數據處理及檢驗模式等測量，同時可外接個人電腦，增加座標測量機的功能，座標測量機系統如圖 15.18 所示。

軟體系統

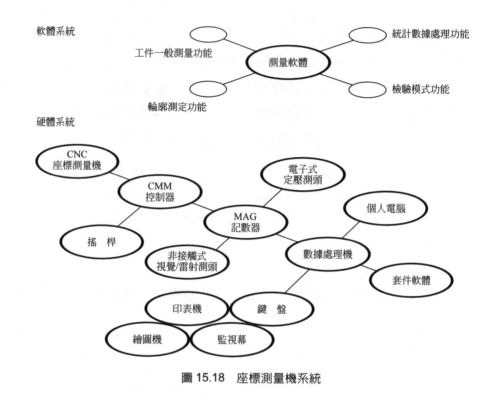

硬體系統

圖 15.18　座標測量機系統

▣ **15.6　座標測量機的原則**

1. 直角座標式

直角座標測量機是利用計算法將機器座標轉換成工件座標，將測頭中心點的座標值輸入數據處理機，利用測量軟體，以計算法計算出測量結果。

直角座標測量機是利用三組光學線性尺，安裝於直角座標軸上，測頭中心點的座標值由 X，Y，Z 軸上的光學線性尺所感測，此座標系為機器座標系—XYZ；測頭中心點接觸工件表面是要得到以工件座標系：$X'Y'Z'$為主的工件測量值；因此數據處理機首先要將機器作標系轉換為工件座標系，以座標平移與座標旋轉的方式，求出下列轉換參數值：

　⑴面補正：求出 XY 平面與 $X'Y'$平面之夾角 θ_1。

(2)軸補正：求出 X 軸與 X' 軸之夾角 θ_2。

(3)原點平移：求出兩座標系原點的平移量 ΔX，ΔY，ΔZ。

　　每一測量點均以轉換參數值，將機器座標值轉換爲工件座標值，再配合數據處理機的測量模式，軟體功能，以計算法計算出測量結果。座標平移與旋轉將機器座標值轉換成工件座標值如圖 15.19 所示。

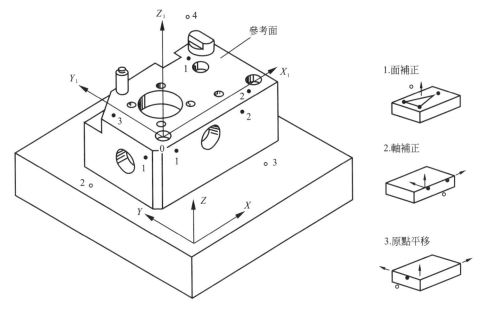

圖 15.19　工件座標系轉換參數值之設定

2. 關節座標式

　　關節座標測量機是利用旋轉光學線性尺，安裝於關節座標軸上，各轉軸的角度，由旋轉光學線性尺感測這一組關節角度，輸入數據處理機，經由齊次轉換式的計算，可以算出座標測量值，再配合數據處理機的測量模式，以及電腦軟體的功能，計算出測量結果。機器座標系的測量值由各轉軸上的旋轉光學線性尺感測，經齊次轉換方程式計算出機器座標值，再經由轉換參數值的轉換，將機器座標值轉換成爲工件座標值。

◾ 15.7　座標測量機的使用

1. 測量前的準備工作

(1)檢視座標測量機外型是否於正常使用狀況。

(2)空氣壓縮機及空氣調理裝置是否正常運作，可提供乾燥、乾淨的空氣源。

(3)調整空氣壓力到達氣浮軸承工作壓力，將氣壓管路中的水分排除乾淨。

(4)維持電腦數據處理機於正常使用狀態，電壓穩定器、電腦硬體、電腦軟體、週邊裝置與伺服裝置均正常運作。

(5)檢視工件外型，並作適當處理，以夾具安裝於測量機床台。

2. 選擇適當的測頭安裝於測軸

依工件形狀與位置選擇適當的測頭安裝於測軸，並且調整 Z 軸空氣平衡壓力，使 Z 測軸之重力作用抵消，測頭可於 Z 軸任何位置靜止。

3. 安裝工件於測量台

直角座標測量機之工件被測面與座標測量機軸線必須儘量平行，以簡化測量操作及減少座標軸旋轉的計算誤差，因此可以利用測微器測頭調整工件的安裝線，如圖 15.20 所示。若大量工件檢驗時，則須安裝工件夾具，使工件裝卸快速。

圖 15.20　測微測頭安裝工件

4. 座標系零點設定

　　機器座標系零點設定，以原點歸零塊固鎖於測量機平台，將測頭與原點歸零塊接觸，設定原點歸零塊之球心為機器座標系零點；工件座標系零點設定，於工件上選擇工件座標系零點，選擇適當的歸零模式，求出座標面補正、座標軸補正與座標原點平移轉移參數，將機器座標系經由旋轉與平移的手續，轉換成工件座標系。

5. 移動測頭輸入測量點

　　測頭移動方式可分為手動式與電腦數值控制移動式兩種，前者用於小型的座標測量機，後者用於大型的座標測量機。手動式由人手移動測頭，測量壓力以人為方式控制；電腦數值控制移動式，由電子定壓測頭配合CNC伺服驅動系統，自動輸入測量值，一般皆以控制搖桿，配合定壓測頭感知器，移動測頭至測量工件表面，由電子定壓測頭自動輸入測量值，控制搖桿如圖 15.21 所示。

6. 選擇測量軟體功能

　　依工件幾何狀況選擇測量軟體，輸入間接測量點，由測量軟體計算，將測量值計算出來，如點、線、圓等相關之測量軟體。

圖 15.21　控制搖桿

■ 15.8　座標測量機的維護

座標測量機的維護應注意下列各項：

1. 座標測量機本體

    (1)測量台面

    測量台面應注意平面之完整，使用後應將油污及灰塵，以乾淨棉布及花崗石專用清潔液擦拭乾淨。

    (2)測軸導軌

    測軸導軌面經過精密加工處理，導軌之精度關係著座標測量機的精度，採用氣浮軸承面之導軌，須保持絕對的乾淨，因此應以專用清潔液擦拭，同時視使用狀況進行經常維護，以確保其精度。

    (3)光學線性尺

    光學線性尺均以防護蓋保護，並且有防油、防塵的裝置，以保護光學線性尺的正常功能，因此應注意灰塵或油脂沈積於防護蓋四周，避免滲入光學線性尺，影響光學線性尺的準確性。

2. 電源品質

    電腦數據處理機及週邊裝置均需有電源穩定裝置，以維持電腦及週邊裝置的正常運作，因此電源品質應該維持電壓及週率於正常狀況

3. 精度檢查

    座標測量機應定期作下列精度檢查：

    (1)測軸眞直度檢查

    眞直度檢查以電子比較儀及槓桿式電子測頭檢驗各軸的眞直度，如圖 15.22 所示。

    (2)測軸重現性檢查

    重現性檢查係以錐孔形檢驗測頭，重覆測量檢驗標準板上之球心位置，如圖 15.23 所示。

圖 15.22　真直度檢查

二度空間

三度空間

圖 15.23　重現性檢查

15.9　座標測量機的用途

1. 座標測量機具備下列測量功能：

   (1)一般測量功能

   　　本功能之測量計算程式具備多種功能，可以針對工件幾何形狀，作
   複雜的數據處理，計算出測量結果；如點、線、面、圓、橢圓、球
   體、圓柱體、錐度、圓環體、邊線、邊角、兩線交點、圓弧與線之
   交點、兩圓弧交點、三平面的交點、兩點的中點、兩直線之對稱
   線、斜面上的圓柱、平面上的斜圓柱、寬度、兩平面的交角、極座
   標值、兩孔心距、幾何偏差等，如圖 15.24 所示。

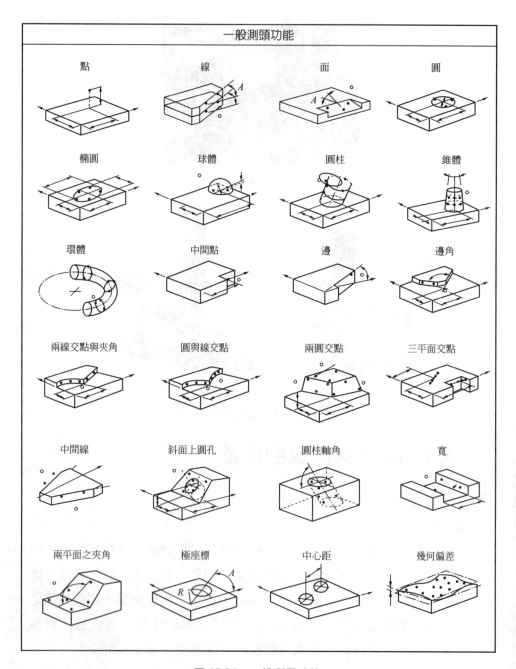

圖 15.24　一般測量功能

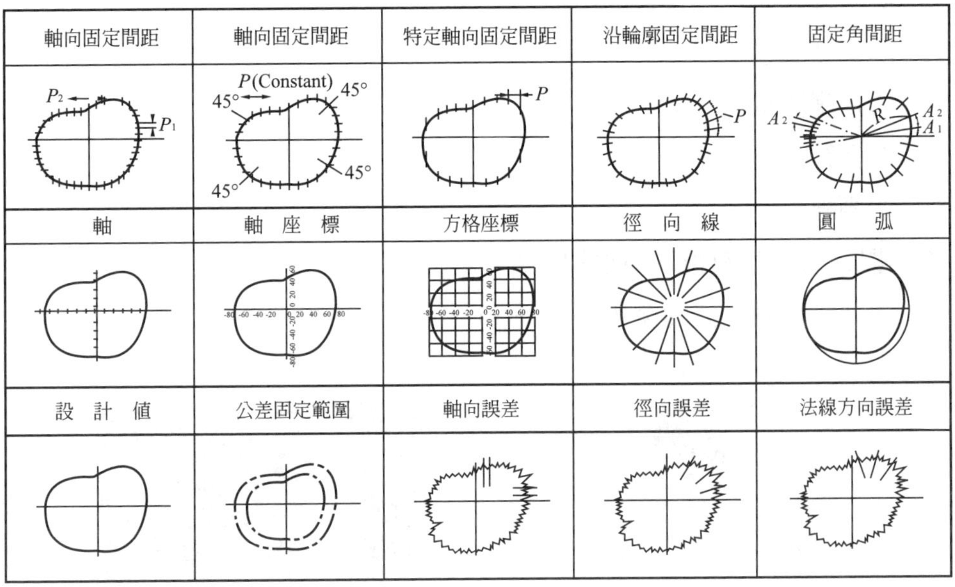

軸向固定間距	軸向固定間距	特定軸向固定間距	沿輪廓固定間距	固定角間距
$P_2 \quad P_1$	$P\text{(Constant)}$　$45°$　$45°$　$45°$　$45°$	P	P	$A_2 \quad R \quad A_2$　A_1
軸	軸　座　標	方格座標	徑　向　線	圓　弧
設　計　值	公差固定範圍	軸向誤差	徑向誤差	法線方向誤差

圖 15.25　輪廓測量功能

(2)輪廓測量功能

本功能之測量計算程式具備測量工件曲線輪廓的能力，可以測量模具、凸輪、渦輪葉片等工件。工件輪廓由測頭沿輪廓外緣移動，座標值連續輸入電腦，經過分析計算，然後以繪圖機顯示出測量結果，如圖 15.25 所示。

(3)統計數據處理功能

本功能之統計數據處理程式具備不同型式之統計能力，可以將一般測量功能之測量值，經過統計程式計算，將統計結果以印表機印出。

(4)檢驗報表功能

本功能之檢驗報表程式具備特殊之報表模式，可以將一般測量功能之測量值，以特定之檢驗報表模式印出。

2. 劃線機式座標測量機的用途

　(1)長度測量。

　(2)角度測量。

　(3)孔距測量。

　(4)劃線工作。

3. 電腦式直角座標測量機的用途

　本型座標測量機的使用例如圖 15.26 所示。

孔徑測頭

內孔測量

輪廓測量

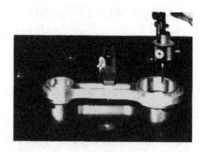
孔徑測量

圖 15.26　電腦式直角座標測量使用例

內孔測量　　　　　　　　　　　　內孔測量

定心測量　　　　　　　　　　　　定心測量

圖 15.26　電腦式直角座標測量使用例(續)

4. 座標測量機輪廓測量用途

座標測量機用於輪廓的測量使用例如圖 15.27 所示。

圖 15.27　座標測量機輪廓測量使用例

(a) 汽車內外形狀測定

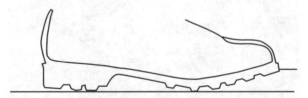

(b) 安全靴之斷面形狀測定

圖 15.27　座標測量機輪廓測量使用例 (續)

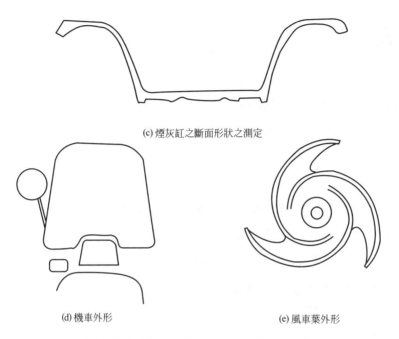

(c) 煙灰缸之斷面形狀之測定

(d) 機車外形

(e) 風車葉外形

圖 15.27　座標測量機輪廓測量使用例 (續)

習題 15

1. 試說明座標測量機的測量原理。

2. 試說明關節座標測量機的測量原理。

3. 試說明座標測量機的優點。

4. 試分類座標測量機的種類。

5. 試說明劃線機式座標測量機的優點。

6. 試說明關節式座標測量機齊次轉換矩陣的特點。

7. 試說明電腦式直角座標測量機的構造。

8. 試說明電腦式關節座標測量機的構造。

9. 試說明座標測量機的維護重點。

10. 試說明座標測量機的一般測量功能。

11. 試說明座標測量機系統。

A P P E N D I X 　　附錄一

(a) 公厘——吋對照表

公厘 (mm)	吋 (inch)	公厘 (mm)	吋 (inch)	公厘 (mm)	吋 (inch)	公厘 (mm)	吋 (inch)
.01	.00039	.51	.02008	1	.03937	51	2.00787
.02	.00079	.52	.02047	2	.07874	52	2.04724
.03	.00118	.53	.02087	3	.11811	53	2.08661
.04	.00157	.54	.02126	4	.15748	54	2.12598
.05	.00197	.55	.02165	5	.19685	55	2.16535
.06	.00236	.56	.02205	6	.23622	56	2.20472
.07	.00276	.57	.02244	7	.27559	57	2.24409
.08	.00315	.58	.02283	8	.31496	58	2.28346
.09	.00354	.59	.02323	9	.35433	59	2.32283
.10	.00394	.60	.02362	10	.39370	60	2.36220
.11	.00433	.61	.02402	11	.43307	61	2.40157
.12	.00472	.62	.02441	12	.47244	62	2.44094
.13	.00512	.63	.02480	13	.51181	63	2.48031
.14	.00551	.64	.02520	14	.55118	64	2.51968
.15	.00591	.65	.02559	15	.59055	65	2.55905
.16	.00630	.66	.02598	16	.62992	66	2.59842
.17	.00669	.67	.02638	17	.66929	67	2.63779
.18	.00709	.68	.08677	18	.70866	68	2.67716
.19	.00748	.69	.02717	19	.74803	69	2.71653
.20	.00787	.70	.02756	20	.78740	70	2.75590
.21	.00827	.71	.02795	21	.82677	71	2.79527
.22	.00866	.72	.02835	22	.86614	72	2.83464
.23	.00906	.73	.02874	23	.90551	73	2.87401
.24	.00945	.74	.02913	24	.94488	74	2.91338

(a) 公厘──吋對照表 (續)

公厘 (mm)	吋 (inch)	公厘 (mm)	吋 (inch)	公厘 (mm)	吋 (inch)	公厘 (mm)	吋 (inch)
.25	.00984	.75	.02953	25	.98425	75	2.95275
.26	.01024	.76	.02992	26	1.02362	76	3.99212
.27	.01063	.77	.03032	27	1.06299	77	3.03149
.28	.01102	.78	.03071	28	1.10236	78	3.07086
.29	.01142	.79	.03110	29	1.14173	79	3.11023
.30	.01181	.80	.03150	30	1.18110	80	3.14960
.31	.01220	.81	.03189	31	1.22047	81	3.18897
.32	.01260	.82	.03228	32	1.25984	82	3.22834
.33	.01299	.83	.03268	33	1.29921	83	3.26771
.34	.01339	.84	.03307	34	1.33858	84	3.30708
.35	.01378	.85	.03346	35	1.37795	85	3.34645
.36	.01417	.86	.03386	36	1.41732	86	3.38582
.37	.01457	.87	.03425	37	1.45669	87	3.42519
.38	.01496	.88	.03465	38	1.49606	88	3.46456
.39	.01535	.89	.03504	39	1.53543	89	3.50393
.40	.01575	.90	.03543	40	1.57480	90	3.54330
.41	.01614	.91	.03583	41	1.61417	91	3.58267
.42	.01654	.92	.03622	42	1.65354	92	3.62204
.43	.01693	.93	.03661	43	1.69291	93	3.66141
.44	.01732	.94	.03701	44	1.73228	94	3.70078
.45	.01772	.95	.03740	45	1.77165	95	3.74015
.46	.01811	.96	.03780	46	1.81102	96	3.77952
.47	.01850	.97	.03819	47	1.85039	97	3.81889
.48	.01990	.98	.03858	48	1.88976	98	3.85826
.49	.01929	.99	.03898	49	1.92913	99	3.89763
.50	.01969	1.0	.03937	50	1.96850	100	3.93700

(b) 吋——公厘對照表

吋 (分數)		吋 (小數)	0"	1"	2"	3"	4"
—		—	—	25.40	50.80	76.20	101.6
	1/64	0.015 625	0.397	25.80	51.20	76.60	102.0
1/32		0.031 25	0.794	26.19	51.59	76.99	102.4
	3/64	0.046 875	1.191	26.59	51.99	77.39	102.8
1/16		0.062 5	1.588	26.99	52.39	77.79	103.2
	5/64	0.78 125	1.984	27.38	52.78	78.18	103.6
3/32		0.093 75	2.381	27.78	53.18	78.58	104.0
	7/64	0.109 375	2.778	28.18	5.58	78.98	104.4
1/8		0.125	3.175	28.58	53.98	79.38	104.8
	9/64	0.140 625	3.572	28.97	54.37	79.77	105.2
5/32		0.156 25	3.969	29.37	54.77	80.17	105.6
	11/64	0.171 875	4.366	29.77	55.17	80.57	106.0
3/16		0.187 5	4.763	20.16	55.56	80.96	106.4
	13/64	0.203 125	5.159	30.56	55.96	81.36	106.8
7/32		0.218 75	5.556	30.96	56.36	81.76	107.2
	15/64	0.234 375	5.953	31.35	56.75	82.15	107.6
1/4		0.25	6.350	31.75	57.15	82.55	108.0
	17/64	0.265 625	6.747	32.15	57.55	82.95	108.3
9/32		0.281 25	7.144	32.54	57.94	83.34	108.7
	19/64	0.296 875	7.541	32.94	58.34	83.74	109.1
5/16		0.312 5	7.938	33.34	58.74	84.14	109.5
	21/64	0.328 125	8.334	33.73	59.13	84.53	109.9
11/32		0.343 75	8.731	34.13	59.53	84.93	110.3
	23/64	0.359 375	9.128	34.53	59.93	85.33	110.7
3/8		0.375	9.525	34.93	60.33	85.73	111.1
	25/64	0.390 625	9.922	35.32	60.72	86.12	111.5
13/32		0.406 25	10.319	35.72	61.12	86.52	111.9
	27/64	0.421 875	10.716	36.12	61.52	86.92	112.3
7/16		0.437 5	11.113	36.51	61.91	87.31	112.7

(b) 吋──公厘對照表 (續)

吋 (分數)		吋 (小數)	0"	1"	2"	3"	4"
	29/64	0.453 125	11.509	36.91	62.31	87.71	113.1
15/32		0.468 75	11.906	37.31	62.71	88.11	113.5
	31/64	0.484 375	12.303	37.70	63.10	88.50	113.9
1/2		0.5	12.700	38.10	63.50	88.90	114.3
	17/32	0.531 25	13.494	38.89	64.29	89.69	115.1
9/16		0.562 5	14.288	39.69	65.09	90.49	115.9
	19/32	0.593 75	15.081	40.48	65.88	91.28	116.7
5/8		0.625	15.875	41.28	66.68	92.08	117.5
	21/32	0.656 25	16.669	42.07	67.47	92.87	118.3
11/16		0.687 5	17.463	42.86	68.26	93.66	119.1
	23/32	0.718 75	18.256	43.66	69.06	94.46	119.9
3/4		0.75	19.050	44.45	69.85	95.25	120.7
	25/32	0.781 25	19.844	45.24	70.64	96.04	121.4
13/16		0.812 5	20.638	46.04	71.44	96.64	122.2
	27/32	0.843 75	21.431	46.83	72.23	97.63	123.0
7/8		0.875	22.225	47.63	73.03	98.43	123.8
	29/32	0.906 25	23.019	48.42	73.82	99.22	124.6
15/16		0.937 5	23.813	49.21	74.67	100.0	125.4
	31/32	0.968 75	24.606	50.01	15.41	100.8	126.2

A P P E N D I X　　附錄二

6 級孔公差

單位 $\mu = 0.001$ mm

尺寸區分 (mm)	6級公差	P6 上 −	P6 下 −	N6 上 −	N6 下 −	M6 上 −	M6 下 −	K6 上 +	K6 下 −	J6 上 +	J6 下 +	H6 上 +	H6 下 −	G6 上 +	G6 下 +	F6 上 +	F6 下 +
～3	6	6	12	4	10	2	8	0	6	3	3	6	0	8	2	12	6
3～6	8	9	17	5	13	1	9	-	-	4	4	8	0	12	4	18	10
6～10	9	12	21	7	16	3	12	2	7	4.5	4.5	9	0	14	5	22	13
10～18	11	15	26	9	20	4	15	2	9	5.5	5.5	11	0	17	6	27	16
18～0	13	18	31	11	24	4	17	2	11	6.5	6.5	13	0	20	7	33	20
30～50	16	21	37	12	28	4	20	3	13	8	8	16	0	25	9	41	25
50～80	19	26	45	14	33	5	24	4	15	9.5	9.5	19	0	29	10	49	30
80～120	22	30	52	16	38	6	28	4	18	11	11	22	0	34	12	58	36
120～180	25	36	61	20	45	8	33	4	21	12.5	12.5	25	0	39	14	68	43
180～250	29	41	70	22	51	8	37	5	24	14.5	14.5	29	0	44	15	79	50
250～315	32	47	79	25	57	9	41	5	27	16	16	32	0	49	17	88	56
315～400	36	51	87	26	62	10	46	7	29	18	18	36	0	54	18	98	62
400～500	40	55	95	27	67	10	50	8	32	20	20	40	0	60	20	108	68

8 級孔公差

單位 $\mu = 0.001$ mm

尺寸區分 (mm)	8 級公差	H8 上 +	H8 下 −	F8 上 +	F8 下 +	E8 上 +	E8 下 +	D8 上 +	D8 下 +
～3	14	14	0	20	6	28	14	34	20
3～6	18	18	0	28	10	38	20	48	30
6～10	22	22	0	35	13	47	25	62	40
10～18	27	27	0	43	16	59	32	77	50
18～0	33	33	0	53	20	73	40	98	65
30～50	39	39	0	64	25	89	50	119	80

8 級孔公差 (續)

單位 $\mu = 0.001$ mm

尺寸區分 (mm)	8 級公差	H8		F8		E8		D8	
		上＋	下－	上＋	下＋	上＋	下＋	上＋	下＋
50～80	46	46	0	76	30	106	60	146	100
80～120	54	54	0	90	36	126	72	174	120
120～180	63	63	0	106	43	148	85	208	145
180～250	72	72	0	122	50	172	100	242	170
250～315	81	81	0	137	56	191	110	271	190
315～400	89	89	0	151	62	214	125	299	210
400～500	97	97	0	165	68	232	135	327	230

9 級孔公差

單位 $\mu = 0.001$ mm

尺寸區分 (mm)	9 級公差	H9		E9		D9		C9	
		上＋	下－	上＋	下＋	上＋	下＋	上＋	下＋
～3	25	25	0	39	14	45	20	85	60
3～6	30	30	0	50	20	60	30	100	70
6～10	36	36	0	61	25	76	40	116	80
10～18	43	43	0	75	32	93	50	138	95
18～30	52	52	0	92	40	117	65	162	110
30～40	62	62	0	112	50	142	80	182	120
40～50								192	130
50～65	74	74	0	134	60	174	100	214	140
65～80								224	150
80～100	87	87	0	159	72	207	120	257	170
100～120								267	180
120～140								300	200
140～160	100	100	0	185	85	245	145	310	210
160～180								330	280
180～200								355	240
200～225	115	115	0	215	85	285	170	375	260

9 級孔公差 (續)

單位 $\mu = 0.001$ mm

尺寸區分 (mm)	9 級公差	H9		E9		D9		C9	
		上＋	下－	上＋	下＋	上＋	下＋	上＋	下＋
225～250								395	280
250～280	130	130	0	240	110	320	190	430	300
280～315								460	330
315～355	140	140	0	265	125	350	210	500	360
355～400								540	400
400～450	155	155	0	290	135	385	230	595	440
450～500								635	480

7級孔公差

單位 μ = 0.001mm

尺寸區分 (mm)	7級孔公差	X7 上	X7 下	U7 上	U7 下	T7 上	T7 下	S7 上	S7 下	R7 上	R7 下	P7 上	P7 下	N7 上	N7 下	M7 上	M7 下	K7 上	K7 下	J7 上	J7 下	H7 上	H7 下	G7 上	G7 下	F7 上	F7 下	E7 上	E7 下
~3	10	20	30	18	28	-	-	14	24	10	20	6	16	4	14	2	12	0	10	5	5	10	0	12	2	16	6	24	14
3~6	12	24	36	19	31	-	-	15	27	11	23	8	20	4	16	0	12	-	-	6	6	12	0	16	4	22	10	32	20
6~10	15	28	43	22	37	-	-	17	32	13	28	9	24	4	19	0	15	5	10	7.5	7.5	15	0	20	5	28	13	40	25
10~14	18	33	51	26	44	-	-	21	39	16	34	11	29	5	23	0	18	6	12	9	9	18	0	24	6	34	16	50	32
14~18	18	38	56	26	44	-	-	21	39	16	34	11	29	5	23	0	18	6	12	9	9	18	0	24	6	34	16	50	32
18~24	21	46	67	33	54	-	-	27	48	20	41	14	35	7	28	0	21	6	15	10.5	10.5	21	0	28	7	41	20	61	40
24~30	21	56	77	40	61	33	54	27	48	20	41	14	35	7	28	0	21	6	15	10.5	10.5	21	0	28	7	41	20	61	40
30~40	25	-	-	51	76	39	64	34	59	25	50	17	42	8	33	0	25	7	18	12.5	12.5	25	0	34	9	50	25	75	50
40~50	25	-	-	61	86	45	70	34	59	25	50	17	42	8	33	0	25	7	18	12.5	12.5	25	0	34	9	50	25	75	50
50~65	30	-	-	76	106	55	85	42	72	30	60	21	51	9	39	0	30	9	21	15	15	30	0	40	10	60	30	90	60
65~80	30	-	-	91	121	64	94	48	78	32	62	21	51	9	39	0	30	9	21	15	15	30	0	40	10	60	30	90	60
80~100	35	-	-	111	146	78	113	58	93	38	73	24	59	10	45	0	35	10	25	17.5	17.5	35	0	47	12	71	36	107	72
100~120	35	-	-	131	166	91	126	66	101	41	76	24	59	10	45	0	35	10	25	17.5	17.5	35	0	47	12	71	36	107	72
120~140	40	-	-	-	-	107	147	77	117	48	88	28	68	12	52	0	40	12	28	20	20	40	0	54	14	83	43	125	85
140~160	40	-	-	-	-	119	159	85	125	50	90	28	68	12	52	0	40	12	28	20	20	40	0	54	14	83	43	125	85
160~180	40	-	-	-	-	131	171	93	133	53	93	28	68	12	52	0	40	12	28	20	20	40	0	54	14	83	43	125	85
180~200	46	-	-	-	-	-	-	105	151	60	106	33	79	14	60	0	46	13	33	23	23	46	0	61	15	96	50	146	100
200~225	46	-	-	-	-	-	-	113	159	63	109	33	79	14	60	0	46	13	33	23	23	46	0	61	15	96	50	146	100
225~250	46	-	-	-	-	-	-	123	169	67	113	33	79	14	60	0	46	13	33	23	23	46	0	61	15	96	50	146	100
250~280	52	-	-	-	-	-	-	-	-	74	126	36	88	14	66	0	52	16	36	26	26	52	0	69	17	108	56	162	110
280~315	52	-	-	-	-	-	-	-	-	78	130	36	88	14	66	0	52	16	36	26	26	52	0	69	17	108	56	162	110
315~355	57	-	-	-	-	-	-	-	-	87	144	41	98	16	73	0	57	17	40	28.5	28.5	57	0	75	18	119	62	182	125
355~400	57	-	-	-	-	-	-	-	-	93	150	41	98	16	73	0	57	17	40	28.5	28.5	57	0	75	18	119	62	182	125
400~450	63	-	-	-	-	-	-	-	-	103	166	45	108	17	80	0	63	18	45	31.5	31.5	63	0	83	20	131	68	198	135
450~500	63	-	-	-	-	-	-	-	-	109	172	45	108	17	80	0	63	18	45	31.5	31.5	63	0	83	20	131	68	198	135

10 級孔公差

單位 $\mu = 0.001$ mm

尺寸區分 (mm)	10 級公差	H10 上+	H10 下−	D10 上+	D10 下+	C10 上+	C10 下+	B10 上+	B10 下+
～3	40	40	0	60	20	100	60	180	140
3～6	48	48	0	78	30	118	70	188	140
6～10	58	58	0	98	40	138	80	208	150
10～18	70	70	0	120	50	165	95	220	150
18～30	84	84	0	149	65	194	110	244	160
30～40	100	100	0	180	80	220	120	270	170
40～50						230	130	280	180
50～65	120	120	0	220	100	260	140	310	190
						270	150	320	200
80～100	140	140	0	260	120	310	170	360	220
100～120						320	180	380	240
120～140						360	200	420	260
140～160	160	160	0	305	145	370	210	440	280
160～180						390	230	470	310
180～200						425	240	525	340
200～225	185	185	0	355	170	445	260	565	380
225～250						465	280	605	420
250～280	210	210	0	400	190	510	300	690	480
280～315						540	330	750	540
315～355	230	230	0	440	210	590	360	830	600
355～400						630	400	910	680
400～450	250	250	0	480	230	690	440	1,010	760
450～500						730	480	1,090	840

11 級孔公差

單位 $\mu = 0.001$ mm

尺寸區分 (mm)	11 級公差	A11		B11		C11		D11		H11	
		上+	下+	上+	下+	上+	下+	上+	下+	上+	下+
～3	60	320	270	200	140	120	60	80	20	60	0
3～6	75	345	270	215	140	145	70	105	30	75	0
6～10	90	370	280	240	150	170	80	130	40	90	0
10～18	110	400	290	260	150	205	95	160	50	110	0
18～0	130	430	300	290	160	240	110	195	65	130	0
30～50	160	480	310	340	170	290	120	240	80	160	0
50～80	190	550	340	390	190	340	140	290	100	190	0
80～120	220	630	380	460	220	400	170	340	120	220	0
120～180	250	830	460	560	260	480	200	395	145	250	0
180～250	290	1110	660	710	340	570	240	460	170	290	0
250～315	320	1370	920	860	480	650	300	510	190	320	0
315～400	360	1710	1200	1040	600	760	360	570	210	360	0
400～500	400	2050	1500	1240	760	880	440	630	230	400	0

5 級軸公差

單位 $\mu = 0.001$ mm

尺寸區分 (mm)	5 級公差	m5		k5		j5		h5		g5	
		上+	下+	上+	下+	上+	下+	上+	下+	上+	下+
1～3	4	6	2	4	0	2	2	0	4	2	6
3～6	5	9	4	-	-	2.5	2.5	0	5	4	9
6～10	6	12	6	7	1	3	3	0	6	5	11
10～18	8	15	7	9	1	4	4	0	8	6	14
18～0	9	17	8	11	2	4.5	4.5	0	9	7	16
30～50	11	20	9	13	2	5.5	5.5	0	11	9	20
50～80	13	24	11	15	2	6.5	6.5	0	13	10	23
80～120	15	28	13	18	3	7.5	7.5	0	15	12	27
120～180	18	33	15	21	3	9.5	7.5	0	18	14	32
180～250	20	37	17	24	4	10	10	0	20	15	35
250～315	23	43	20	27	4	11.5	11.5	0	23	17	40
315～400	25	46	21	29	4	12.5	12.5	0	25	18	43
400～500	27	50	23	32	5	13.5	13.5	0	27	20	47

單位 μ = 0.001mm

6級軸公差

尺寸區分(mm)	6級公差	x6 上+	x6 下+	u6 上+	u6 下+	t6 上+	t6 下+	s6 上+	s6 下+	r6 上+	r6 下+	p6 上+	p6 下+	n6 上+	n6 下+	m6 上+	m6 下+	k6 上+	k6 下+	j6 上+	j6 下-	h6 上+	h6 下-	g6 上-	g6 下-	f6 上-	f6 下-	e6 上-	e6 下-
~3	6	26	20	24	18	-	-	20	14	16	10	12	6	10	4	8	2	6	0	3	3	0	6	2	8	6	12	14	20
3~6	8	36	28	31	23	-	-	27	19	23	15	20	12	16	8	12	4	9	1	4	4	0	8	4	12	10	18	20	28
6~10	9	43	34	37	28	-	-	32	23	28	19	24	15	19	10	15	6	10	1	4.5	4.5	0	9	5	14	13	22	25	34
10~14	11	51	40	44	33	-	-	39	28	34	23	29	18	23	12	18	7	12	1	5.5	5.5	0	11	6	17	16	27	32	43
14~18	11	56	45	44	33	-	-	39	28	34	23	29	18	23	12	18	7	12	1	5.5	5.5	0	11	6	17	16	27	32	43
18~24	13	67	54	54	41	-	-	48	35	41	28	35	22	28	15	21	8	15	2	6.5	6.5	0	13	7	20	20	33	40	53
24~30	13	77	64	61	48	54	41	48	35	41	28	35	22	28	15	21	8	15	2	6.5	6.5	0	13	7	20	20	33	40	53
30~40	16	-	-	76	60	64	48	59	43	50	34	42	26	33	17	25	9	18	2	8	8	0	16	9	25	25	41	50	66
40~50	16	-	-	86	70	70	54	59	43	50	34	42	26	33	17	25	9	18	2	8	8	0	16	9	25	25	41	50	66
50~65	19	-	-	106	87	85	66	72	53	60	41	51	32	39	20	30	11	21	2	9.5	9.5	0	19	10	29	30	49	60	79
65~80	19	-	-	121	102	94	75	78	59	62	43	51	32	39	20	30	11	21	2	9.5	9.5	0	19	10	29	30	49	60	79
80~100	22	-	-	146	124	113	91	93	71	73	51	59	37	45	23	35	13	25	3	11	11	0	22	12	34	36	58	72	94
100~120	22	-	-	166	144	126	104	101	79	76	54	59	37	45	23	35	13	25	3	11	11	0	22	12	34	36	58	72	94
120~140	25	-	-	-	-	147	122	117	92	88	63	68	43	52	27	40	15	28	3	12.5	12.5	0	25	14	39	43	68	85	110
140~160	25	-	-	-	-	159	134	125	100	90	65	68	43	52	27	40	15	28	3	12.5	12.5	0	25	14	39	43	68	85	110
160~180	25	-	-	-	-	171	146	133	108	93	68	68	43	52	27	40	15	28	3	12.5	12.5	0	25	14	39	43	68	85	110
180~200	29	-	-	-	-	-	-	151	122	106	77	79	50	60	31	46	17	33	4	14.5	14.5	0	29	15	44	50	79	100	129
200~225	29	-	-	-	-	-	-	159	130	109	80	79	50	60	31	46	17	33	4	14.5	14.5	0	29	15	44	50	79	100	129
225~250	29	-	-	-	-	-	-	169	140	113	84	79	50	60	31	46	17	33	4	14.5	14.5	0	29	15	44	50	79	100	129
250~280	32	-	-	-	-	-	-	-	-	126	94	88	56	66	34	52	20	36	4	16	16	0	32	17	49	56	88	110	142
280~315	32	-	-	-	-	-	-	-	-	130	98	88	56	66	34	52	20	36	4	16	16	0	32	17	49	56	88	110	142
315~355	36	-	-	-	-	-	-	-	-	144	108	98	62	73	37	57	21	40	4	18	18	0	36	18	54	62	98	125	161
355~400	36	-	-	-	-	-	-	-	-	150	114	98	62	73	37	57	21	40	4	18	18	0	36	18	54	62	98	125	161
400~450	40	-	-	-	-	-	-	-	-	166	126	108	68	80	40	63	23	45	5	20	20	0	40	20	60	68	108	135	175
450~500	40	-	-	-	-	-	-	-	-	172	132	108	68	80	40	63	23	45	5	20	20	0	40	20	60	68	108	135	175

7級軸公差

單位 μ = 0.001mm

尺寸區分 (mm)	7級公差	e7 上−	e7 下−	f7 上−	f7 下−	g7 上−	g7 下−	h7 上+	h7 下−	j7 上+	j7 下−	k7 上+	k7 下+	m7 上+	m7 下+	n7 上+	n7 下+	p7 上+	p7 下+	r7 上+	r7 下+	s7 上+	s7 下+	t7 上+	t7 下+	u7 上+	u7 下+	x7 上+	x7 下+
～3	10	14	24	6	16	2	12	0	10	5	5	–	–	–	–	–	–	–	–	–	–	–	–	–	–	–	–	–	–
3～6	12	20	32	10	22	4	16	0	12	6	6	–	–	–	–	20	8	24	12	27	15	31	19	–	–	35	23	40	28
6～10	15	25	40	13	28	5	20	0	15	7.5	7.5	16	1	21	6	25	10	30	15	34	19	38	23	–	–	43	28	49	34
10～14	18	32	50	16	34	6	24	0	18	9	9	19	1	25	7	30	12	36	18	41	23	46	28	–	–	51	33	58	40
14～18	18	32	50	16	34	6	24	0	18	9	9	19	1	25	7	30	12	36	18	41	23	46	28	–	–	51	33	63	45
18～24	21	40	61	20	41	7	28	0	21	10.5	10.5	23	2	29	8	36	15	43	22	49	28	56	35	–	–	62	41	75	54
24～30	21	40	61	20	41	7	28	0	21	10.5	10.5	23	2	29	8	36	15	43	22	49	28	56	35	62	41	69	48	85	64
30～40	25	50	75	25	50	9	34	0	25	12.5	12.5	27	2	34	9	42	17	51	26	59	34	68	43	73	48	85	60	–	–
40～50	25	50	75	25	50	9	34	0	25	12.5	12.5	27	2	34	9	42	17	51	26	59	34	68	43	79	54	95	70	–	–
50～65	30	60	90	30	60	10	40	0	30	15	15	32	2	41	11	50	20	62	32	71	41	83	53	96	66	117	87	–	–
65～80	30	60	90	30	60	10	40	0	30	15	15	32	2	41	11	50	20	62	32	73	43	89	59	105	75	132	102	–	–
80～100	35	72	107	36	71	12	47	0	35	17.5	17.5	38	3	48	13	58	23	72	37	86	51	106	71	126	91	159	124	–	–
100～120	35	72	107	36	71	12	47	0	35	17.5	17.5	38	3	48	13	58	23	72	37	89	54	114	79	139	104	179	144	–	–
120～140	40	85	125	43	83	14	54	0	40	20	20	43	3	55	15	67	27	83	43	103	63	132	92	162	122	–	–	–	–
140～160	40	85	125	43	83	14	54	0	40	20	20	43	3	55	15	67	27	83	43	105	65	140	100	174	134	–	–	–	–
160～180	40	85	125	43	83	14	54	0	40	20	20	43	3	55	15	67	27	83	43	108	68	148	108	186	146	–	–	–	–
180～200	46	100	146	50	96	15	61	0	46	23	23	50	4	63	17	77	31	96	50	123	77	168	122	–	–	–	–	–	–
200～225	46	100	146	50	96	15	61	0	46	23	23	50	4	63	17	77	31	96	50	126	80	176	130	–	–	–	–	–	–
225～250	46	100	146	50	96	15	61	0	46	23	23	50	4	63	17	77	31	96	50	130	84	186	140	–	–	–	–	–	–
250～280	52	110	162	56	108	17	69	0	52	26	26	56	4	72	20	86	34	108	56	146	94	–	–	–	–	–	–	–	–
280～315	52	110	162	56	108	17	69	0	52	26	26	56	4	72	20	86	34	108	56	150	98	–	–	–	–	–	–	–	–
315～355	57	125	182	62	119	18	75	0	57	28.5	28.5	61	4	78	21	94	37	119	62	165	108	–	–	–	–	–	–	–	–
355～400	57	125	182	62	119	18	75	0	57	28.5	28.5	61	4	78	21	94	37	119	62	171	114	–	–	–	–	–	–	–	–
400～450	63	135	198	68	131	20	83	0	63	31.5	31.5	68	5	86	23	103	40	131	68	189	126	–	–	–	–	–	–	–	–
450～500	63	135	198	68	131	20	83	0	63	31.5	31.5	68	5	86	23	103	40	131	68	195	132	–	–	–	–	–	–	–	–

8 級軸公差

單位 $\mu = 0.001$ mm

尺寸區分 (mm)	8 級公差	h8		f8		e8		d8	
		上＋	下－	上－	下－	上－	下－	上－	下－
～3	14	0	14	6	20	14	28	20	34
3～6	18	0	18	10	28	20	38	30	48
6～10	22	0	22	13	35	25	47	40	62
10～18	27	0	27	16	43	32	59	50	77
18～0	33	0	33	20	53	40	73	65	98
30～50	39	0	39	25	64	50	89	80	119
50～80	46	0	46	30	76	60	106	100	146
80～120	54	0	54	36	90	72	126	120	174
120～180	63	0	63	43	106	85	148	145	208
180～250	72	0	72	50	122	100	172	170	242
250～315	81	0	81	56	137	110	191	190	271
315～400	89	0	89	62	151	125	214	210	299
400～500	97	0	97	68	165	135	232	230	327

9 級軸公差

單位 $\mu = 0.001$ mm

尺寸區分 (mm)	9 級 公差	h9		e9		d9		c9		b9	
		上+	下-	上-	下-	上-	下-	上-	下-	上-	下-
～3	5	0	25	14	39	20	45	60	85	140	170
3～6	30	0	30	20	50	30	60	70	100	150	186
6～10	36	0	36	25	61	40	76	80	116	150	193
10～18	43	0	43	32	75	50	93	95	138	160	212
18～30	52	0	58	40	92	65	117	110	162	170	232
30～40	62	0	62	50	112	80	142	120	182	180	242
40～50								130	192	190	264
50～65	74	0	74	60	134	100	174	140	214	200	274
65～80								150	224	220	307
80～100	87	0	87	72	159	120	207	170	257	240	327
100～120								180	267	260	360
120～140	100	0	100	85	185	145	245	200	300	280	380
140～160								210	310	310	410
160～180								230	355	340	455
180～200	115	0	115	100	215	170	285	240	375	380	495
200～225	115	0	115	100	215	170	285	260	395	420	535
225～250								280	430	480	610
250～280	130	0	130	110	240	190	320	300	460	540	670
280～315								330	500	600	740
315～355	140	0	140	125	265	210	350	360	540	680	820
355～400								400	595	760	915
400～450	155	0	155	135	290	230	385	440	635	840	995
450～500								480	640	865	995

10級和11級公差

單位 μ = 0.001 mm

尺寸區分 (mm)	10級公差	d10 上	d10 下	11級公差	a11 上	a11 下	b11 上	b11 下	c11 上	c11 下	d11 上	d11 下	h11 上	h11 下
~3	40	20	60	60	270	330	140	200	60	120	20	80	0	60
3~6	48	30	78	75	270	345	140	215	70	145	30	105	0	75
6~10	58	40	98	90	280	370	150	240	80	170	40	130	0	90
10~18	70	50	120	110	290	400	150	260	95	205	50	160	0	110
18~30	84	65	149	130	300	430	160	290	110	240	65	195	0	130
30~50	100	80	180	160	310	480	170	340	120	290	80	240	0	160
50~80	120	100	220	190	340	550	190	390	140	340	100	290	0	190
80~120	140	120	260	220	380	630	220	460	170	400	120	340	0	220
120~180	160	145	305	250	460	830	260	560	200	480	145	395	0	250
180~250	185	170	355	290	660	1110	340	710	240	570	170	460	0	290
250~315	210	190	400	320	920	1370	480	860	300	650	190	510	0	320
315~400	230	210	440	360	1200	1710	600	1040	360	760	210	570	0	360
400~500	250	230	480	400	1500	2050	760	1240	440	880	230	630	0	400

A P P E N D I X 　附錄三

公制粗牙內外三角螺紋公差（三級或一般級）

單位 mm

公稱尺寸	外徑	三級外螺紋				節徑	三級內螺紋				內徑
		外徑公差		節徑公差			內徑公差		節徑公差		
公制粗牙		−	−	−	−		0.0	+	0.0	+	
M 5×0.8	5.000	0.024	0.260	0.024	0.174	4.480	0.0	0.250	0.0	0.160	4.134
M 6×1	6.000	0.030	0.230	0.030	0.170	5.350	0.0	0.300	0.0	0.170	4.917
M 7×1	7.000	0.030	0.230	0.030	0.170	6.350	0.0	0.300	0.0	0.170	5.917
M 8×1.25	8.000	0.040	0.260	0.040	0.190	7.188	0.0	0.335	0.0	0.190	6.647
M 9×1.25	9.000	0.040	0.260	0.040	0.190	8.188	0.0	0.335	0.0	0.190	7.647
M 10×1.5	10.000	0.040	0.290	0.040	0.210	9.026	0.0	0.375	0.0	0.210	8.376
M 11×1.5	11.000	0.032	0.407	0.032	0.244	10.026	0.0	0.375	0.0	0.224	9.376
M 12×1.75	12.000	0.050	0.310	0.050	0.220	10.863	0.0	0.425	0.0	0.220	10.106
M 14×2	14.000	0.050	0.330	0.050	0.240	12.701	0.0	0.475	0.0	0.240	11.835
M 16×2	16.000	0.050	0.330	0.050	0.240	14.701	0.0	0.475	0.0	0.240	13.838
M 18×2.5	18.000	0.050	0.370	0.050	0.270	16.376	0.0	0.560	0.0	0.270	15.294
M 20×2.5	20.000	0.050	0.370	0.050	0.270	18.376	0.0	0.560	0.0	0.270	17.294
M 22×2.5	22.000	0.050	0.370	0.050	0.270	20.376	0.0	0.560	0.0	0.270	19.294
M 24×3	24.000	0.060	0.410	0.060	0.280	22.051	0.0	0.630	0.0	0.280	20.752
M 27×3	27.000	0.060	0.410	0.060	0.280	25.051	0.0	0.630	0.0	0.280	23.752
M 30×3.5	30.000	0.060	0.440	0.060	0.310	27.727	0.0	0.710	0.0	0.310	26.211
M 33×3.5	33.000	0.060	0.440	0.060	0.310	30.727	0.0	0.710	0.0	0.310	29.211
M 36×4	36.000	0.070	0.470	0.070	0.340	33.402	0.0	0.750	0.0	0.340	31.670
M 39×4	39.000	0.070	0.470	0.070	0.340	36.402	0.0	0.750	0.0	0.340	34.670
M 42×4.5	42.000	0.070	0.500	0.070	0.360	39.077	0.0	0.850	0.0	0.360	37.129
M 45×4.5	45.000	0.070	0.500	0.070	0.360	42.077	0.0	0.850	0.0	0.360	40.129
M 48×5	48.000	0.070	0.520	0.070	0.380	44.752	0.0	0.900	0.0	0.380	42.587
M 52×5	52.000	0.071	0.921	0.071	0.471	48.752	0.0	0.900	0.0	0.425	46.587
M 56×5.5	56.000	0.075	0.975	0.075	0.500	52.428	0.0	0.950	0.0	0.450	50.046
M 60×5.5	60.000	0.075	0.975	0.075	0.500	56.428	0.0	0.950	0.0	0.450	54.046
M 64×6	64.000	0.080	1.030	0.080	0.530	60.103	0.0	1.000	0.0	0.475	57.505
M 68×6	68.000	0.080	1.030	0.080	0.530	64.103	0.0	1.000	0.0	0.475	61.505

公制粗牙內外三角螺紋公差 (二級或中級)

單位 mm

公稱尺寸	外徑	二級外螺紋				節徑	二級內螺紋				內徑
		外徑公差		節徑公差			內徑公差		節徑公差		
公制粗牙		−	−	−	−		+		+		
M　3×0.5	3.000	0.020	0.126	0.020	0.100	2.675	0.0	0.140	0.0	0.100	2.459
M　3.5×0.6	3.500	0.030	0.140	0.030	0.112	3.110	0.0	0.160	0.0	0.090	2.850
M　4×0.7	4.000	0.022	0.162	0.022	0.115	3.545	0.0	0.180	0.0	0.118	3.242
M　4.5×0.75	4.500	0.030	0.160	0.030	0.119	4.013	0.0	0.190	0.0	0.100	3.688
M　5×0.8	5.000	0.024	0.172	0.024	0.130	4.480	0.0	0.200	0.0	0.125	4.134
M　6×1	6.000	0.030	0.180	0.030	0.130	5.350	0.0	0.236	0.0	0.120	4.917
M　7×1	7.000	0.030	0.180	0.030	0.150	6.350	0.0	0.236	0.0	0.120	5.917
M　8×1.25	8.000	0.040	0.210	0.040	0.150	7.188	0.0	0.265	0.0	0.130	6.647
M　9×1.25	9.000	0.040	0.210	0.040	0.160	8.188	0.0	0.265	0.0	0.130	7.647
M　10×1.5	10.000	0.040	0.230	0.040	0.164	9.026	0.0	0.300	0.0	0.140	8.376
M　11×1.5	11.000	0.032	0.268	0.030	0.180	10.026	0.0	0.300	0.0	0.180	9.376
M　12×1.75	12.000	0.050	0.240	0.050	0.190	10.863	0.0	0.335	0.0	0.160	10.106
M　14×2	14.000	0.050	0.260	0.050	0.190	12.701	0.0	0.375	0.0	0.170	11.835
M　16×2	16.000	0.050	0.260	0.050	0.190	14.701	0.0	0.375	0.0	0.170	13.835
M　18×2.5	18.000	0.050	0.290	0.050	0.210	16.366	0.0	0.450	0.0	0.190	15.294
M　20×2.5	20.000	0.050	0.290	0.050	0.210	18.376	0.0	0.450	0.0	0.190	17.294
M　22×2.5	22.000	0.050	0.290	0.050	0.210	20.376	0.0	0.450	0.0	0.190	19.294
M　24×3	24.000	0.060	0.320	0.060	0.230	22.051	0.0	0.500	0.0	0.200	20.752
M　27×3	27.000	0.060	0.320	0.060	0.230	25.051	0.0	0.500	0.0	0.200	23.752
M　30×3.5	30.000	0.060	0.340	0.060	0.250	27.727	0.0	0.560	0.0	0.220	26.211
M　33×3.5	33.000	0.060	0.340	0.070	0.250	30.727	0.0	0.560	0.0	0.220	29.211
M　36×4	36.000	0.070	0.370	0.070	0.270	33.402	0.0	0.600	0.0	0.230	31.670
M　39×4	39.000	0.070	0.370	0.070	0.270	36.402	0.0	0.600	0.0	0.230	34.670
M　42×4.5	42.000	0.070	0.390	0.070	0.280	39.077	0.0	0.670	0.0	0.250	37.129
M　45×4.5	45.000	0.070	0.390	0.070	0.280	42.077	0.0	0.670	0.0	0.250	40.129
M　48×5	48.000	0.071	0.410	0.071	0.300	44.752	0.0	0.710	0.0	0.260	42.587
M　52×5	52.000	0.071	0.601	0.075	0.321	48.752	0.0	0.710	0.0	0.335	46.587
M　56×5.5	56.000	0.075	0.635	0.075	0.340	52.428	0.0	0.750	0.0	0.335	50.046
M　60×5.5	60.000	0.075	0.635	0.080	0.340	56.428	0.0	0.750	0.0	0.335	54.046
M　64×6	64.000	0.080	0.680	0.080	0.360	60.103	0.0	0.800	0.0	0.375	57.505
M　68×6	68.000	0.080	0.680	0.095	0.360	64.103	0.0	0.800	0.0	0.375	61.505

公制粗牙內外三角螺紋公差（一般級或精密級）

公稱尺寸	外徑	二級外螺紋				節徑	一二級內螺紋				內徑
		外徑公差		節徑公差			內徑公差		節徑公差		
公制粗牙		−	−	−	−			+		+	
M 3×0.5	3.000	0.0	0.067	0.0	0.048	2.675	0.0	0.112	0.0	0.080	2.459
M 3.5×0.6	3.500	0.0	0.080	0.0	0.050	3.110	0.0	0.125	0.0	0.050	2.850
M 4×0.7	4.000	0.0	0.090	0.0	0.056	3.545	0.0	0.140	0.0	0.095	3.242
M 4.5×0.75	4.500	0.0	0.090	0.0	0.060	4.013	0.0	0.150	0.0	0.060	3.688
M 5×0.8	5.000	0.0	0.095	0.0	0.060	4.480	0.0	0.160	0.0	0.100	4.134
M 6×1	6.000	0.0	0.100	0.0	0.070	5.350	0.0	0.190	0.0	0.070	4.917
M 7×1	7.000	0.0	0.100	0.0	0.070	6.350	0.0	0.190	0.0	0.080	5.917
M 8×1.25	8.000	0.0	0.110	0.0	0.080	7.188	0.0	0.212	0.0	0.080	6.647
M 9×1.25	9.000	0.0	0.110	0.0	0.080	8.188	0.0	0.212	0.0	0.080	7.647
M 10×1.5	10.000	0.0	0.120	0.0	0.080	9.026	0.0	0.236	0.0	0.080	8.376
M 11×1.5	11.000	0.0	0.150	0.0	0.085	10.026	0.0	0.236	0.0	0.140	9.376
M 12×1.75	12.000	0.0	0.130	0.0	0.090	10.863	0.0	0.265	0.0	0.090	10.106
M 14×2	14.000	0.0	0.140	0.0	0.100	12.701	0.0	0.300	0.0	0.100	11.835
M 16×2	16.000	0.0	0.140	0.0	0.100	14.701	0.0	0.300	0.0	0.100	13.835
M 18×2.5	18.000	0.0	0.160	0.0	0.110	16.376	0.0	0.355	0.0	0.110	15.294
M 20×2.5	20.000	0.0	0.160	0.0	0.110	18.376	0.0	0.355	0.0	0.110	17.294
M 22×2.5	22.000	0.0	0.160	0.0	0.110	20.276	0.0	0.355	0.0	0.110	19.294
M 24×3	24.000	0.0	0.170	0.0	0.120	22.376	0.0	0.400	0.0	0.120	20.752
M 27×3	27.000	0.0	0.170	0.0	0.120	25.051	0.0	0.400	0.0	0.120	23..752
M 30×3.5	30.000	0.0	0.190	0.0	0.130	27.727	0.0	0.450	0.0	0.130	26.211
M 33×3.5	33.000	0.0	0.190	0.0	0.130	30.727	0.0	0.450	0.0	0.130	29.211
M 36×4	36.000	0.0	0.200	0.0	0.130	33.402	0.0	0.475	0.0	0.130	31.670
M 39×4	39.000	0.0	0.200	0.0	0.130	36.042	0.0	0.475	0.0	0.130	34.670
M 42×4.5	42.000	0.0	0.210	0.0	0.140	39.077	0.0	0.530	0.0	0.140	37.129
M 45×4.5	45.000	0.0	0.210	0.0	0.140	42.077	0.0	0.530	0.0	0.140	40.129
M 48×5	48.000	0.0	0.230	0.0	0.150	44.752	0.0	0.560	0.0	0.150	42.587
M 52×5	52.000	0.0	0.335	0.0	0.160	48.752	0.0	0.560	0.0	0.265	46.587
M 56×5.5	56.000	0.0	0.335	0.0	0.170	52.428	0.0	0.560	0.0	0.280	50.046
M 60×5.5	60.000	0.0	0.355	0.0	0.170	56.428	0.0	0.600	0.0	0.150	54.046
M 64×6	64.000	0.0	0.375	0.0	0.180	60.103	0.0	0.560	0.0	0.280	57.505
M 68×6	68.000	0.0	0.375	0.0	0.180	64.103	0.0	0.630	0.0	0.300	61.505

A P P E N D I X　　附錄四

統一標準內外三角螺紋公差（一般級 1A、1B）

單位 mm

公稱尺寸	外徑	1A 級外螺紋				節徑	1B 級內螺紋				內徑
		外徑公差		節徑公差			內徑公差		節徑公差		
粗牙 UNC		−	−	−	−			+		+	
1/4-20	6.350	0.028	0.337	0.028	0.169	5.524	0.0	0.281	0.0	0.185	4.976
5/16-18	7.938	0.031	0.363	0.031	0.185	7.021	0.0	0.320	0.0	0.200	6.411
3/8-16	9.525	0.034	0.393	0.034	0.198	8.494	0.0	0.348	0.0	0.214	7.805
7/16-14	11.112	0.036	0.448	0.036	0.215	9.934	0.0	0.401	0.0	0.233	9.149
1/2-13	12.700	0.038	0.452	0.038	0.226	11.430	0.0	0.439	0.0	0.246	10.584
9/16-12	14.288	0.041	0.478	0.041	0.238	12.913	0.0	0.450	0.0	0.259	11.996
5/8-11	15.875	0.042	0.502	0.046	0.251	14.376	0.0	0.487	0.0	0.271	13.376
3/4-10	19.050	0.046	0.538	0.050	0.269	17.399	0.0	0.539	0.0	0.292	16.301
7/8-9	22.225	0.050	0.576	0.050	0.289	20.391	0.0	0.592	0.0	0.312	19.169
1-8	25.400	0.052	0.622	0.052	0.307	23.338	0.0	0.643	0.0	0.334	21.963
1 1/8-7	28.575	0.056	0.680	0.056	0.332	26.218	0.0	0.701	0.0	0.358	24.648
1 1/4-7	31.750	0.056	0.680	0.056	0.337	29.393	0.0	0.701	0.0	0.366	27.823
1 3/8-6	34.925	0.061	0.754	0.061	0.365	32.174	0.0	0.772	0.0	0.394	30.343
1 1/2-6	38.100	0.061	0.754	0.061	0.368	35.349	0.0	0.772	0.0	0.401	33.518
1 3/4-5	44.450	0.069	0.850	0.069	0.409	41.151	0.0	0.876	0.0	0.441	38.951
2 -41/2	50.800	0.074	0.911	0.074	0.431	47.135	0.0	0.903	0.0	0.472	44.690
2 1/4-4	57.150	0.074	0.911	0.074	0.444	53.485	0.0	0.904	0.0	0.482	51.039
2 1/2-4	63.500	0.079	0.985	0.079	0.472	59.375	0.0	0.955	0.0	0.513	56.626
2 3/4-4	69.850	0.082	0.988	0.082	0.482	65.725	0.0	0.955	0.0	0.523	62.976
3-4	76.200	0.082	0.988	0.082	0.490	72.075	0.0	0.955	0.0	0.530	69.326
3 1/4-4	82.550	0.084	0.990	0.084	0.491	78.425	0.0	0.955	0.0	0.538	75.676
3 1/2-4	88.900	0.084	0.990	0.084	0.505	84.775	0.0	0.955	0.0	0.546	82.026
3 3/4-4	95.250	0.087	0.993	0.087	0.513	91.125	0.0	0.955	0.0	0.553	88.376
4-4	101.600	0.087	0.993	0.087	0.518	97.475	0.0	0.955	0.0	0.561	94.726

統一標準內外三角螺紋公差（中級 2A、2B）

單位 mm

公稱尺寸	外徑	2A 級外螺紋				節徑	2B 級內螺紋				內徑
		外徑公差		節徑公差			內徑公差		節徑公差		
粗牙 UNC		−	−	−	−			+		+	
1/4-20	6.350	0.028	0.233	0.028	0.122	5.524	0.0	0.274	0.0	0.122	4.976
5/16-18	7.938	0.030	0.251	0.030	0.132	7.021	0.0	0.275	0.0	0.134	6.411
3/8-16	9.525	0.033	0.271	0.033	0.144	8.494	0.0	0.277	0.0	0.144	7.805
7/16-14	11.112	0.035	0.296	0.035	0.154	9.934	0.0	0.292	0.0	0.154	9.149
1/2-13	12.700	0.038	0.314	0.038	0.165	11.430	0.0	0.297	0.0	0.165	10.584
9/16-12	14.288	0.040	0.330	0.040	0.172	12.913	0.0	0.305	0.0	0.172	11.996
5/8-11	15.875	0.040	0.347	0.040	0.180	14.376	0.0	0.317	0.0	0.182	13.376
3/4-10	19.050	0.045	0.373	0.045	0.195	17.399	0.0	0.323	0.0	0.195	16.301
7/8-9	22.225	0.048	0.401	0.048	0.208	20.391	0.0	0.340	0.0	0.208	19.169
1-8	25.400	0.050	0.431	0.050	0.223	23.338	0.0	0.381	0.0	0.223	21.963
1 1/8-7	28.575	0.055	0.472	0.055	0.238	26.218	0.0	0.434	0.0	0.238	24.648
1 1/4-7	31.750	0.055	0.472	0.055	0.243	29.393	0.0	0.434	0.0	0.243	27.823
1 3/8-6	34.925	0.061	0.523	0.061	0.264	32.174	0.0	0.507	0.0	0.264	30.343
1 1/2-6	38.100	0.061	0.523	0.061	0.266	35.349	0.0	0.507	0.0	0.266	33.518
1 3/4-5	44.450	0.069	0.589	0.069	0.295	41.151	0.0	0.609	0.0	0.294	38.951
2 41/2	50.800	0.074	0.632	0.074	0.315	47.135	0.0	0.676	0.0	0.315	44.690
2 1/4-4	57.150	0.074	0.632	0.074	0.320	53.485	0.0	0.677	0.0	0.320	51.039
2 1/2-4	63.500	0.079	0.683	0.079	0.342	59.375	0.0	0.762	0.0	0.342	56.626
2 3/4-4	69.850	0.082	0.685	0.082	0.348	65.725	0.0	0.762	0.0	0.348	62.976
3-4	76.200	0.082	0.685	0.082	0.353	72.075	0.0	0.762	0.0	0.353	69.326
3 1/4-4	82.550	0.084	0.688	0.084	0.360	78.425	0.0	0.762	0.0	0.358	75.676
3 1/2-4	88.900	0.084	0.688	0.084	0.363	84.775	0.0	0.762	0.0	0.363	82.026
3 3/4-4	95.250	0.087	0.690	0.087	0.370	91.125	0.0	0.762	0.0	0.368	88.376
4-4	101.600	0.087	0.690	0.087	0.373	97.475	0.0	0.762	0.0	0.373	94.726

統一標準內外三角螺紋公差（精密級 3A、3B）

單位 mm

公稱尺寸	外徑	3A 級外螺紋				節徑	3B 級內螺紋				內徑
		外徑公差		節徑公差			內徑公差		節徑公差		
粗牙 UNC		−	−	−	−			+		+	
1/4-20	6.350	0.0	0.205	0.0	0.070	5.524	0.0	0.274	0.0	0.091	4.976
5/16-18	7.938	0.0	0.220	0.0	0.076	7.021	0.0	0.275	0.0	0.098	6.411
3/8-16	9.525	0.0	0.238	0.0	0.084	8.494	0.0	0.277	0.0	0.108	7.805
7/16-14	11.112	0.0	0.261	0.0	0.087	9.934	0.0	0.292	0.0	0.116	9.149
1/2-13	12.700	0.0	0.276	0.0	0.094	11.430	0.0	0.297	0.0	0.121	10.584
9/16-12	14.288	0.0	0.290	0.0	0.099	12.913	0.0	0.305	0.0	0.129	11.996
5/8-11	15.875	0.0	0.307	0.0	0.103	14.376	0.0	0.317	0.0	0.137	13.376
3/4-10	19.050	0.0	0.327	0.0	0.111	17.399	0.0	0.323	0.0	0.144	16.301
7/8-9	22.225	0.0	0.353	0.0	0.119	20.391	0.0	0.340	0.0	0.155	19.169
1-8	25.400	0.0	0.381	0.0	0.130	23.338	0.0	0.381	0.0	0.167	21.963
1 1/8-7	28.575	0.0	0.416	0.0	0.137	26.218	0.0	0.434	0.0	0.180	24.648
1 1/4-7	31.750	0.0	0.416	0.0	0.139	29.393	0.0	0.434	0.0	0.182	27.823
1 3/8-6	34.925	0.0	0.462	0.0	0.152	32.174	0.0	0.507	0.0	0.198	30.343
1 1/2-6	38.100	0.0	0.462	0.0	0.154	35.349	0.0	0.507	0.0	0.200	33.518
1 3/4-5	44.450	0.0	0.520	0.0	0.170	41.151	0.0	0.609	0.0	0.220	38.951
2-41/2	50.800	0.0	0.558	0.0	0.180	47.135	0.0	0.676	0.0	0.236	44.690
2 1/4-4	57.150	0.0	0.558	0.0	0.185	53.485	0.0	0.677	0.0	0.241	51.039
2 1/2-4	63.500	0.0	0.604	0.0	0.198	59.375	0.0	0.762	0.0	0.256	56.626
2 3/4-4	69.850	0.0	0.604	0.0	0.200	65.725	0.0	0.762	0.0	0.261	62.976
3-4	76.200	0.0	0.604	0.0	0.203	72.075	0.0	0.762	0.0	0.264	69.326
3 1/4-4	82.550	0.0	0.604	0.0	0.208	78.425	0.0	0.762	0.0	0.269	75.676
3 1/2-4	88.900	0.0	0.604	0.0	0.210	84.775	0.0	0.762	0.0	0.274	82.026
3 3/4-4	95.250	0.0	0.604	0.0	0.213	91.125	0.0	0.762	0.0	0.276	88.376
4-4	101.600	0.0	0.604	0.0	0.214	97.475	0.0	0.762	0.0	0.281	94.726

國家圖書館出版品預行編目資料

精密量具及機件檢驗 / 張笑航編著. –六版. --
  新北市：全華圖書，2013.12
    面　；　公分
  ISBN 978-957-21-9261-0(平裝)
  1. 測定儀器　2. 計測工學　3. 機件
440.121　　　　　　　　　102025603

精密量具及機件檢驗

作者 / 張笑航

發行人 / 陳本源

執行編輯 / 蔣德亮

出版者 / 全華圖書股份有限公司

郵政帳號 / 0100836-1 號

印刷者 / 宏懋打字印刷股份有限公司

圖書編號 / 0223005

六版四刷 / 2020 年 2 月

定價 / 新台幣 500 元

ISBN / 978-957-21-9261-0 (平裝)

全華圖書 / www.chwa.com.tw

全華網路書店 Open Tech / www.opentech.com.tw

若您對書籍內容、排版印刷有任何問題，歡迎來信指導 book@chwa.com.tw

臺北總公司(北區營業處)
地址：23671 新北市土城區忠義路 21 號
電話：(02) 2262-5666
傳真：(02) 6637-3695、6637-3696

中區營業處
地址：40256 臺中市南區樹義一巷 26 號
電話：(04) 2261-8485
傳真：(04) 3600-9806

南區營業處
地址：80769 高雄市三民區應安街 12 號
電話：(07) 381-1377
傳真：(07) 862-5562

歡迎加入 全華會員

● **會員享專享**
會員享購書折扣、紅利積點、生日禮金、不定期優惠活動…等。

● **如何加入會員**
填妥讀者回函卡直接傳真 (02) 2262-0900 或寄回，將由專人協助登入會員資料，待收到 E-MAIL 通知後即可成為會員。

如何購買 全華書籍

1. 網路購書
全華網路書店「http://www.opentech.com.tw」，加入會員購書更便利，並享有紅利積點回饋等各式優惠。

2. 全華門市、全省書局
歡迎至全華門市（新北市土城區忠義路 21 號）或全省各大書局、連鎖書店選購。

3. 來電訂購
(1) 訂購專線：(02) 2262-5666 轉 321-324
(2) 傳真專線：(02) 6637-3696
(3) 郵局劃撥（帳號：0100836-1　戶名：全華圖書股份有限公司）
※ 購書未滿一千元者，酌收運費 70 元。

（請由此裝訂下）

讀者回函卡

姓名：

填寫日期：　　/　　/

通訊處：□□□□□

電話：（　　）　　　　　傳真：（　　）　　　　　手機：

e-mail：（必填）

生日：西元　　　年　　月　　日　性別：□男 □女

註：數字零，請用 ⊕ 表示，數字 1 與英文 L 請另註明並書寫端正，謝謝。

學歷：□博士 □碩士 □大學 □專科 □高中・職

職業：□工程師 □教師 □學生 □軍・公 □其他

學校／公司：　　　　　　　　　科系／部門：

・需求書類：
□A. 電子 □B. 電機 □C. 計算機工程 □D. 資訊 □E. 機械 □F. 汽車 □I. 工管 □J. 土木
□K. 化工 □L. 設計 □M. 商管 □N. 日文 □O. 美容 □P. 休閒 □Q. 餐飲 □B. 其他

・本次購買圖書為：　　　　　　　　　　　書號：

・您對本書的評價：
封面設計　　□非常滿意 □滿意 □尚可 □需改善，請說明
內容表達　　□非常滿意 □滿意 □尚可 □需改善，請說明
版面編排　　□非常滿意 □滿意 □尚可 □需改善，請說明
印刷品質　　□非常滿意 □滿意 □尚可 □需改善，請說明
書籍定價　　□非常滿意 □滿意 □尚可 □需改善，請說明
整體評價　　請說明

・您在何處購買本書？
□書局 □網路書店 □書展 □團購 □其他

・您購買本書的原因？（可複選）
□個人需要 □幫公司採購 □親友推薦 □老師指定之課本 □其他

・您希望全華以何種方式提供出版訊息及特惠活動？
□電子報 □DM □廣告（媒體名稱　　　　　　　）

・您是否上過全華網路書店？（www.opentech.com.tw）
□是 □否　您的建議

・您希望全華出版那方面書籍？

・您希望全華加強那些服務？

～感謝您提供寶貴意見，全華將秉持服務的熱忱，出版更多好書，以饗讀者。

全華網路書店 http://www.opentech.com.tw　　客服信箱 service@chwa.com.tw

2011.03 修訂

親愛的讀者：

感謝您對全華圖書的支持與愛護，雖然我們很慎重的處理每一本書，但恐仍有疏漏之處，若您發現本書有任何錯誤，請填寫於勘誤表內寄回，我們將於再版時修正，您的批評與指教是我們進步的原動力，謝謝！

全華圖書　敬上

勘 誤 表

頁 數	行 數	書　名	作　者
		錯誤或不當之詞句	建議修改之詞句

我有話要說：（其它之批評與建議，如封面、編排、內容、印刷品質等・・・）